高职高专“十三五”规划教材

PLC 控制技术与应用

温玉春　刘　刚　张松宇　主编

王荣华　王景学　副主编

刘敏丽　主审

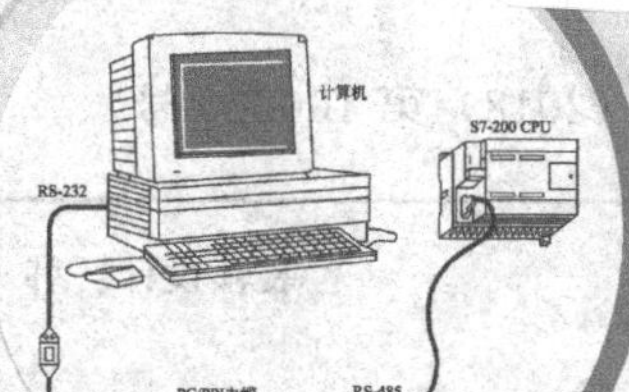

化学工业出版社

·北京·

本书根据职业教育的特点及毕业生从事相关工作岗位所需的知识和技能，以S7-200系列的小型PLC为主要对象，详细介绍了电气控制技术、PLC技术及变频器技术的应用。全书主要内容包括三相异步电动机典型控制电路的安装调试、PLC实现交流电动机的基本控制、物料分拣控制、装配流水线控制、运料小车控制、PLC与变频调速控制等。

本书可作为高等职业院校机电、电气等相关专业的教材，也可供机电、电气等行业的工程技术人员参考使用。

图书在版编目（CIP）数据

PLC控制技术与应用/温玉春，刘刚，张松宇主编. —北京：化学工业出版社，2018.8（2023.1重印）
高职高专“十三五”规划教材
ISBN 978-7-122-32169-5

Ⅰ.①P… Ⅱ.①温…②刘…③张… Ⅲ.①PLC技术-高等职业教育-教材 Ⅳ.①TM571.61

中国版本图书馆CIP数据核字（2018）第100280号

责任编辑：潘新文　　　　装帧设计：韩　飞
责任校对：王素芹

出版发行：化学工业出版社（北京市东城区青年湖南街13号　邮政编码100011）
印　　装：天津盛通数码科技有限公司
787mm×1092mm　1/16　印张13　字数315千字　　2023年1月北京第1版第4次印刷

购书咨询：010-64518888　　　　售后服务：010-64518899
网　　址：http://www.cip.com.cn
凡购买本书，如有缺损质量问题，本社销售中心负责调换。

定　　价：34.00元　　

前言

目前，以 PLC、变频器为主的新型电气控制系统已广泛应用于各个生产领域。会使用可编程控制器（PLC）和变频器是从事自动控制及机电一体化专业工作的技术人员不可缺少的重要技能，本书通过分析学生毕业后所从事的职业的实际需要，确定出学生应具备的知识和能力结构，将理论知识和应用技能整合在一起，从而形成理实一体化的项目化教材。

本教材的特色如下。

在教材的编写思想上，遵循职业教育教学规律，尽量符合高职学生的认知水平和学习规律，结合行业需求、专业特点及教学对象实际情况编写，做到实用、够用、会用，重在培养学生的职业技能。

在结构体系上，全书由项目和任务组成，遵循一体化教学模式，体现“做中学”和“学中做”的教学理念。

在内容安排上，将电气控制技术、可编程控制器技术及变频器三部分内容编在一起，既体现了它们之间的内在联系，又具有科学性和先进性。

在内容的阐述上，力求简明扼要，图文并茂，通俗易懂，每一任务都以典型的生产线为载体，对职业岗位所需的知识和能力进行恰当的设计，包括任务要求、相关知识、任务实施、知识与能力扩展等，把学生职业能力的培养融汇于任务完成中。

全书共分六个项目：三相异步电动机典型控制电路的安装调试、PLC 实现交流电动机的基本控制、物料分拣控制、装配流水线控制、运料小车控制、PLC 与变频调速控制。难度上由浅入深，完整讲述了电气控制系统的设计方法和技能。

本书建议总课时为 90 学时，学时安排可参考下面的学时分配表。

项　目	总学时	理论	操作
项目一　三相异步电动机典型控制电路的安装调试	14	4	10
项目二　PLC 实现交流电动机的基本控制	20	10	10
项目三　物料分拣控制	14	8	6
项目四　装配流水线控制	12	6	6
项目五　运料小车控制	10	4	6
项目六　PLC 与变频调速控制	20	10	10
总学时	90	42	48

本书由内蒙古机电职业技术学院温玉春、刘刚、张松宇任主编；王荣华、王景学任

副主编。参与本书编写的还有内蒙古机电职业技术学院王京、陈小江、韩晓雷、阮娟娟、周丽娜、康俊峰，内蒙古水利水电勘测设计院石银业，内蒙古蒙昆烟草公司贺鹏熊。全书由温玉春统稿，刘敏丽任主审。

由于编者水平有限，书中难免有不足之处，敬请广大读者批评指正。

编者

2018 年 6 月

目 录

·项目一·

三相异步电动机典型控制电路的安装调试

【教学目标】

1. 了解常用低压电气元件的结构，理解其工作原理；
2. 能够识别和选用常用电气元件；
3. 掌握电动机基本控制电路的控制原理；
4. 能根据控制原理图绘制元件布置图和安装接线图；
5. 能够调试所安装的电路，并进行试运行。

任务一　电动机自锁控制电路的分析与安装调试

一、任务要求

熟悉接触器、按钮等元器件的结构、原理、选择和使用方法，完成自锁控制电路的安装，并对装接电路进行调试运行。

二、相关知识

在电能的产生、输送、分配和应用中，起着开关、控制、调节和保护作用的电气设备称为电器。常用低压电器是指工作在交流1200V、直流1500V以下的各种电器。

（一）刀开关和自动空气开关

1. 刀开关

刀开关是手动电气元件中结构最简单的一种，一般用于不频繁地接通和分断交直流电路。

(1) 刀开关的结构与型号

刀开关的结构如图1-1所示。刀开关主要有动触点（与操纵手柄相连）、静触点、刀座、进线及出线接线座，导电部分都固定在瓷底板上，且用胶盖盖着，所以当闸刀合上时，操作人员不会触及带电部分。

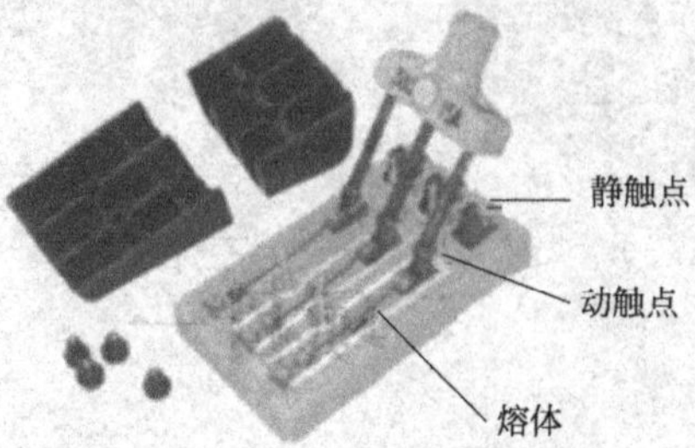

图 1-1　刀开关的结构图

常用的刀开关有 HD 型单掷刀开关、HS 型双掷刀开关（刀形转换开关）、HR 型熔断器式刀开关、HZ 型组合开关、HK 型闸刀开关、HY 型倒顺开关和 HH 型铁壳开关等。

刀开关的型号含义与电气符号如图 1-2 所示。

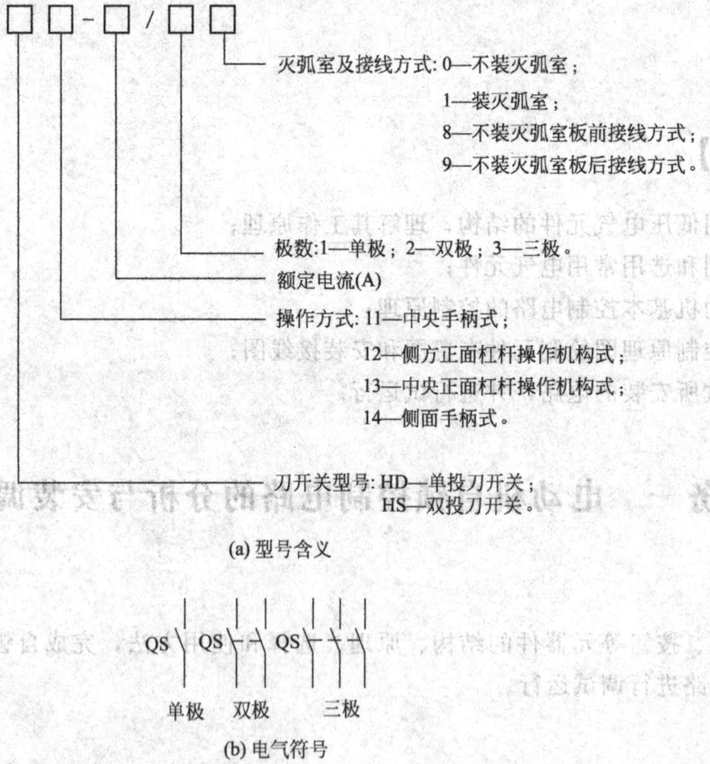

图 1-2　刀开关的型号含义及电气符号

（2）刀开关的主要技术参数与选择

刀开关的主要技术参数有额定电压和额定电流，额定电流有 10～100A 不等。

① 用于照明电路时，可选用额定电压 220V 或 250V，额定电流等于或大于电路最大工作电流的两极开关。

② 用于电动机的直接启动时，可选用额定电压为 380V 或 500V，额定电流等于或大于电动机额定电流 3 倍的三极开关。

（3）刀开关的安装与使用

① 电源进线应装在静插座上，而负荷应接在动触点一边的出线端。这样，当开关断开时，闸刀和熔丝上不带电。

② 刀开关必须垂直安装在控制屏或控制板上，不能倒装，即接通状态时手柄朝上，否则有可能在分断状态时闸刀开关松动落下，造成误接通。

③ 负荷较大时，为防止出现闸刀开关本体相间短路，可与熔断器配合使用。刀闸本体不再装熔丝，在装熔丝的接点上应安装与线路导线截面相同的铜线。

2. 自动空气开关

自动空气开关又称低压断路器，在电气线路中起接通、断开和承载额定工作电流的作用，并能在线路和电动机过载、短路、欠电压的状态下进行可靠的保护。可以手动操作、电动操作，还可以远程遥控操作。自动空气开关外形如图 1-3 所示。

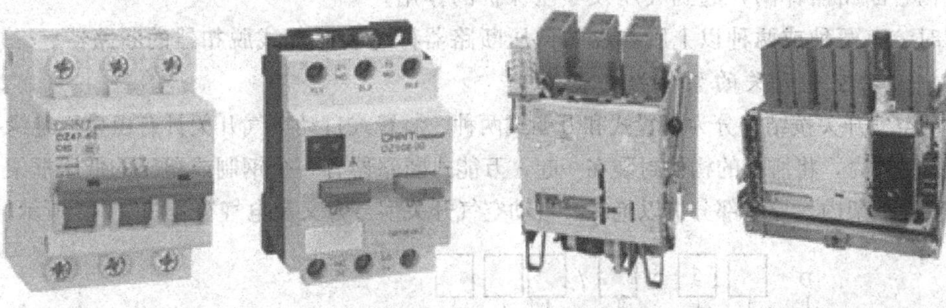

DZ47系列断路器　　DZ108系列断路器　　DW15系列断路器　　DW17系列断路器

图 1-3　自动空气开关外形图

（1）自动空气开关的结构及工作原理

自动空气开关主要由触点系统、灭弧装置、机械传动机构和保护装置组成。自动空气开关的保护装置由各种脱扣器组成，脱扣器的形式有过电流脱扣器、热脱扣器、欠压脱扣器等。图 1-4 所示为自动空气开关的结构示意图。

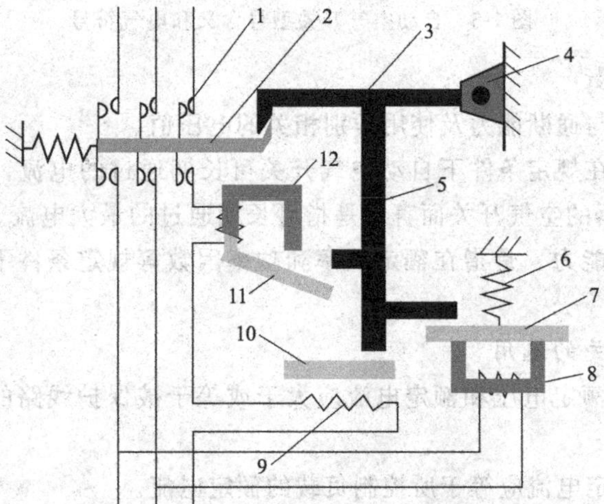

图 1-4　自动空气开关的结构示意图

1—主触点；2，3—自由脱扣机构；4—轴；5—杠杆；6—弹簧；7，11—衔铁；
8—欠电压脱扣器；9—热脱扣器；10—双金属片；12—过电流脱扣器

① 过电流脱扣器　过电流脱扣器12的线圈与被保护电路串联。线路中通过正常电流时，衔铁11释放，电路正常运行。当线路中出现短路故障时，衔铁被电磁铁吸合，通过传动机构推动自由脱扣机构释放主触点。主触点在分闸弹簧的作用下分开，切断电路，起到短路保护作用。

② 热脱扣器　热脱扣器9与被保护电路串联。线路中通过正常电流时，发热元件发热使双金属片弯曲至一定程度（刚好接触到传动机构）并达到动态平衡状态，双金属片不再继续弯曲。若出现过载现象时，电路中电流增大，双金属片将继续弯曲，通过传动机构推动自由脱扣机构释放主触点，主触点在分闸弹簧的作用下分开，切断电路起到过载保护的作用。

③ 欠压脱扣器　欠压脱扣器8并联在断路器的电源测，可起到欠压及零压保护的作用。电源电压正常时，电磁铁得电，衔铁被电磁铁吸住，自由脱扣机构将主触点锁定在合闸位置，断路器投入运行。当电源侧停电或电源电压过低时，衔铁释放，通过传动机构推动自由脱扣机构合断路器掉闸，起到欠压及零压保护的作用。

同时装有两种或两种以上脱扣器的低压断路器称为装有复式脱扣器的断路器。

（2）自动空气开关的型号和电气符号

自动空气开关按结构分为装置式和万能式两种。装置式自动空气开关具有由模压绝缘材料制成的封闭型外壳，将所有的构件封装在一起；万能式断路器有一个钢制或塑压的低压框架，所有部件都装在框架内，导电部分加以绝缘。自动空气开关型号含义及电气符号如图1-5所示。

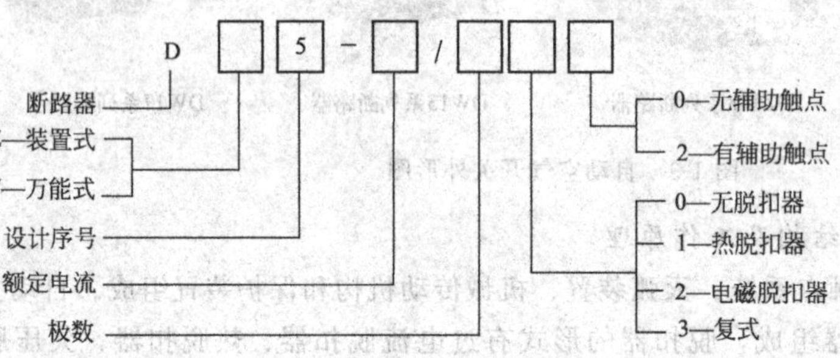

(a) 型号含义

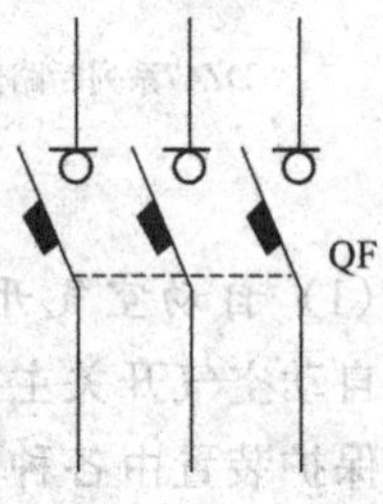

(b) 电气符号

图1-5　自动空气开关型号含义和电气符号

（3）主要技术参数

① 额定电压　指与通断能力及使用类别相关的电压值。

② 额定电流　指在规定条件下自动空气开关可长期通过的电流，又称为脱扣器额定电流。对带可调式脱扣器的空气开关而言，是指可长期通过的最大电流。

③ 额定短路分断能力　是指在额定频率和功率因数等规定条件下能够分断的最大短路电流值。

（4）自动空气开关的选用

① 自动空气开关额定电压和额定电流应大于或等于被保护线路的正常工作电压和负载电流。

② 热脱扣器的整定电流应等于所控制负载的额定电流。

③ 过电流脱扣器的瞬时脱扣整定电流应大于负载正常工作时可能出现的峰值电流。用于控制电动机的自动空气开关的瞬时脱扣整定电流应为电动机的启动电流的1.5至1.7倍。

④ 欠压脱扣器额定电压应等于被保护线路的额定电压。

⑤ 低压断路器的极限分断能力应大于线路的最大短路电流的有效值。

3. 组合开关

组合开关又称转换开关，由多节触点组合而成，是一种手动控制电器，常用来作为电源的引入开关，也用来控制小型鼠笼式异步电动机的启动、停止及正反转。

(1) 组合开关的结构及工作原理

图 1-6 所示为组合开关的外形图及结构示意图。它的内部有三对静触点，分别用三层绝缘板相隔，各自附有连接线路的接线柱。三个动触点相互绝缘，与各自的静触点相对应，套在共同的绝缘杆上。绝缘杆的一端装有操作手柄。转动手柄可变换三组触点的通断位置。组合开关内装有速断弹簧，以提高触点的分断速度。

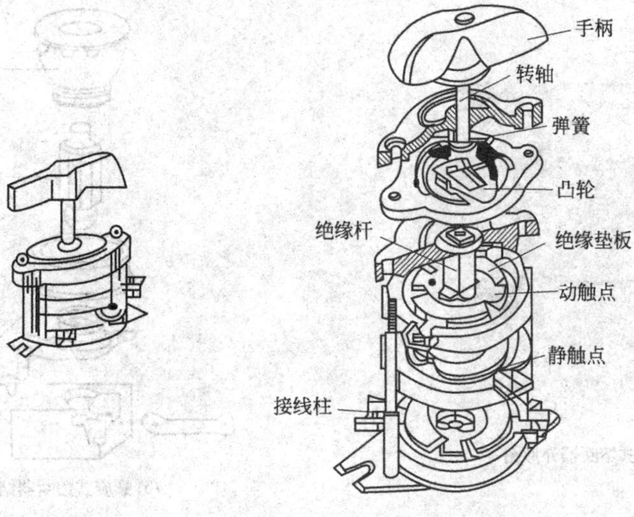

(a) 组合开关的外形图　　(b) 组合开关的结构示意图

图 1-6　组合开关的外形图及结构示意图

(2) 组合开关的型号和电气符号

组合开关的种类很多，不同规格型号的组合开关，各对触点的通断时间不同，可以是同时通断，也可以是交替通断，应根据具体情况选用。组合开关的型号和电气符号如图 1-7 所示。

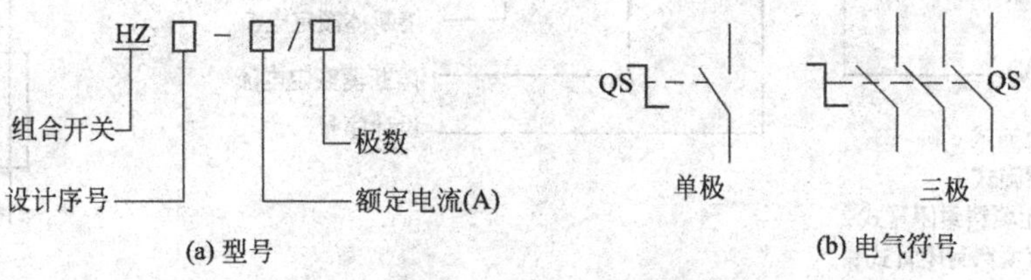

(a) 型号　　(b) 电气符号

图 1-7　组合开关的型号及电气符号

(二) 熔断器

熔断器串接于被保护电路中，在发生短路或严重过电流时快速自动熔断，从而切断电路电源，起到保护作用。

1. 结构与分类

熔断器的外形和结构如图 1-8、图 1-9 所示。

(a) 外形图

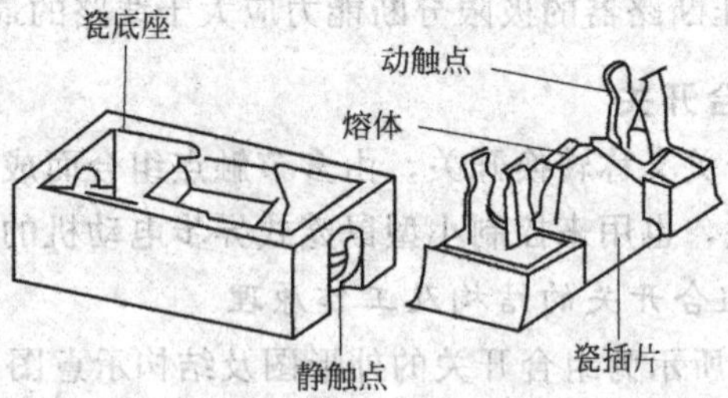

(b) 结构示意图

图 1-8　瓷插式熔断器的外形及结构示意图

(a) 螺旋式熔断器外形图

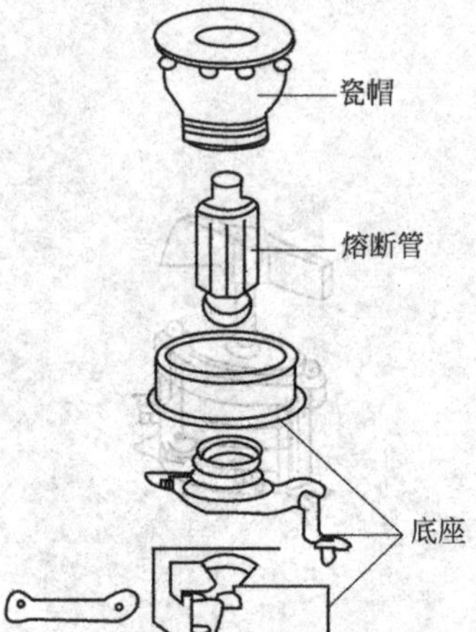

(b) 螺旋式熔断器结构示意图

图 1-9　螺旋式熔断器的外形及结构示意图

熔断器按结构形式可分为瓷插式、螺旋式、无填料封闭管式、有填料封闭管式等类别。熔断器的型号含义和电气符号如图 1-10 所示。

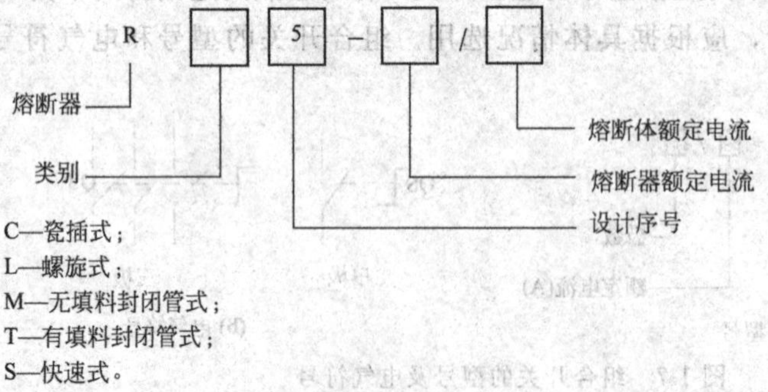

(a) 型号含义

(b) 电气符号

图 1-10　熔断器的型号含义及电气符号

2. 主要技术参数

① 熔断器额定电流　指保证熔断器能长期安全工作的额定电流。

② 熔断体额定电流　在正常工作时熔断体不熔断的工作电流。

3. 熔断器的选择

① 电阻性负载或照明电路。一般按负载额定电流的1～1.1倍选用熔断器的额定电流。

② 电动机控制电路。对于单台电动机，一般选择熔断器的额定电流为电动机额定电流的1.5～2.5倍；对于多台电动机，熔断器的额定电流应大于或等于其中最大容量电动机的额定电流的1.5～2.5倍与其余电动机的额定电流之和。

③ 为防止发生越级熔断，上、下级（供电干线、支线）熔断器间应有良好的协调配合，应使上一级（供电干线）熔断器的熔断器额定电流比下一级（供电支线）大1～2级。

（三）按钮

按钮是一种短时接通或断开小电流电路的电器，它不直接控制主电路的通断，而是在控制电路中发出手动“指令”去控制接触器、继电器等电器，再去控制主电路，故称“主令电器”。

1. 按钮的结构和工作原理

按钮的外形如图1-11所示，按钮主要由按钮帽、复位弹簧、常闭触点、常开触点等组成。当按下按钮帽时，常闭触点先断开，常开触点后闭合；当松开按钮帽时，触点在复位弹簧作用下恢复到原来位置，常开触点先断开，常闭触点后闭合。按用途和结构的不同，按钮可分为启动按钮、停止按钮和组合按钮等。

(a) 按钮的外形

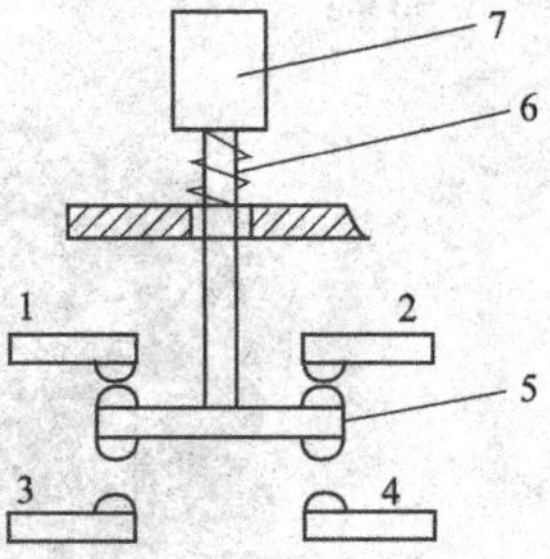

(b) 按钮的结构示意图

图1-11　按钮的外形及结构示意图

1，2—常闭触点；3，4—常开触点；5—桥式触点；6—复位弹簧；7—按钮帽

2. 按钮的型号和电气符号

常见的按钮有LA系列和LAY1系列。LA系列按钮的额定电压为交流500V、直流440V，额定电流5A；LAY系列按钮的额定电压为交流380V，直流220V，额定电流5A。按钮帽有红、绿、黄等颜色，一般红色作停止按钮，绿色作启动按钮。

按钮的型号含义及电气符号如图1-12所示。

（四）接触器

接触器用于远距离频繁接通或断开交、直流电路，主要控制对象是电动机，也可以用于控制其他电力负载，如电热器、照明灯、电焊机等。在电力拖动和自动控制系统中，接触器是运用最广泛的控制电器之一。常见接触器的外形如图1-13所示。

1. 接触器的结构

接触器主要由电磁机构、触点系统及灭弧装置三部分组成。接触器通常有3对主触点，

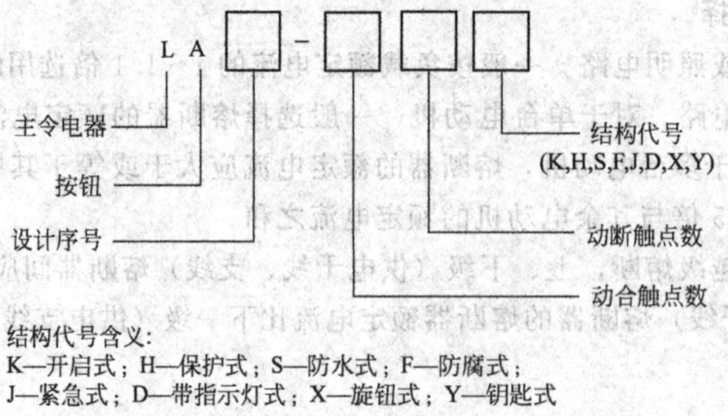

(a) 型号含义

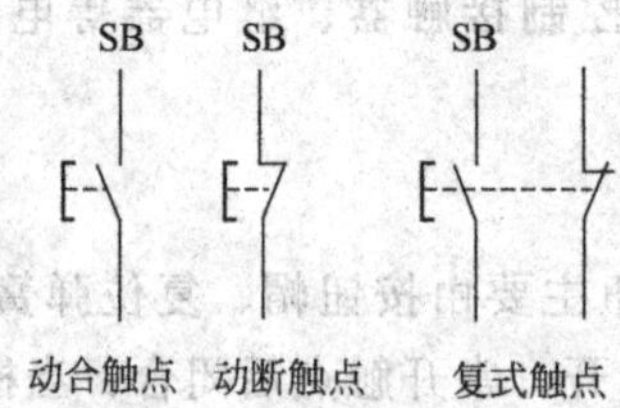

(b) 电气符号

图 1-12　按钮的型号含义和电气符号

(a) CJ10系列

(b) CJX1系列

(c) CJX1/N 系列

图 1-13　接触器的外形

2 对辅助常开触点和 2 对辅助常闭触点。低压接触器的主、辅触点的额定电压均为 380V。图 1-14 所示为交流接触器。

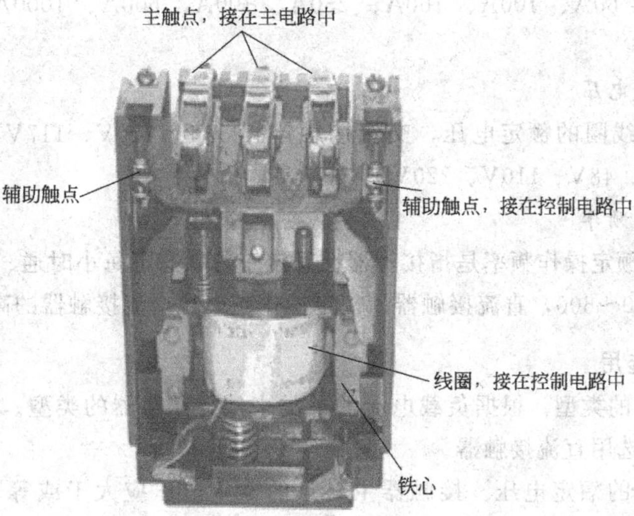

图 1-14　交流接触器

2. 接触器的工作原理

接触器是根据电磁吸力的原理进行工作的。如图 1-14 所示，当接触器的线圈通电后，在铁芯中产生磁通和电磁吸力，电磁吸力克服弹簧反力使得衔铁吸合，带动触点机构动作，使常闭触点先断开，常开触点后闭合，从而分断或接通相关电路。反之线圈失电时，电磁吸力消失，衔铁在反作用弹簧的作用下释放，各触点复位。

3. 接触器的型号与符号

常用的交流接触器有 CJ20、CJX1、CJX2 等系列，直流接触器有 CZ18、CZ21、CZ10 等系列，接触器的型号含义和电气符号如图 1-15 所示。

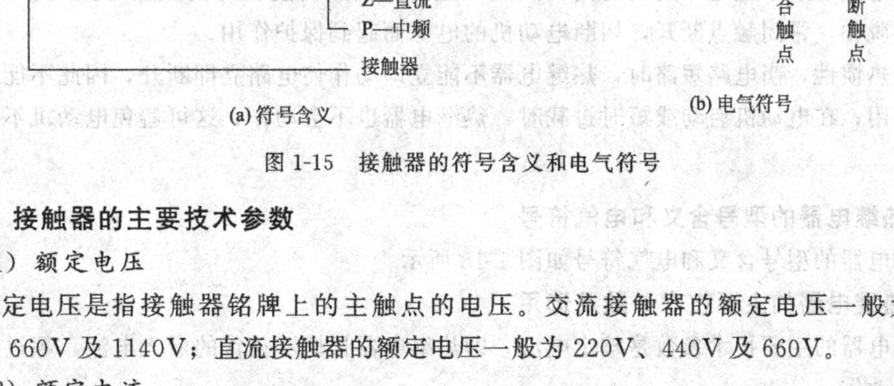

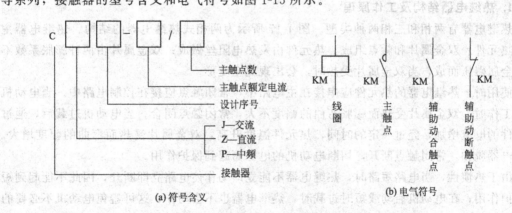

图 1-15　接触器的符号含义和电气符号

4. 接触器的主要技术参数

（1）额定电压

额定电压是指接触器铭牌上的主触点的电压。交流接触器的额定电压一般为 220V、380V、660V 及 1140V；直流接触器的额定电压一般为 220V、440V 及 660V。

（2）额定电流

接触器的额定电流是指接触器铭牌上的主触点的电流。接触器电流等级为：6A、10A、

16A、25A、40A、60A、100A、160A、250A、400A、600A、1000A、1600A、2500A及4000A。

（3）线圈额定电压

即接触器吸引线圈的额定电压，交流接触器有36V、110V、117V、220V、380V等；直流接触器有24V、48V、110V、220V、440V等。

（4）额定操作频率

交流接触器的额定操作频率是指接触器在额定工作状态下每小时通、断电路的次数。交流接触器一般为300～600，直流接触器的额定操作频率比交流接触器的高，可达到1200。

5. 接触器的选用

① 选择接触器的类型。根据负载电流的种类来选择接触器的类型。交流负载选择交流接触器，直流负载选用直流接触器。

② 选择主触点的额定电压。接触器主触点的额定电压应大于或等于被控电路的额定电压。

③ 选择接触器主触点的额定电流。主触点的额定电流应大于或等于1.3倍的电动机额定电流。

④ 选择接触器线圈额定电压。交流接触器一般选用380/220V，直流接触器可选线圈的额定电压和直流控制回路的电压一致。

（五）热继电器

热继电器是利用电流热效应原理来推动动作机构，使触点系统闭合或分断的保护电器。其主要用于电动机的过载保护、断相保护、电流不平衡运行的保护。热继电器的外形如图1-16所示。

1. 热继电器结构及工作原理

热继电器有两相和三相两种类型。图1-17所示为两相式热继电器的结构。热继电器主要由热元件、双金属片和触点组成。热元件由发热电阻丝做成；双金属片由两种膨胀系数不同的金属碾压而成，当双金属片受热时，会出现完全变形。

使用时，热继电器的热元件应串接在主电路中，常闭触点应接在控制电路中。当电动机正常工作时，双金属片受热而膨胀弯曲的幅度不大，常闭触点闭合。当电动机过载后，通过热元件的电流增加，经过一定的时间，热元件温度升高，双金属片受热而弯曲的幅度增大，热继电器脱扣，常闭触点断开，切断电动机的电源而起到保护作用。

由于热惯性，当电路短路时，热继电器不能立即动作使电路立即断开，因此不能起到短路保护作用；在电动机启动或短时过载时，热继电器也不会动作，这可避免电动机不必要的停车。

2. 热继电器的型号含义和电气符号

热继电器的型号含义和电气符号如图1-18所示。

3. 热继电器的主要技术参数及选用

热继电器的主要技术参数是整定电流，即热继电器长期不动作的最大电流，超过此值热继电器即动作。

一般轻载启动、长期工作的电动机或间断长期工作的电动机，都选择两相结构的热继电

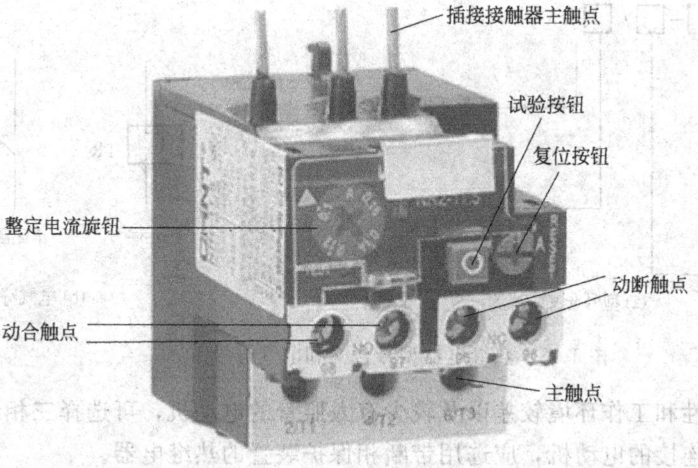

(a) JR36系列热继电器

(b) JR16系列热继电器

(c) JR20系列热继电器

图 1-16　热继电器的外形

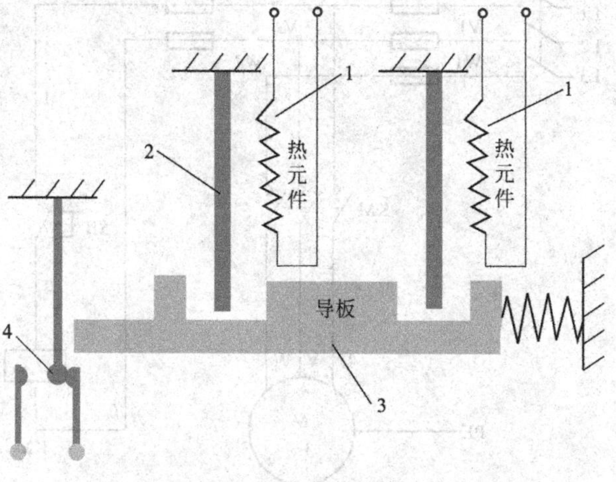

图 1-17　两相式热继电器的结构

1—热元件；2—双金属片；3—导板；4—触点

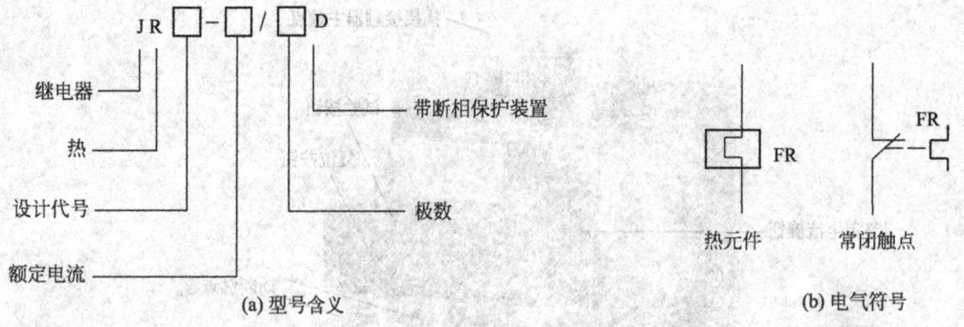

图 1-18 热继电器型号含义和电气符号

器；电源电压的均衡性和工作环境较差以及较少有人照管的电动机，可选择三相结构的热继电器；而采用三角形连接的电动机，应选用带断相保护装置的热继电器。

热继电器的额定电流应略大于电动机的额定电流。

在进行热继电器的整定电流选择时，一般选择热继电器的整定电流等于电动机的额定电流；对过载能力差的电动机，可选择热继电器的整定电流为电动机额定电流的 0.6～0.8 倍；对启动时间较长、拖动冲击性负载或不允许停车的电动机，热继电器的整定电流应为电动机额定电流的 1.1～1.5 倍。

三、任务实施

（一）设备工具

常用低压电器、三相异步电动机及电工工具等。

（二）电动机点动控制电路分析

点动控制电路是用按钮和接触器控制电动机的最简单的控制线路，其原理图如图 1-19 所示，分为主电路和控制电路。主电路采用了隔离开关 QS，电动机的电源由接触器 KM 主触点的通、断来控制。

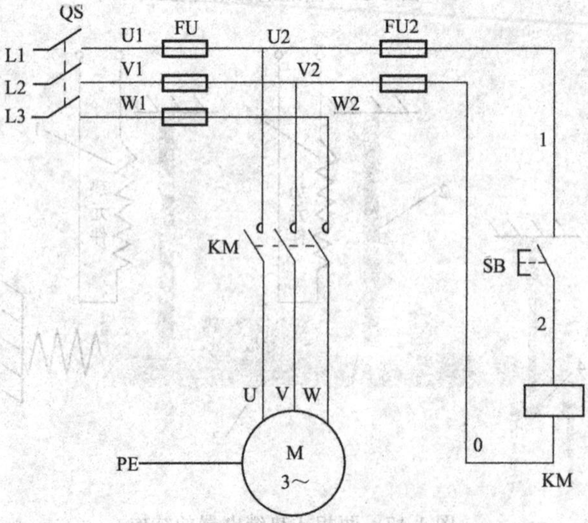

图 1-19 点动控制电路

电路中熔断器 FU 起短路保护作用，如发生三相电路的任两相短路，短路电流将使熔断器的熔断体迅速熔断，从而切断主电路电源，实现对电动机的短路保护。

闭合隔离开关 QS，按下点动按钮 SB，接触器 KM 线圈得电，其主电路中的主触点闭合，电动机得电运转。

松开按钮 SB，接触器 KM 的线圈失电，主电路中 KM 常开触点恢复原来的断开状态，电动机断电直至停止转动。

这种按下按钮电动机便转动，松开按钮电动机便停转的控制方法称为点动控制。点动控制常用来控制电动机的短时运行，如控制起重机械中吊钩的精确定位、机械加工过程中的对刀操作等。

（三）电动机自锁控制电路分析与安装

1. 电路分析

自锁控制电路是一种广泛采用的连续运行控制线路，如图 1-20 所示。在点动控制线路的启动按钮 SB2 的两端并联一个接触器 KM 的辅助常开触点，再串联一个常闭（停止）按钮 SB1，并增设热继电器 FR 为电动机提供过载保护。

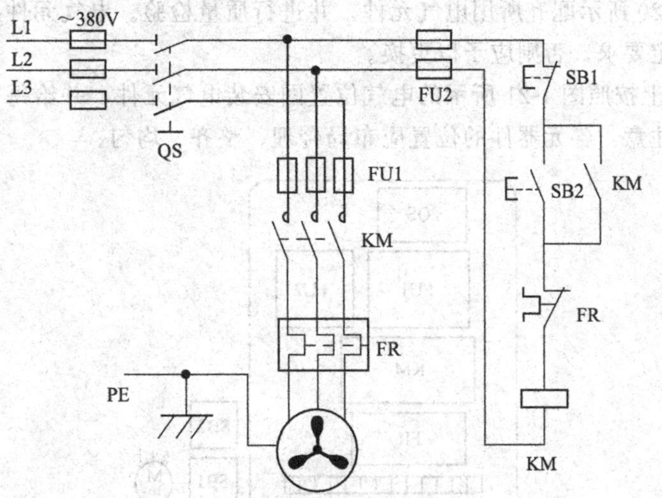

图 1-20 自锁控制电路

合上开关 QS，按下启动按钮 SB2，接触器 KM 的线圈得电，其辅助常开触点闭合（进行自锁），主触点闭合，电动机运转，松开 SB2，由于接触器 KM 的线圈也能通过与它并联的已处于闭合状态的自锁触点而继续通电，使电动机 M 保持连续运转。

按下停止按钮 SB1，接触器 KM 线圈断电，KM 常开辅助触点断开，KM 主触点断开，电动机 M 停转。

这种当启动按钮松开后，电动机仍能保持连续运转的电路，称为长动控制电路，也叫具有“自锁”功能的控制电路。所谓“自锁”，是指依靠接触器自身的辅助常开触点来保证线圈持续通电。与启动按钮 SB2 并联的接触器的常开触点叫作自锁触点。

带有“自锁”功能的控制线路具有失压（零压）和欠压保护作用，一旦发生断电或电源电压下降到一定值（一般降低到额定值 85%以下）时，自锁触点就会断开，接触器 KM 线圈就会断电，如果不重新按下启动按钮 SB2，电动机将无法自动启动。只有在操作人员有准备的情况下再次按下启动按钮 SB2，电动机才能重新启动，从而保证了人身和设备的安全。

2. 电路保护环节

（1）短路保护

图 1-20 中由熔断器 FU1、FU2 分别对主电路和控制电路进行短路保护。为了扩大保护范围，在电路中熔断器应安装在靠近电源端，通常安装在电源开关下面。

（2）过载保护

图 1-20 中由热继电器 FR 对电动机进行过载保护。当电动机工作电流长时间超过额定值时，FR 的动断触点会自动断开控制电路，使接触器线圈失电，从而使电动机停转，实现过载保护作用。

（3）欠压和失压保护

图 1-20 中，接触器本身的电磁机构还能实现欠压和失压保护。当电源电压过低或失去电压时，接触器的衔铁自行释放，电动机断电停转，而当电压恢复时，要重新操作启动按钮才能使电动机再次运转。这样可以防止重新通电后因电动机自行运转而发生意外故障。

3. 安装和调试

① 按照图 1-20 所示配齐所用电气元件，并进行质量检验。电气元件应完好无损，各项技术指标符合规定要求，否则应予以更换。

② 在控制板上按照图 1-21 所示的电气位置图安装电气元件，并给每个电气元件贴上醒目的文字符号。注意：各元器件的位置应布局合理、整齐、均匀。

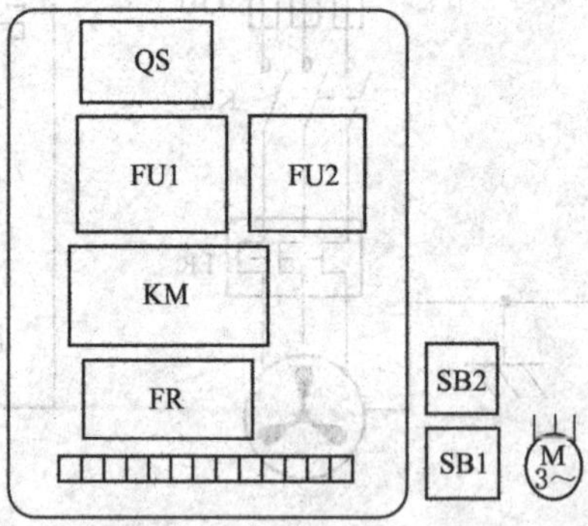

图 1-21　自锁控制电路电气元件位置图

③ 按照图 1-22 所示的自锁电路的接线图进行板前明线布线。做到布线整齐、横平竖直、分布均匀；走线合理；严禁损伤线芯和导线绝缘；接点牢靠，不得松动，不得压绝缘层，不露线芯太长等。

④ 安装电动机，要求安装牢固平稳，以防止在换向时产生滚动而引起事故。

⑤ 连接电源、电动机等的导线。

⑥ 安装完毕后，必须经过认真检查后，方可通电。

对照原理图或接线图进行粗查。从原理图的电源端开始，逐段核对接线是否正确，检查导线接点是否牢固，否则带负载运行时会产生闪弧。

用万用表进行通断检查。先查主电路，此时断开控制电路，将万用表置于欧姆挡，将其表笔分别放在 U1-U2、V1-V2、W1-W2 之间的线端上，读数应接近于零；人为将接触器 KM 吸合，再将表笔分别放在 U1-U2、V1-V2、W1-W2 之间的接线端子上，此时万用表的

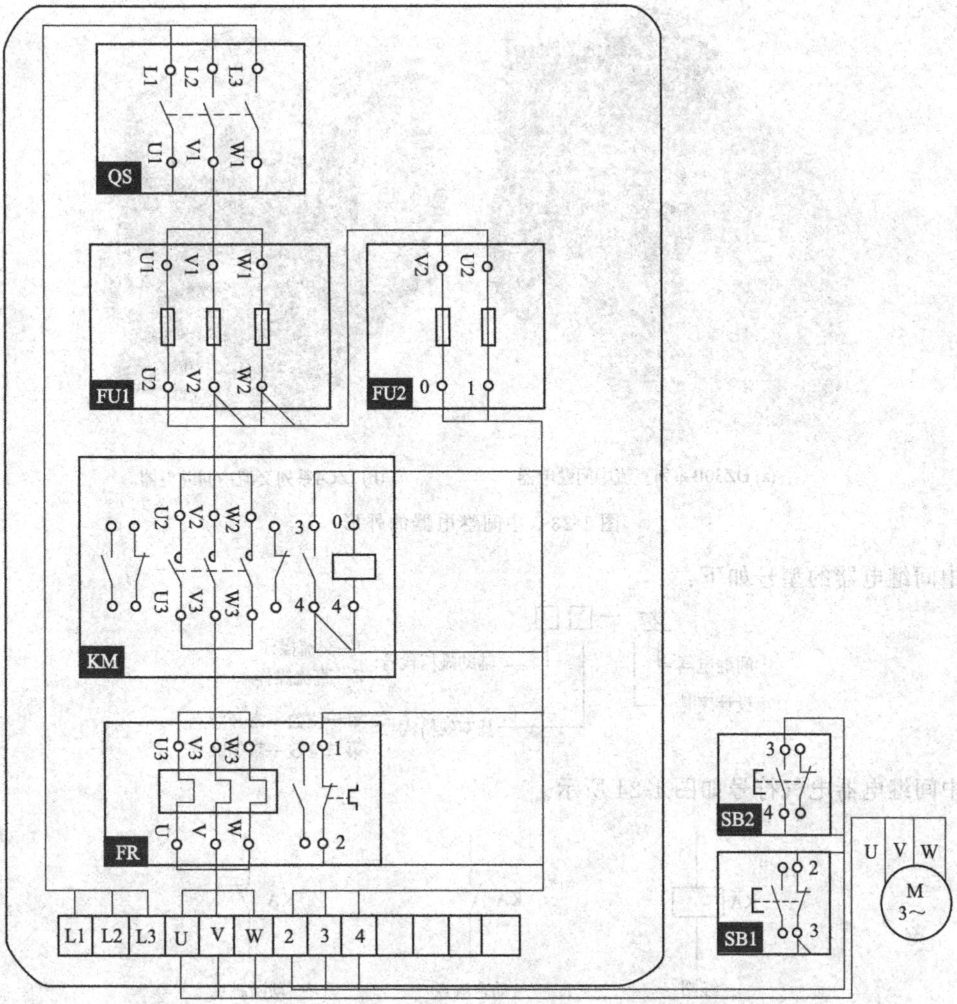

图 1-22　自锁控制电路的安装接线图

读数应该为电动机绕组的值。

再检查控制电路，此时应断开主电路，将万用表置于欧姆挡，将其表笔分别放在 U2-V2 上，读数应为“∞”；按下启动按钮时，读数应为接触器线圈的电阻值。

在老师的监护下，通电试车。合上开关 QS，按下启动按钮 SB2，观察接触器是否吸合，电动机是否运转。在观察中，若遇到异常现象，应立即停车，检查故障。常见的故障一般分为主电路故障和控制电路故障两类。若接触器吸合时电动机不转，则故障可能出现在主电路中；若接触器不吸合，则故障可能出现在控制电路中。

通电试车完毕后，切断电源。

四、知识与能力扩展

（一）中间继电器

中间继电器的外形如图 1-23 所示，其基本结构及工作原理与交流接触器相似，不同的是中间继电器只有辅助触点，没有主触点，且触点数目较多，电流容量增大，起到中间放大（触点数目和电流容量）的作用，当其他继电器的触点数不够时，可借助中间继电器来扩充它们。

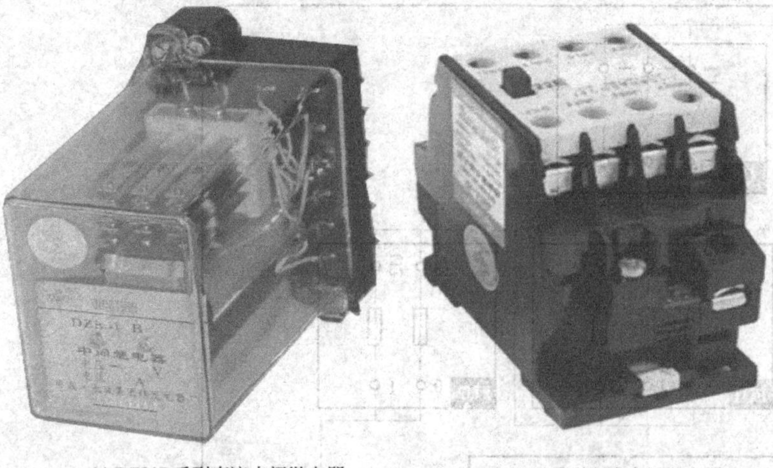

(a) DZ30B系列直流中间继电器　　(b) JZC4系列交流中间继电器

图 1-23　中间继电器的外形

中间继电器的型号如下：

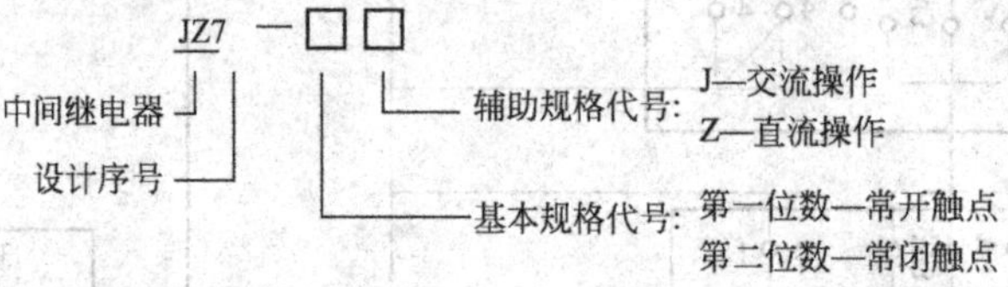

中间继电器电气符号如图 1-24 所示。

图 1-24　中间继电器的电气符号

选用中间继电器时，主要是根据控制电路的电压和对触点数量的需要来选择线圈额定电压等级及触点数目。

（二）点动与长动混合控制电路

在生产实践过程中，常常要求一些生产机械既有能持续不断的连续运行方式（长动），又有可在人工干预下实现手动控制的点动运行方式。

1. 利用复合按钮控制的长动及点动控制线路

利用复合按钮控制的既能长动又能点动的控制线路如图 1-25 所示。图中 SB2 为长动按钮，SB3 为点动按钮，但需注意，SB3 是一个复合按钮，使用了一个常开触点和一个常闭触点。

工作原理如下。

长动控制时，按下按钮 SB2，接触器 KM 的线圈得电并自锁，KM 主触点闭合，电动机 M 运转。松开 SB2，电动机仍连续运转。只有按下 SB1，KM 线圈失电，电动机才停转。

点动控制时，按下点动复合按钮 SB3，按钮常开触点闭合，常闭触点断开，接触器 KM

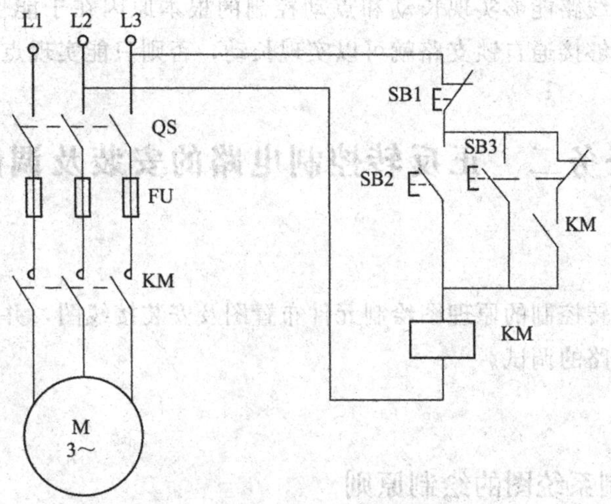

图 1-25　利用复合按钮控制长动及点动控制线路

得电，KM 主触点闭合，电动机 M 运转。松开按钮 SB3，接触器 KM 得线圈失电，其主触点断开，电动机 M 停转。

2. 利用中间继电器控制的长动及点动控制线路

利用中间继电器控制的既能长动又能点动的控制线路如图 1-26 所示。图中的 KA 为中间继电器。

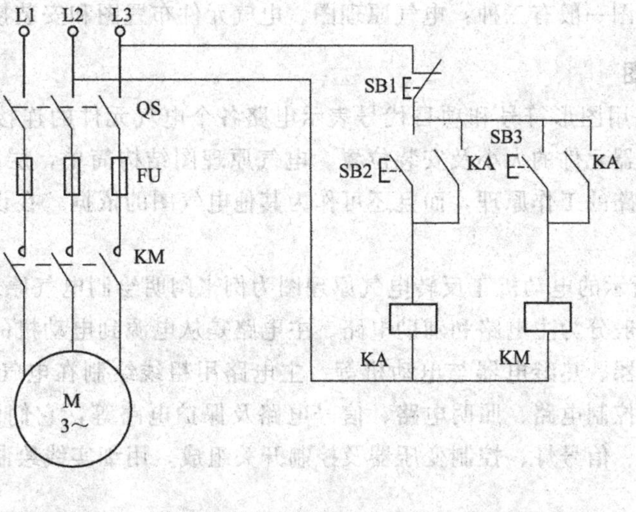

图 1-26　利用中间继电器控制长动及点动控制线路

工作原理如下。

长动控制时，按下按钮 SB2，中间继电器 KA 得电，KA 的常开触点闭合，接触器 KM 线圈得电，KM 主触点闭合，电动机 M 运转。松开 SB2，由于 KA 线圈一直得电自锁，所以 KM 线圈保持连续通电，电动机仍连续运转。只有按下 SB1，KA 失电使得 KM 线圈失电，电动机才停转。

点动控制时，按下按钮 SB3，接触器 KM 线圈得电，KM 主触点闭合，电动机 M 运转。松开 SB3，KM 接触器失电，KM 主触点断开，电动机 M 停转。

综上所述，上述线路能够实现长动和点动控制的根本原因在于能保证 KM 线圈得电后自锁支路被接通。能够接通自锁支路就可以实现长动，否则只能实现点动。

任务二　正反转控制电路的安装及调试

一、任务要求

根据电动机正反转控制的原理图绘制元件布置图及安装接线图，并按照绘制的电气图装接实际电路并进行电路的调试。

二、相关知识

（一）电气控制系统图的绘制原则

为了清晰地表达电气控制线路的组成和工作原理，便于系统的安装、调试、使用和维修，将电气控制系统中的各电气元件用一定的图形符号和文字符号表示，再将连接情况用一定的图形表达出来，这种图形就是电气控制系统图。

为了提高系统的通用性，国家标准局参照国际电工委员会（IEC）颁布的有关文件，制定了我国电气设备的有关国家标准。电气图形符号通常用于电气系统图，用以表示一个设备或器件的图形，文字符号适用于电气技术文件（包括电气系统图），用以表明电气设备、器件名称、功能、状态及特征。

电气控制系统图一般有三种：电气原理图、电气元件布置图和安装接线图。

1. 电气原理图

电气原理图是用图形符号和项目代号表示电路各个电气元件的连接关系和工作原理的图，它并不反映电器元件的大小及安装位置。电气原理图结构简单，层次分明，关系明确，适用于分析研究电路的工作原理，而且还可作为其他电气图的依据，在设计部门和生产现场得到了广泛应用。

现以图 1-27 所示的电动机正反转电气原理图为例来阐明绘制电气原理图的规则。

电气原理图一般分为主电路和辅助电路。主电路是从电源到电动机的电路，其中有刀开关、熔断器、接触器、热继电器与电动机等。主电路用粗线绘制在电气原理图的左侧或上方。辅助电路包括控制电路、照明电路、信号电路及保护电路等，它们由继电器、接触器、控制按钮、熔断器、信号灯、控制变压器及控制开关组成，用细实线绘制在电气原理图的右侧或下方。

电路图中的所有电气元件一般不是实际的外形图，而用国家标准规定的图形符号和文字符号表示，属于同一电器的各个部件和触点可以出现在不同的地方，但必须用相同的文字符号标注。电气原理图中各元器件触点状态均按没有外力作用时或未通电时触点的自然状态画出。

电气原理图中电源用水平线画出，一般正极画在原理图的上方，负极画在原理图的下方。三相交流电源线集中水平画在原理图的上方，相序自上而下按 L1、L2、L3 排列，中性线（N 线）和接地线（PE 线）排在相线之下。主电路垂直于电源线画出，控制电路与信号电路垂直于电源线画出。

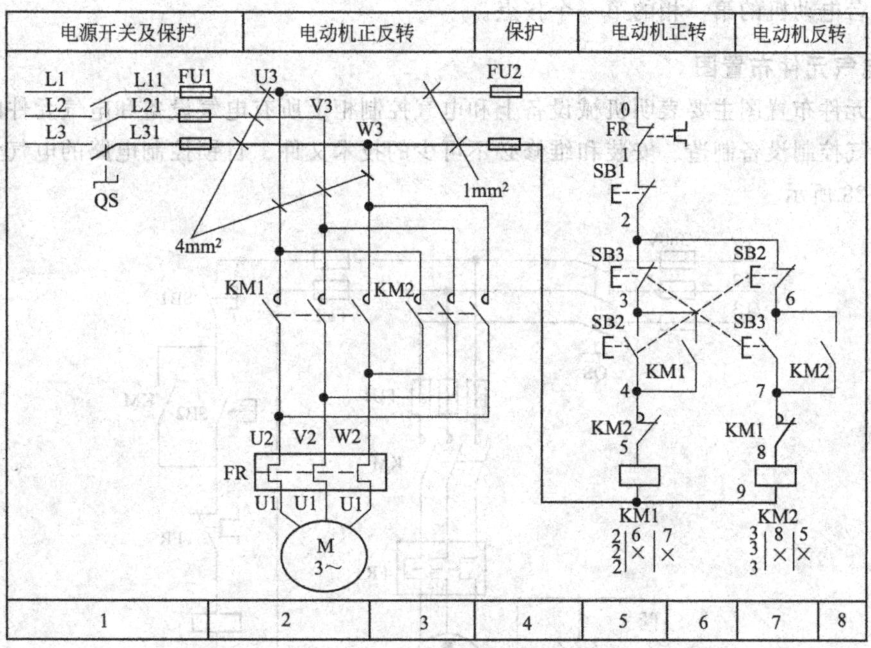

图 1-27　电动机正反转电气原理图

在电路图中，对于需要测试和拆接的外部引线的端子，采用“空心圆”表示；直接连接的导线连接点用“实心圆”表示；无直接连接的导线交叉点不画黑圆点，但在电气图中应尽量避免线条的交叉。

在电气原理图中，继电器、接触器线圈的下方注有其触点在图中位置的索引代号，索引代号用图面区域号表示。其含义如下：

未使用的触点用“X”表示。

电路图中元器件的数据和型号（如热继电器动作电流和整定值、导线截面积等）可用小号字体标注在电器文字符号的下面。

此外，在绘制电气控制线路图中的支路、元件和接点时，一般要加上标号。主电路标号由文字和数字组成。文字用以表明主电路中元件或线路的主要特征，数字用以区别电路的不同线段。电气图中各电器的接线端子用规定的字母数字符号标记，并注意以下规定。

① 三相交流电源的引入线用 L1、L2、L3 标记，中性线为 N，接地端为 PE。

② 电源开关之后的三相交流电源主电路分别按 U、V、W 顺序进行标记。

③ 对于数台电动机，在字母前加数字区别，如 M1 电动机，其三相绕组接线端以 1U、1V、1W；M2 电动机，其三相绕组接线端以 2U、2V、2W 来区别。

④ 电动机绕组首端分别用 U1、V1、W1 标记，尾端用 U2、V2、W2 标记。

⑤ 电动机分支电路各接点标记，采用文字代号后面加数字来表示，数字中的个位数表示电动机代号，十位数字表示该支路接点的代号，从上到下按数值大小顺序标记。如 U12

表示第二台电动机的第一相的第一个接点。

2. 电气元件布置图

电气元件布置图主要表明机械设备上和电气控制柜上所有电气设备和电气元件的实际位置，是电气控制设备制造、安装和维修必不可少的技术文件。自锁控制电路的电气元件布置图如图 1-28 所示。

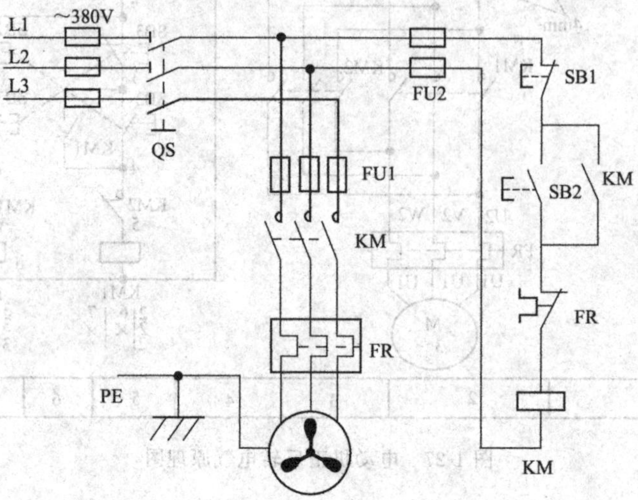

(a) 电气原理图

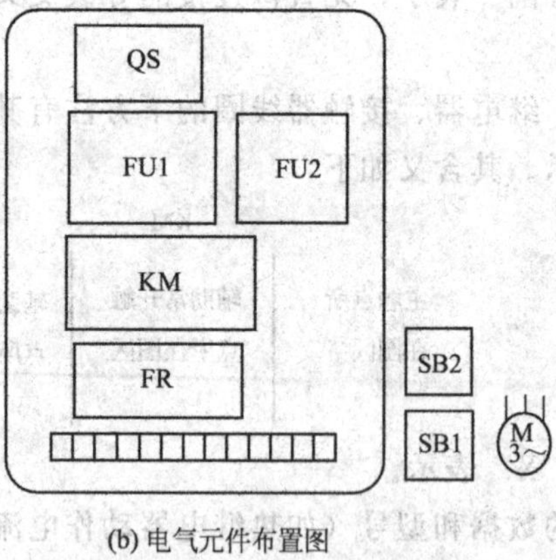

(b) 电气元件布置图

图 1-28　自锁控制的电气原理图及元件布置图

3. 安装接线图

接线图主要用于安装接线、线路检查、线路维修和故障处理，它表达设备电控系统各单元和各元器件间的接线关系，并标出所需数据，如接线端子号、连接导线参数等，实际应用中通常与电气原理图、电气元件布置图一起使用。自锁控制电路的安装接线图如图 1-29 所示。

（二）正反转控制电路

在生产实践中，有很多情况需要电动机能进行正反两方向的运动，如夹具的夹紧与松开、升降机的提升与下降等。要改变电动机的转向，只需改变三相电动机的相序，将三相电动机的任意两相绕组调换，即可实现反转。常利用接触器的主触点改变相序，主要适用于需要频繁正、反转的电动机。

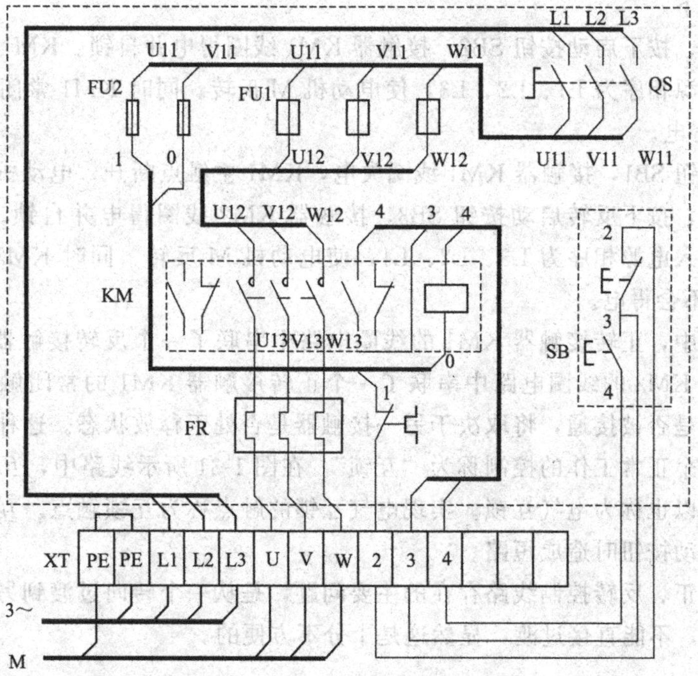

图 1-29　自锁控制电路的安装接线图

1. 接触器互锁正反转控制线路

图 1-30 为接触器互锁正反转控制线路。图中采用了两个接触器，KM1 是正转接触器，KM2 是反转接触器。显然 KM1 和 KM2 两组主触点不能同时闭合，即 KM1 和 KM2 两接触器线圈不能同时通电，否则会引起电源短路。

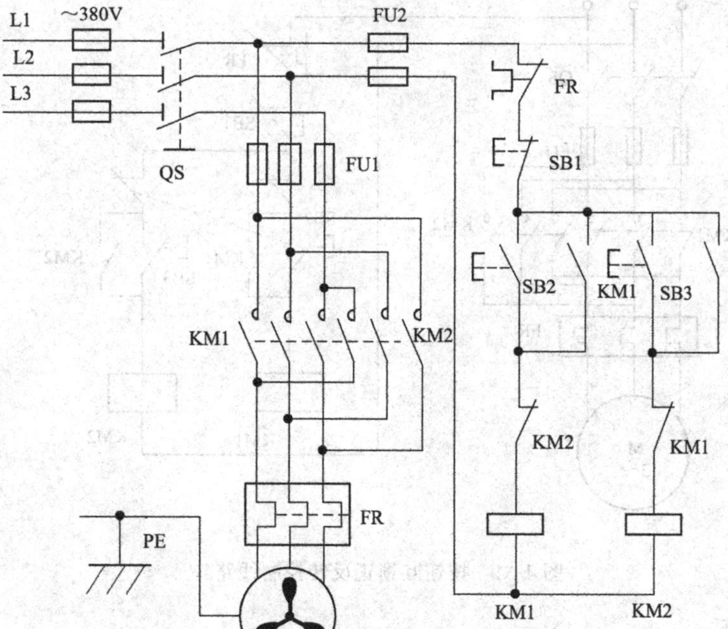

图 1-30　接触器互锁正反转控制线路

工作原理如下。

正转控制时，按下启动按钮 SB2，接触器 KM1 线圈得电并自锁。KM1 主触点闭合接通主电路，输入电源相序为 L1、L2、L3，使电动机 M 正转。同时 KM1 常闭触点断开，保证 KM2 线圈不会得电。

按下停止按钮 SB1，接触器 KM1 线圈失电，KM1 主触点断开，电动机 M 停转。

反转控制时，按下反转启动按钮 SB3，接触器 KM2 线圈得电并自锁。KM2 主触点闭合，主电路，输入电源相序为 L3、L2、L1，使电动机 M 反转。同时 KM2 常闭触点断开，保证 KM1 线圈不会得电。

在控制电路中，正转接触器 KM1 的线圈电路中串联了一个反转接触器 KM2 的常闭触点，反转接触器 KM2 的线圈电路中串联了一个正转接触器 KM1 的常闭触点。这样，每一接触器线圈电路是否被接通，将取决于另一接触器是否处于释放状态。这种同一时间两个接触器中只能有一个正常工作的控制称为“互锁”。在图 1-31 所示线路中，互锁是依靠电气元件来实现的，所以也称为电气互锁。实现电气互锁的触点称为互锁触点。互锁也避免了同时按下正、反转启动按钮时造成短路。

接触器互锁正、反转控制线路存在的主要问题，是从一个转向过渡到另一个转向时要先按停止按钮 SB1，不能直接过渡，显然这是十分不方便的。

2. 按钮互锁正反转控制线路

图 1-31 为按钮互锁正反转控制线路。图中 SB2、SB3 为复合按钮，各有一对常闭触点和常开触点，其中常闭触点分别串联在对方接触器线圈支路中，这样只要按下按钮，就自然切断了对方接触器线圈支路，实现互锁。这种互锁是利用按钮来实现的，所以称为按钮互锁。

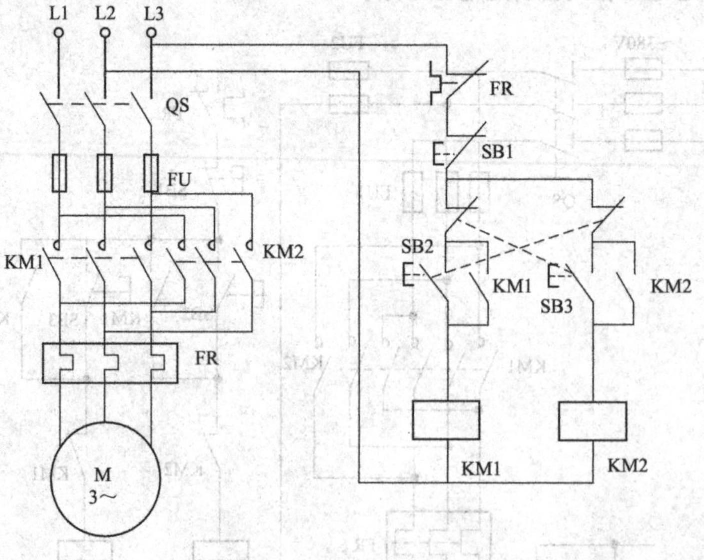

图 1-31　按钮互锁正反转控制线路

工作原理如下。

合上刀开关 QS，按下正转启动按钮 SB2，接触器 KM1 的线圈得电并自锁。KM1 主触点闭合接通主电路，输入电源相序为 L1、L2、L3，电动机 M 正转。同时复合按钮 SB2 的常闭触点断开，切断 KM2 线圈支路。

按下反转启动按钮 SB3，其常闭触点断开，接触器 KM1 的线圈失电，KM1 主触点断开，电动机 M 停转，同时 KM2 线圈得电并自锁，KM2 主触点闭合，接通主电路，接入电源相序为 L1、L3、L2，电动机 M 反转。

由此可见，按钮互锁正、反转控制电路可以从正转直接过渡到反转，其存在的主要问题是容易产生短路，例如当电动机正转接触器 KM1 主触点因弹簧老化或剩磁的原因而延迟释放或者被卡住而不能释放时，如果按下 SB3 反转按钮，KM2 接触器又得电使其主触点闭合，主电路便会短路。

3. 双重互锁正反转控制线路

双重互锁正、反转控制线路如图 1-32 所示。该线路既有接触器的电气互锁，又有复合按钮的机械互锁，是一种比较完善的实现正、反转直接启动的具有较高安全可靠性的线路。

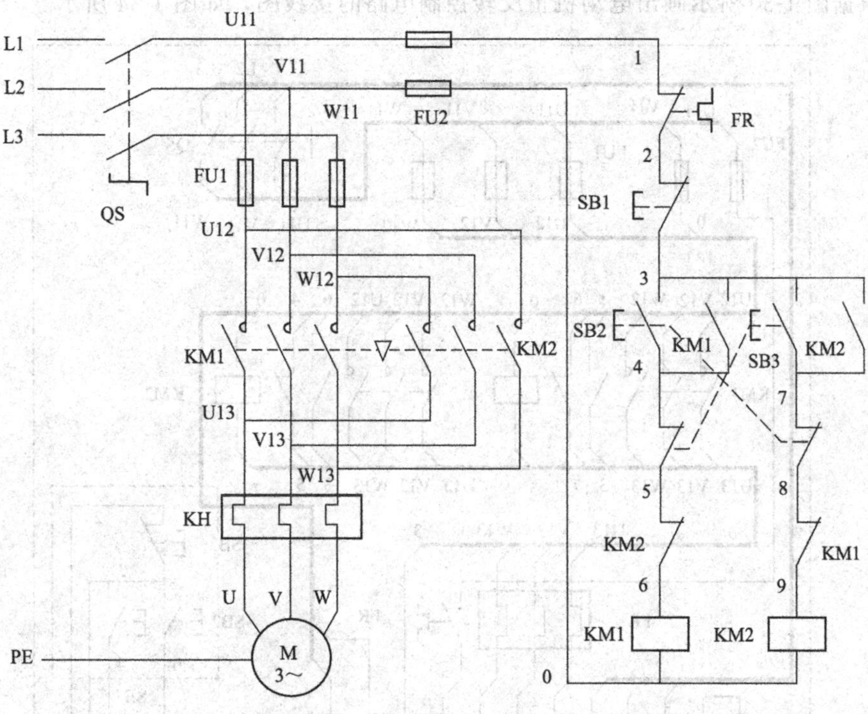

图 1-32　双重互锁正反转控制线路

三、任务实施

（一）准备元器件

配齐所用电气元件，并检查其数量、规格是否符合控制电路的要求，检查其外观是否完好无损，并用万用表欧姆挡检测各电气元件。

（二）电路安装与调试

① 根据如图 1-30 所示的电气原理图画出正反转控制电路的元件布置图，如图 1-33 所示。

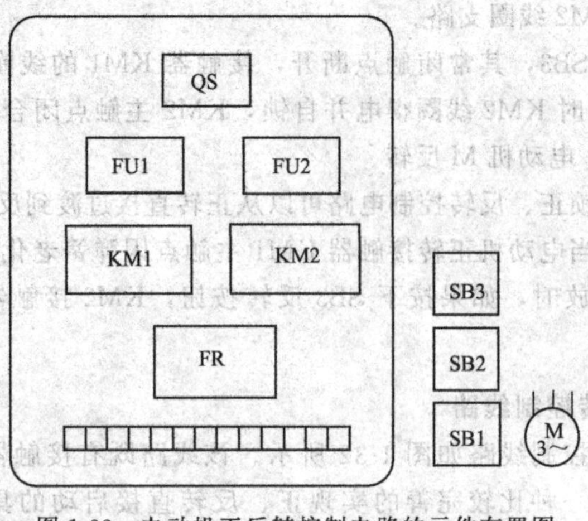

图 1-33　电动机正反转控制电路的元件布置图

② 根据图 1-30 所示画出电动机正反转控制电路的接线图，如图 1-34 所示。

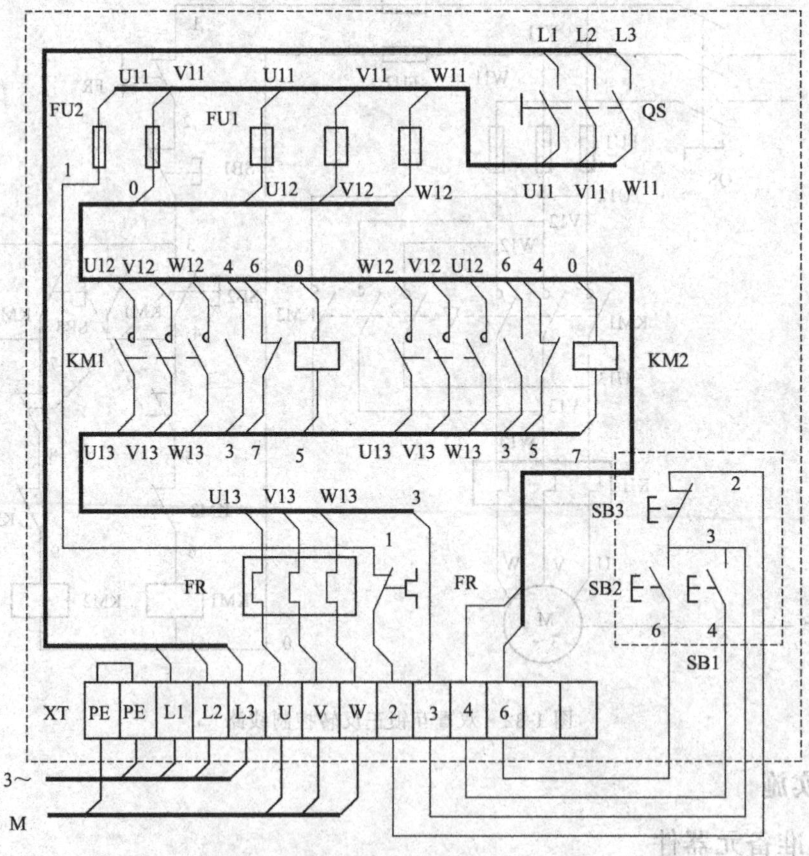

图 1-34　接触器互锁的电动机正反转控制电路的接线图

③ 按照如图 1-33 所示的电器元件布置图在控制板上安装电器元件。

④ 按照图 1-34 所示的接线图进行布线安装。

⑤ 安装完毕后，必须经过认真检查后，方可通电。

⑥ 在老师的监护下，通电试车。若遇到异常现象，应立即停车，检查故障。正反转控制电路的常见故障现象及故障分析见表 1-1。

表 1-1　正反转控制电路常见故障现象及故障分析

故障现象	故障分析
按下 SB2，电动机不转；按下 SB3，电动机运转正常	KM1 线圈断路或 SB2 损坏产生断路
按下 SB2，电动机运转正常；按下 SB3，电动机不转	KM2 线圈断路或 SB3 损坏产生断路
按下 SB1，不能停车	SB1 熔焊
合上 QS 后，熔断器 FU2 熔断	KM1 或 KM2 线圈、触点短路
合上 QS 后，熔断器 FU1 熔断	KM1 或 KM2 短路；电动机相间短路；正反转主电路换相线接错
按下 SB2，电动机运转正常，再按下 SB3，FU1 熔断	正反转主电路换相线接错

⑦ 通电试车完毕，切断电源。

四、知识与能力扩展

（一）行程开关

1. 行程开关的结构及工作原理

行程开关又称位置开关或限位开关，其作用是将机械位移转换成电信号，使电动机运行状态发生改变，包括自动停车、反转、变速、终端限位保护等。行程开关的外形如图 1-35 所示，其结构和工作原理与按钮相同，不同的是行程开关不是靠手的按压，而是利用生产机械运动部件的撞块碰压使触点动作。

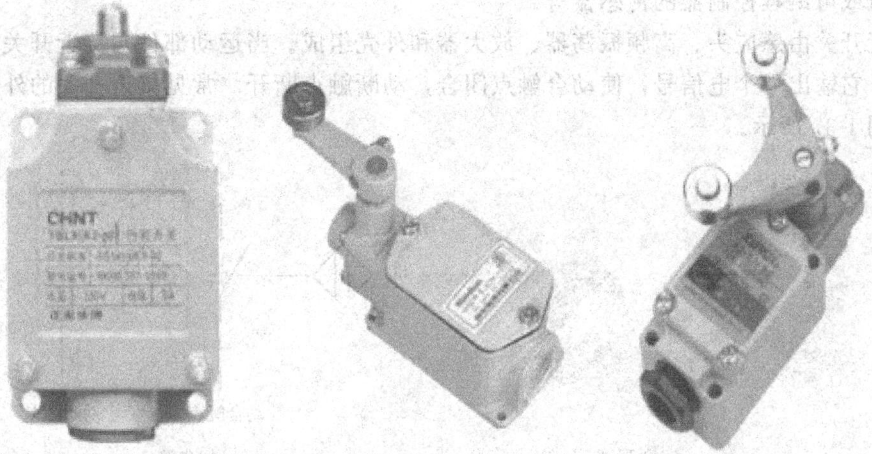

按钮式　　单滑轮式　　双滑轮式

图 1-35　行程开关的外形图

行程开关常装设在基座的某个预定位置，其触点接到有关的控制电路中。当被控对象运动部件上安装的撞块碰压到行程开关的推杆（或滚轮）时，推杆（或滚轮）被压下，行程开关的常闭触点先断开，常开触点后闭合，从而断开和接通有关控制电路，以达到控制生产机械的目的。当撞块离开后，行程开关在复位弹簧的作用下恢复到原来的状态。

2. 行程开关的型号和电气符号

行程开关的种类很多，可分为直动式（如 LX1、JLXK1 系列）、滚轮式（如 LX2、JLXK2 系列）和微动式（如 LXW. 11、JLXK1. 11 系列）三种。通常行程开关的触点额定电压 380V，额定电流 5A。行程开关的型号含义及电气符号如图 1-36 所示。

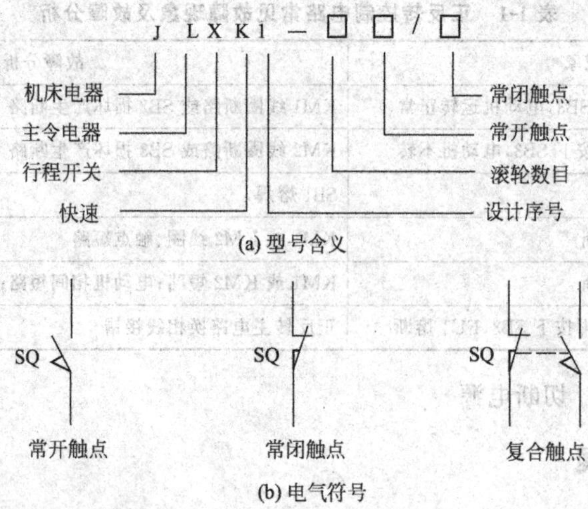

图 1-36 行程开关的型号含义和电气符号

（二）接近开关

接近开关是一种无接触式物体检测装置。当某种物体与之接近到一定距离时，它就发出“动作”信号，而不需要施以机械力。接近开关除了像一般的行程开关一样可作为行程和限位开关外，还可以用于高速计数、测速、液面控制、金属体的检测、零件尺寸检测，还可用作计算机或可编程控制器的传感器等。

接近开关由感应头、高频振荡器、放大器和外壳组成。当运动部件与接近开关的感应头接近时，它输出一个电信号，使动合触点闭合，动断触点断开。常见接近开关的外形和电气符号如图 1-37 所示。

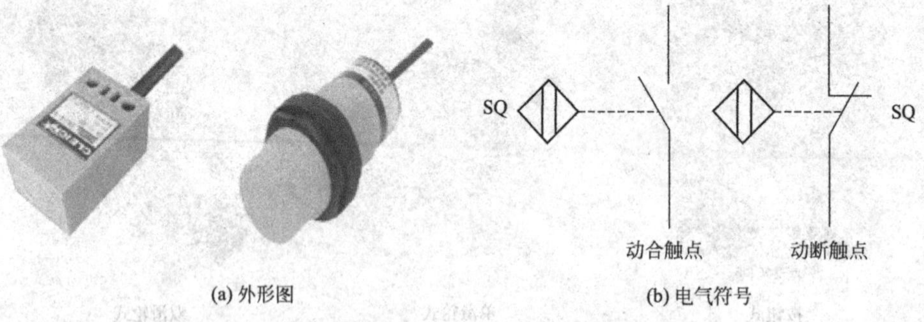

图 1-37 常见接近开关的外形及电气符号

（三）行程控制

行程控制是以行程开关代替按钮以实现对电动机的启停控制，若在预定位置电动机需要停止，则将行程开关安装在相应位置处，其常闭触点串接在相应的控制电路中。当机械装置运动到预定位置时，行程开关动作，其常闭触点断开，相应的控制电路断开，电动机停转，机械运动也停止。若要实现机械装置停止后立即反向运动，则应将此行程开关的常开触点并联在另一个控制回路的启动按钮上，这样，当行程开关动作时，常闭触点断开了正向运动控制的电路，同时常开触点又接通了反向运动的控制电路，从而实现了机械装置的自动往返循环运动。图 1-38 为小车自动往返循环的电气控制线路图。

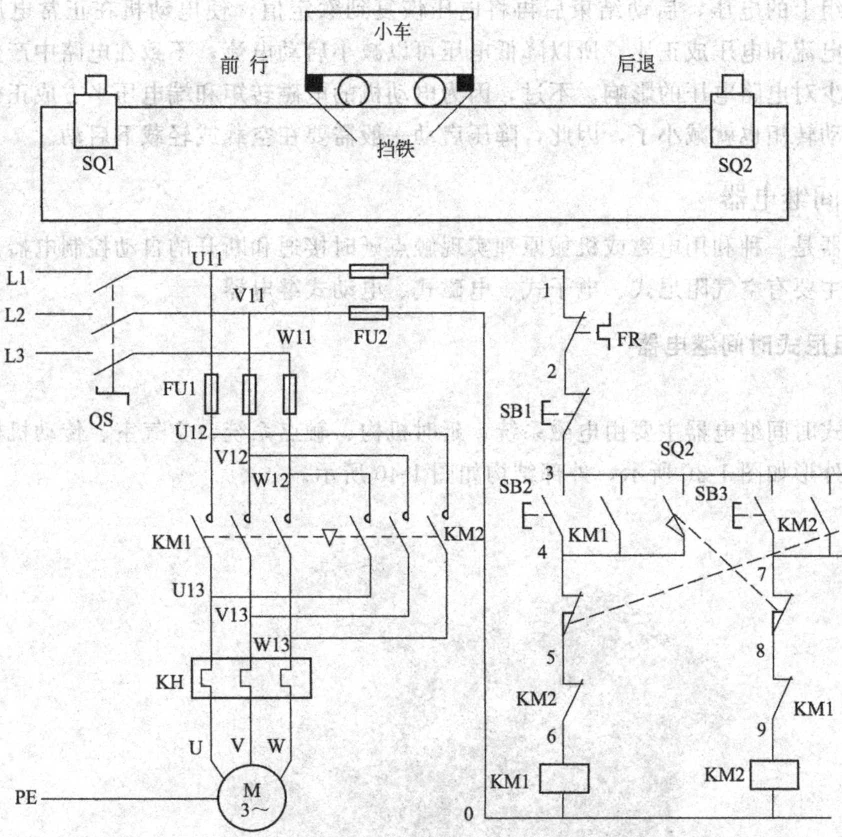

图 1-38　小车自动往返循环的电气控制线路图

其工作原理比较容易分析，读者可自行分析。

任务三　降压启动控制电路的分析与安装调试

一、任务要求

有 1 台皮带运输机，由一台电动机拖动，电动机功率为 7.5kW，电压为 380V，三角形接法，额定转速 1440r/min。按照以下要求完成控制电路的设计与安装。

① 系统启动平稳且启动电流应较小，以减小对电网的冲击，要求电动机采用降压启动方式；

② 系统可实现连续正反转；

③ 有短路、过载、欠压和失压保护。

二、相关知识

电动机的启动方式分为全压启动和降压启动两种，全压启动是指加在电动机定子绕组上的电压为额定电压，又称直接启动。前面任务中的电动机自锁控制和正反转控制线路都属于直接启动。电动机的直接启动电路简单，但启动电流大（约为启动电流的 4～7 倍），会对电网其他设备造成一定的影响，因此当电动机功率较大时（大于 7kW），需采取降压启动方式，以降低启动电流。

所谓降压启动，就是利用某些设备或采用电动机定子绕组换接的方法，降低启动时加在电动机定子绕组上的电压，启动结束后再将电压恢复到额定值，使电动机在正常电压下运行。因为电枢电流和电压成正比，所以降低电压可以减小启动电流，不致在电路中产生过大的电压降，减少对电路电压的影响。不过，因为电动机的电磁转矩和端电压平方成正比，所以电动机的启动转矩也就减小了，因此，降压启动一般需要在空载或轻载下启动。

（一）时间继电器

时间继电器是一种利用电磁或机械原理实现触点延时接通和断开的自动控制电器。常用的时间继电器主要有空气阻尼式、电子式、电磁式、电动式继电器。

1. 空气阻尼式时间继电器

（1）结构

空气阻尼式时间继电器主要由电磁系统、延时机构、触点系统、空气室、传动机构、基座等组成，其外形如图 1-39 所示，外部结构如图 1-40 所示。

图 1-39　空气阻尼式时间继电器外形

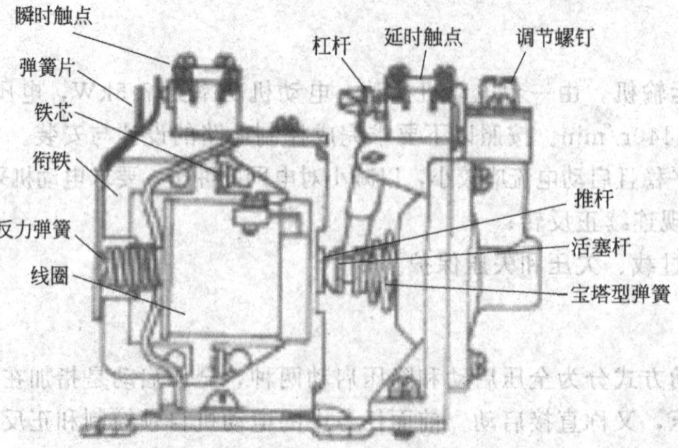

图 1-40　空气阻尼式时间继电器的外部结构

（2）工作原理

图 1-41 所示为空气阻尼式时间继电器的工作原理。当线圈 1 通电后，衔铁 3 吸合，微

动开关 16 受压，其触点动作无延时，活塞杆 6 在塔形弹簧 8 的作用下，带动活塞 12 及橡胶膜 10 向上移动，但由于橡胶膜下方气室的空气稀薄，形成负压，因此活塞杆 6 只能缓慢地向上移动，其移动的速度视进气孔的大小而定，可通过调节螺杆 13 进行调整。经过一定的延时后，活塞杆才能移动到最上端。这时通过杠杆 7 压动微动开关 15，使其常闭触点断开，常开触点闭合，起到通电延时作用。

当线圈 1 断电时，电磁吸力消失，衔铁 3 在反力弹簧 4 的作用下释放，并通过活塞杆 6 将活塞 12 推向下端，这时橡胶膜 10 下方气室内的空气通过橡胶膜 10、弱弹簧 9 和活塞 12 肩部所形成的单向阀，迅速地从橡胶膜上方的气室缝隙中排掉，微动开关 15、16 能迅速复位，无延时。

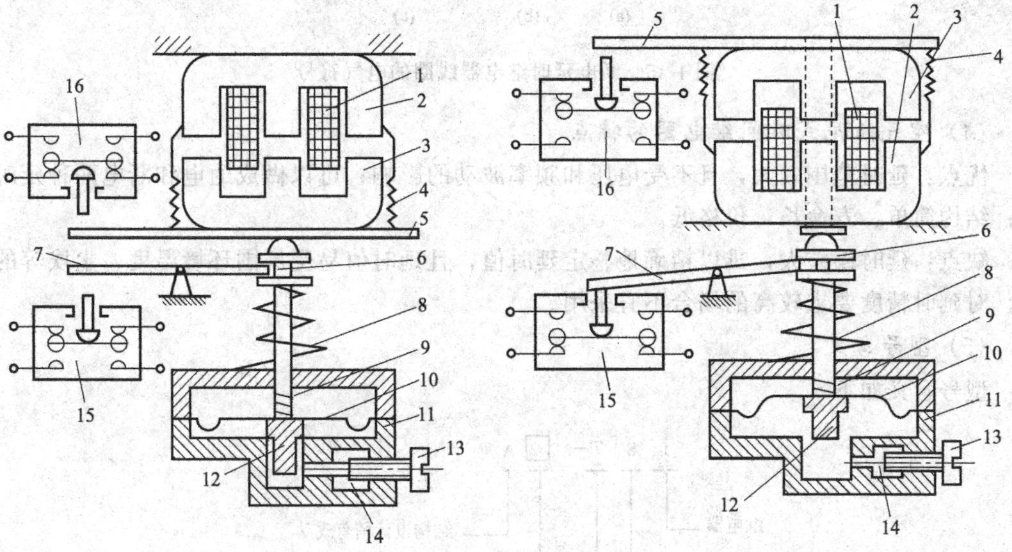

图 1-41　空气阻尼式时间继电器的工作原理

1—线圈；2—铁芯；3—衔铁；4—反力弹簧；5—推板；6—活塞杆；7—杠杆；8—塔形弹簧；9—弱弹簧；10—橡胶膜；11—空气室壁；12—活塞；13—调节螺杆；14—进气孔；15,16—微动开关

(3) 时间继电器的电气符号

时间继电器的电气符号如图 1-42～图 1-45 所示。

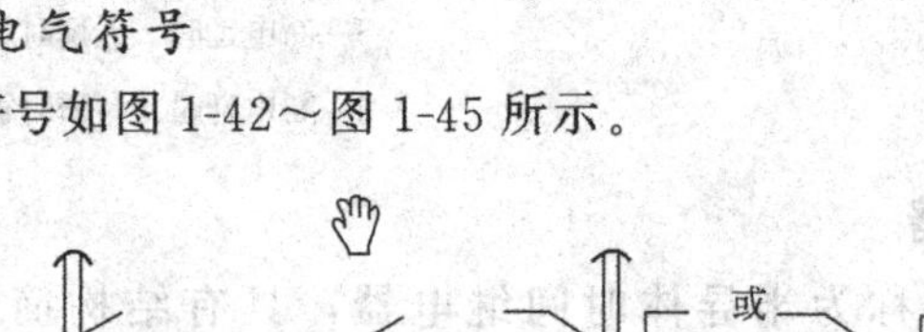

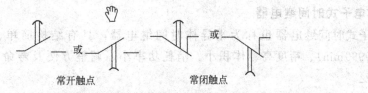

图 1-42　通电延时的各类触点电气符号

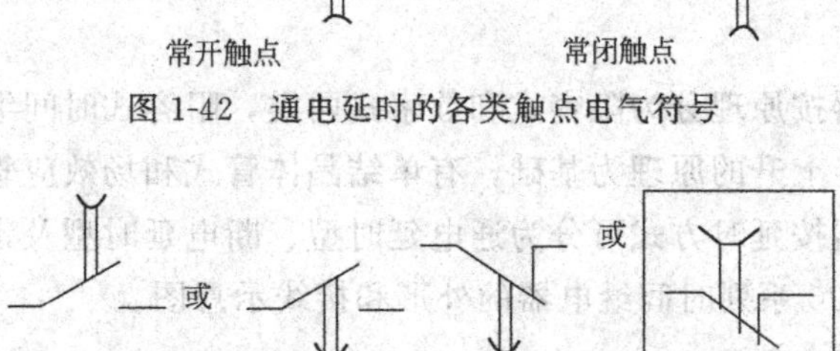

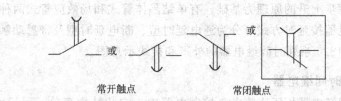

图 1-43　断电延时的各类触点电气符号

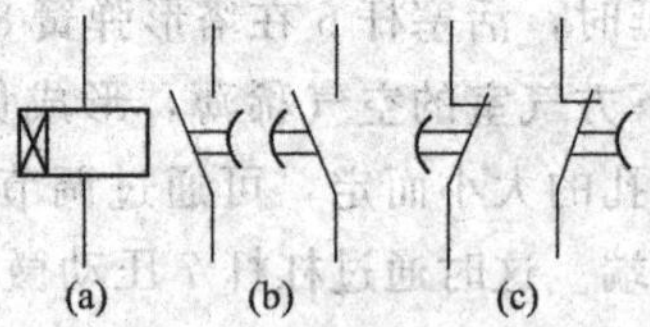

图 1-44　通电延时继电器线圈的电气符号

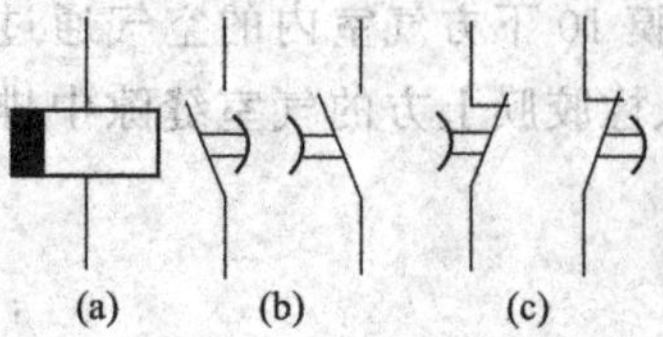

图 1-45　断电延时继电器线圈的电气符号

（4）空气阻尼式时间继电器的特点

优点：延时范围较大，且不受电压和频率波动的影响；可以做成通电和断电两种延时形式；结构简单、寿命长、价格低。

缺点：延时误差大，难以精确地整定延时值，且延时值易受周围环境温度、尘埃等的影响，对延时精度要求较高的场合不宜采用。

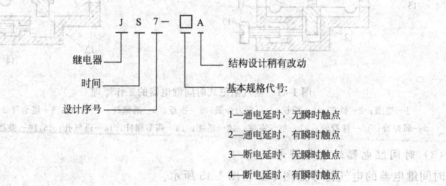

（5）型号含义

型号含义如下：

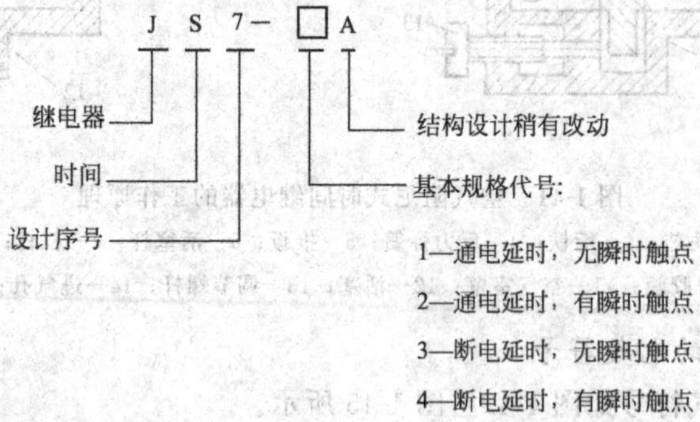

2. 电子式时间继电器

电子式时间继电器也称为半导体时间继电器，具有结构简单、延时范围广（可达0.1s～9999min）、精度高、体积小、消耗功率小、调整方便及寿命长等优点，其应用越来越广泛。

电子式时间继电器按原理分为阻容式和数字式两类，阻容式时间继电器以 RC 电路充电时电容器上的电压逐步上升的原理为基础，有单结晶体管式和场效应管式两种。

电子式时间继电器按延时方式可分为通电延时型、断电延时型及带瞬动触点的通电延时型。图 1-46 所示为 JS20 系列时间继电器的外形和接线示意图。

3. 直流电磁式时间继电器

直流电磁式时间继电器用于直流电气控制电路中，它的结构简单，运行可靠，寿命长；缺点是延时时间短。

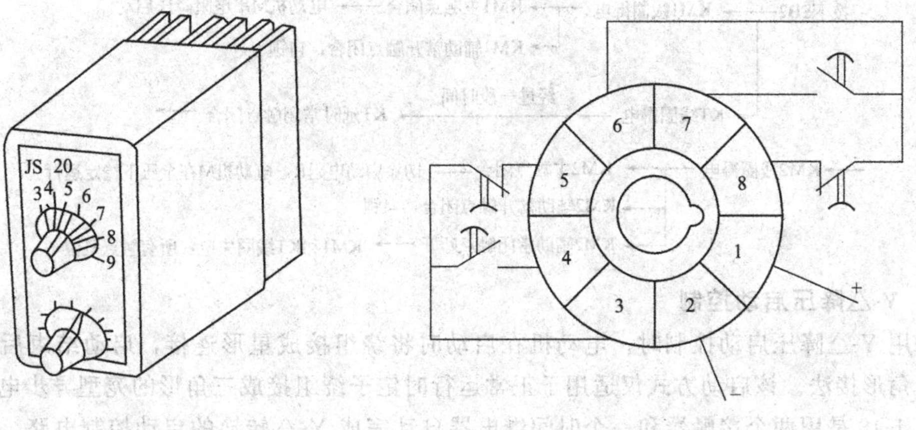

(a) 外形图　　　　(b) 接线示意图

图 1-46　JS20 系列时间继电器的外形和接线示意图

（二）三相异步电动机的降压启动控制电路

1. 定子电路串电阻降压启动控制

在电动机启动时，在定子电路中串接电阻，使加在电动机定子绕组上的电压降低，启动结束后再将电阻切除，使电动机在额定电压下运行。这种启动方式主要用于正常运行时定子绕组接成 Y 型的笼型异步电动机。图 1-47 是这种启动方式的电路图。

工作原理：合上刀开关 QS，按下按钮 SB2，KM1 线圈得电自锁，其常开主触点闭合，电动机启动，KT 线圈得电；当电动机的转速接近正常转速时，到达 KT 的整定时间后，其常开延时触点闭合，KM2 线圈得电自锁，KM2 的常开主触点闭合，将 R 短接，电动机全压运转。

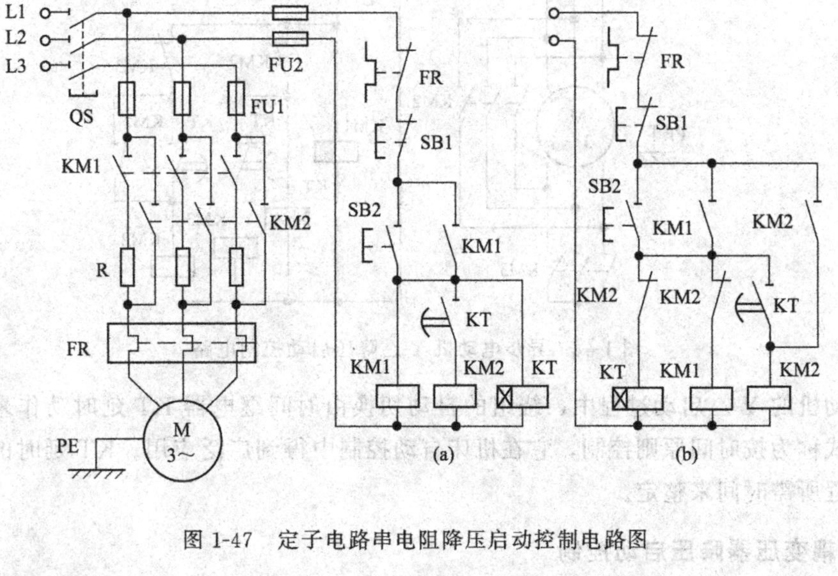

图 1-47　定子电路串电阻降压启动控制电路图

降压启动用的电阻一般采用 ZX1、ZX2 系列铸铁电阻，其阻值小、功率大，可允许通过较大的电流。

各元器件工作顺序如下：

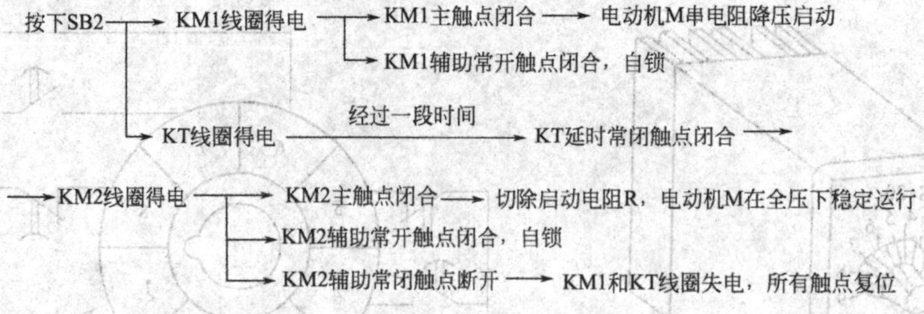

2. Y-△降压启动控制

采用 Y-△降压启动控制时，电动机在启动时将绕组接成星形连接，启动结束后自动换接成三角形接法。该启动方式仅适用于正常运行时定子绕组接成三角形的笼型异步电动机。

图 1-48 是用两个接触器和一个时间继电器自动完成 Y-△转换的启动控制电路。由图可知，按下 SB2 后，接触器 KM1 得电并自锁，同时 KT、KM3 也得电，KM1、KM3 主触点同时闭合，电动机以星形接法启动。当电动机转速接近正常转速时，到达通电延时型时间继电器 KT 的整定时间，其延时动断触点断开，KM3 线圈断电，延时动合触点闭合，KM2 线圈得电，同时 KT 线圈也失电。这时，KM1、KM2 主触点处于闭合状态，电动机绕组转换为三角形连接，电动机全压运行。图中把 KM2、KM3 的动断触点串联到对方线圈电路中，构成"互锁"电路，避免 KM2 与 KM3 同时闭合，引起电源短路。

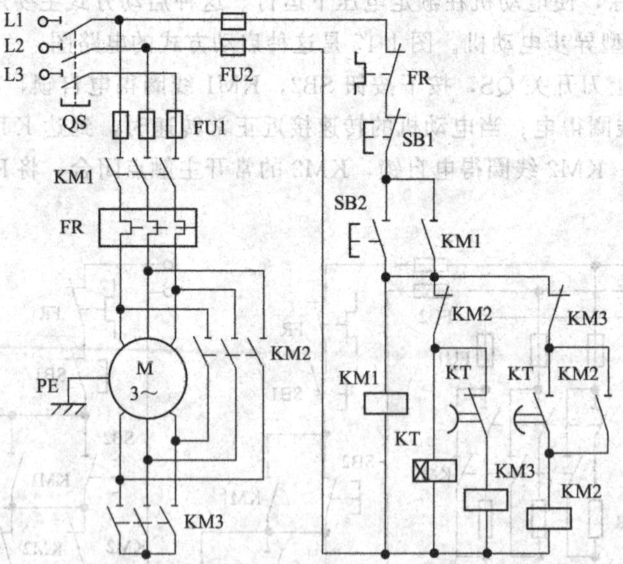

图 1-48 异步电动机 Y-△降压启动控制电路

在电动机的 Y-△启动过程中，绕组的自动切换由时间继电器 KT 延时动作来控制。这种控制方式称为按时间原则控制，它在机床自动控制中得到广泛应用。KT 延时的长短应根据启动过程所需时间来整定。

3. 自耦变压器降压启动控制

正常运行时定子绕组接成 Y 型的笼型异步电动机，还可用自耦变压器降压启动。电动机启动时，定子绕组加上自耦变压器的二次电压，一旦启动完成就切除自耦变压器，定子绕组加上额定电压正常运行。

自耦变压器二次绕组有多个抽头，能输出多种电源电压，启动时能产生多种转矩，一般比 Y-△启动时的启动转矩大得多。自耦变压器虽然价格较贵，而且不允许频繁启动，但仍是三相笼型异步电动机常用的一种降压启动装置。

图 1-49 为一种三相笼型异步电动机自耦变压器降压启动控制电路。

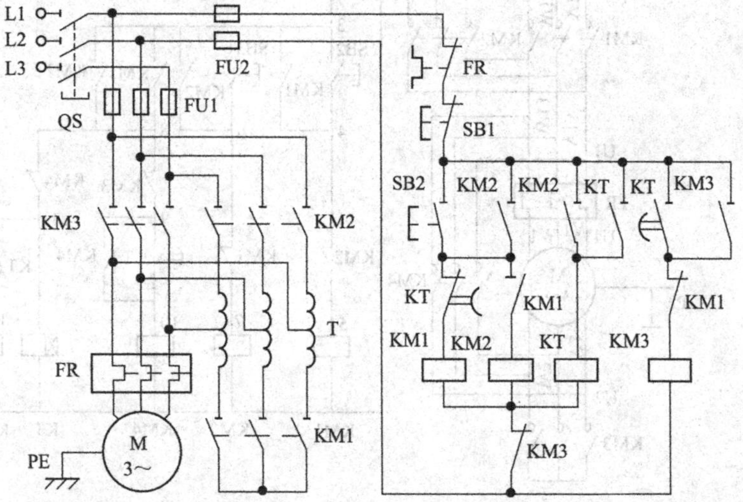

图 1-49　三相笼型异步电动机自耦变压器降压启动控制电路

其工作过程如下。

合上电源开关 QS，按下按钮 SB2，KM1 线圈得电，自耦变压器作 Y 连接，同时 KM2 得电自锁，电动机降压启动，KT 线圈得电自锁；当电动机的转速接近正常工作转速时，到达 KT 的整定时间，KT 的常闭延时触点先断开，KM1、KM2 先后失电，自耦变压器 T 被切除，KT 的常开延时触点后闭合，在 KM1 的常闭辅助触点复位的前提下，KM3 得电自锁，电动机全压运转。

电路中 KM1、KM3 的常闭辅助触点的作用是：防止 KM1、KM2、KM3 同时得电，使自耦变压器 T 的绕组电流过大，从而导致其损坏。

三、任务实施

（一）控制电路的设计

根据控制要求，设计控制电路，其电路如图 1-50 所示。

（二）电路的安装与调试

① 按图 1-50 所示将所需要的元器件配齐，并使用电工工具对元件进行质量检验；

② 画出元件的布置图和安装接线图；

③ 按照电气控制线路安装主电路和控制电路；

④ 检查主电路和控制电路的连接情况；

⑤ 检查无误后通电试车。为保证人身安全，在通电试车时，要认真执行安全操作规程的有关规定，经老师检查并现场监督。

四、知识与能力扩展

继电器是根据一定的信号（如电流、电压、时间和速度等物理量）变化来接通或分断小

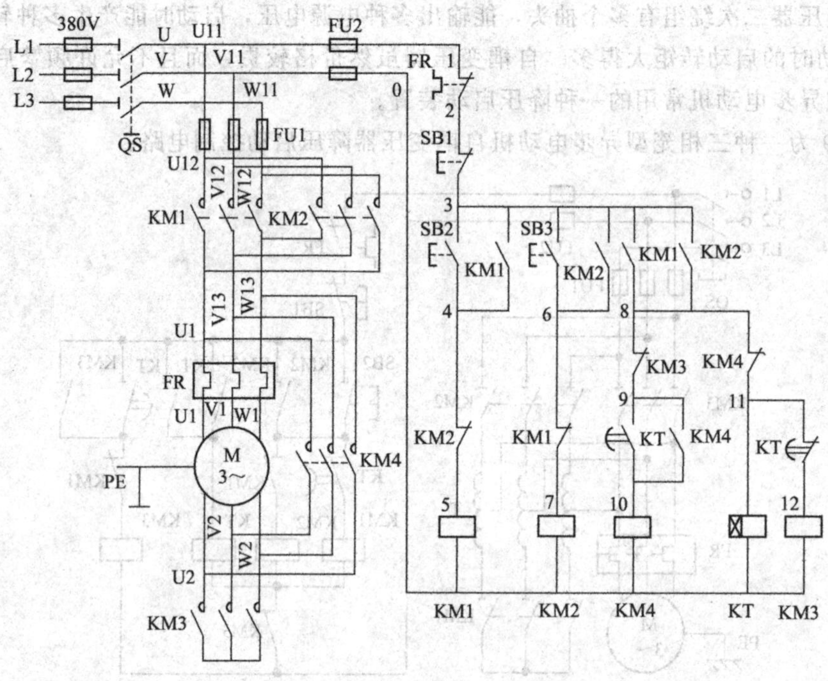

图 1-50　控制电路图

电流电路的自动控制电器。继电器实质上是一种传递信号的电器，它根据特定形式的输入信号而动作，从而达到控制目的。继电器一般不用来控制主电路，而是通过接触器或其他电器来对主电路进行控制。

低压控制系统中的继电器大部分是电磁式继电器，电磁式继电器的结构组成和工作原理与电磁式接触器相似，也是由电磁机构和触点系统两个主要部分组成。电流继电器和电压继电器都属于电磁式继电器。

（一）电流继电器

根据继电器线圈中电流的大小而接通或断开电路的继电器叫作电流继电器。使用时，电流继电器的线圈串入主电路，用来感测主电路的电流；触点接于控制电路，为执行元件。为了使串入电流继电器线圈后电路能正常工作，电流继电器线圈的匝数要少，导线要粗，阻抗要小。电流继电器的外形如图 1-51 所示。电流继电器反映的是电流信号，常用的电流继电器有过电流继电器和欠电流继电器两种。

过电流继电器在电路正常工作时衔铁不吸合。当被保护线路的电流高于额定值并达到过电流继电器的整定值时，衔铁吸合，触点机构动作，其常开触点闭合，常闭触点断开。过电流继电器主要用于电动机、发电机或其他负载的过载及短路保护。

欠电路继电器在电路正常工作时其衔铁是吸合的，其常开触点闭合，常闭触点断开。只有当电流降低到某一整定值时，衔铁才释放，其触点恢复。欠电流继电器常用于直流电动机励磁电路和电磁吸盘的弱磁保护。

电流继电器电气符号如图 1-52 所示。

（二）电压继电器

电压继电器的线圈并联接入主电路，用来感测主电路的电压，触点接于控制电路，为执

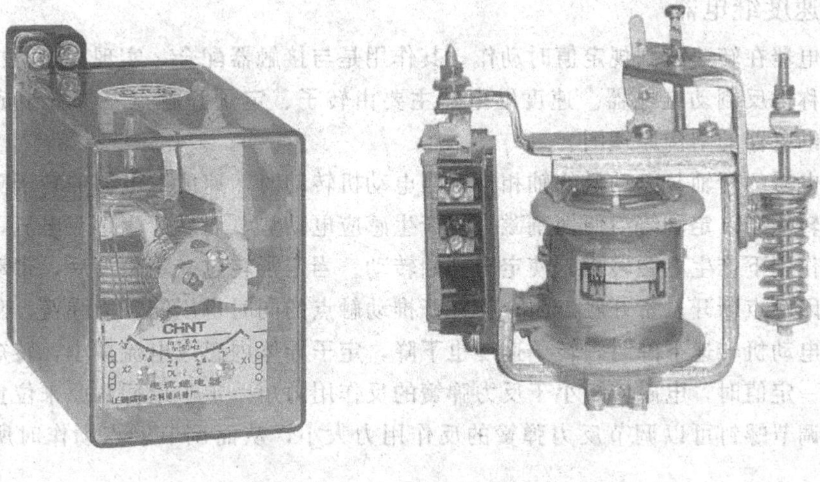

图 1-51　电流继电器的外形

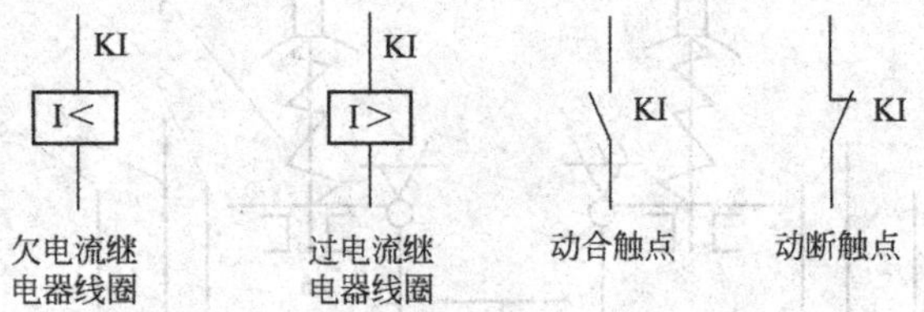

图 1-52　电流继电器电气符号

行元件。电压继电器根据线圈两端电压的大小接通或断开电路，线圈的导线细，匝数多，阻抗大。电压继电器分为过电压继电器和欠电压继电器两种，分别用于电路的过电压或欠电压保护。电压继电器的外形如图 1-53 所示，电气符号如图 1-54 所示。

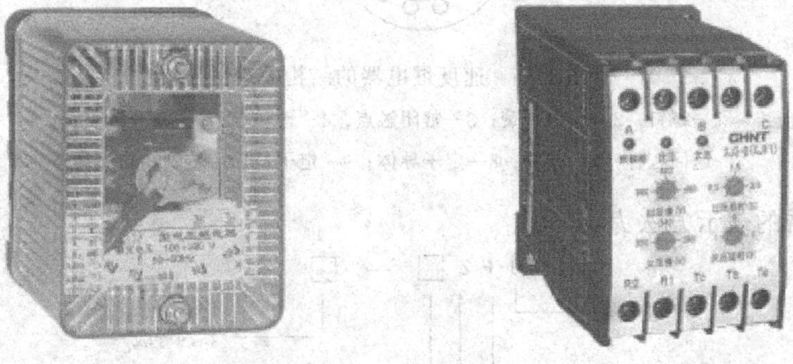

图 1-53　电压继电器的外形图

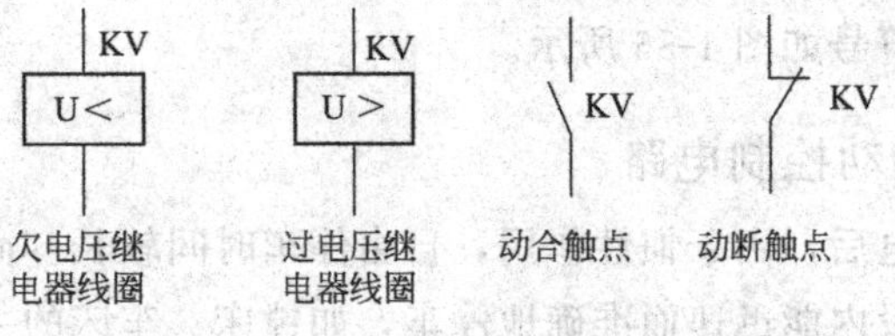

图 1-54　电压继电器的电气符号

（三）速度继电器

速度继电器在转速达到规定值时动作，其作用是与接触器配合，实现对电动机的反接制动，所以又称为反制动继电器。速度继电器主要由转子、定子和触点三部分组成。图 1-55 所示为速度继电器的结构原理图。

速度继电器的转轴与电动机的轴相连，当电动机转动时，速度继电器的转子随着一起转动，产生旋转磁场，定子绕组便切割磁力线产生感应电动势，而后产生感应电流，载流导体在转子磁场作用下产生电磁转矩，使定子开始转动。当定子转过一定角度后，带动杠杆推动触点，使常闭触点断开，常开触点闭合。杠杆推动触点的同时也压缩反力弹簧，阻止定子继续转动。当电动机转速下降时，转子速度也下降，定子导体内感应电流减小，转矩减小。当转速下降到一定值时，电磁转矩小于反力弹簧的反作用力矩，定子返回到原来位置，对应的触点复位。调节螺钉可以调节反力弹簧的反作用力大小，从而调节触点动作时所需转子的转速。

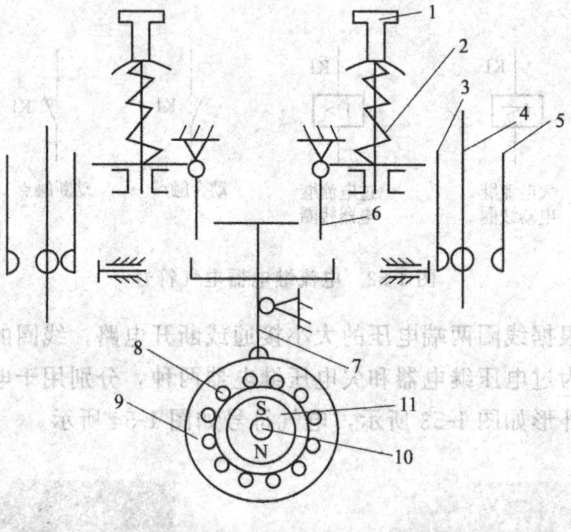

图 1-55　速度继电器的结构原理图

1—螺钉；2—反力弹簧；3—常闭触点；4—动触点；5—常开触点；

6—返回杠杆；7—杠杆；8—定子导体；9—定子；10—转轴；11—转子

速度继电器的表示方法为：

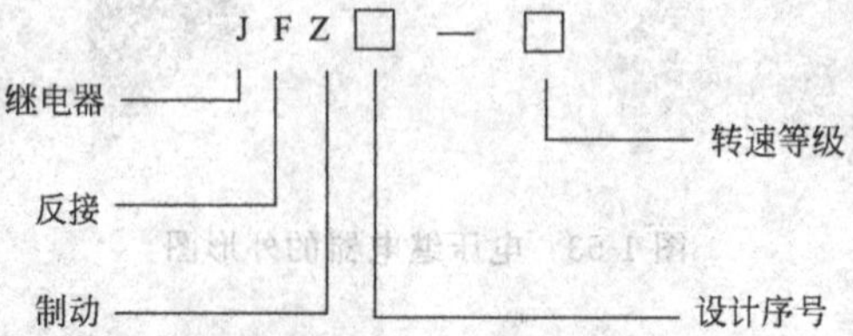

速度继电器的电气符号如图 1-56 所示。

（四）电动机的制动控制电路

三相异步电动机断电后，由于惯性作用，自由停车时间较长。而某些生产工艺过程则要求电动机在某一个时间段内能迅速而准确地停车，如镗床、车床的主电动机需快速停车，起重机为使重物停位准确及现场安全要求也需要能迅速停车，因此需要对电动机采用快速、可

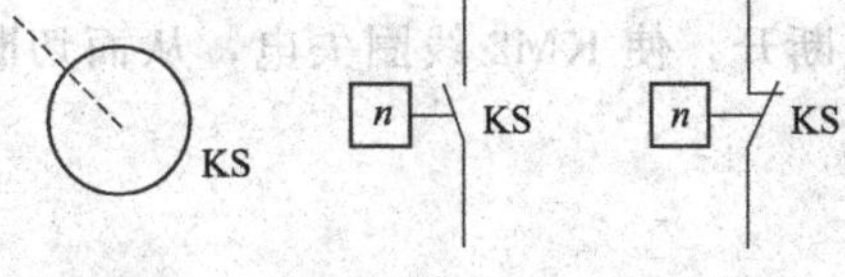

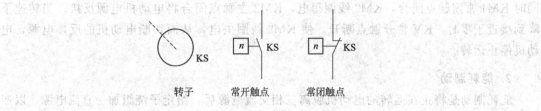

图 1-56　速度继电器图形、文字符号

靠的制动控制方法，使之迅速停转。

电动机制动的方法主要有机械制动和电气制动两种。机械制动是采用机械抱闸制动；电气制动是用电气的办法，使电动机产生一个与转子原转动方向相反的力矩，迫使电动机迅速制动而停转，常用的电气制动方法有反接制动和能耗制动。

1. 反接制动

反接制动是指在切断电动机的三相电源后，立即接上与原电源相序相反的三相交流电源，以形成与原来转速方向相反的电磁力矩，利用这个制动力矩迫使电动机迅速停止转动。

图 1-57 为反接制动控制电路。由于反接制动的电流较大，由此引起的制动冲击力也较大，所以在主电路中串入限流电阻 R。控制电路中，使用了速度继电器 KS，它与电动机同轴。当电动机转速上升到一定数值时，速度继电器的常开触点闭合，为制动做好准备。制动时转速迅速下降，当转速下降到接近于零时，速度继电器的常开触点断开，接触器 KM2 线圈断电，防止电动机反转。

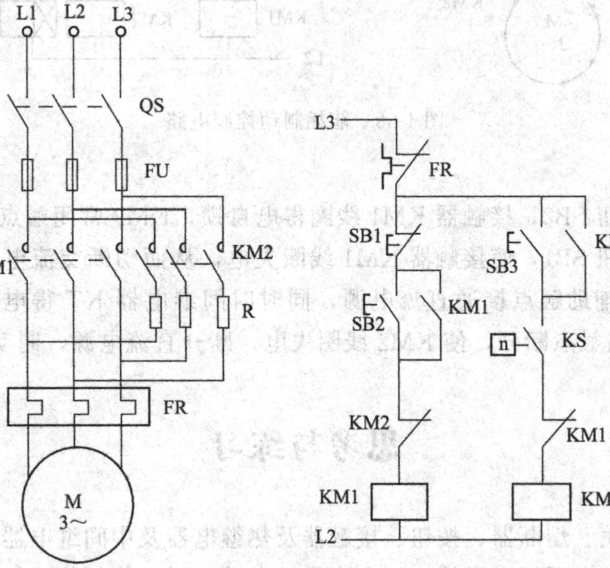

图 1-57　反接制动控制电路

反接制动工作过程如下。

按下启动按钮 SB2，接触器 KM1 线圈得电并自锁，KM1 主触点闭合，电动机进行全压启动。当电动机转速上升到 100r/min 时（此数值可调），KV 的常开触点闭合。但是由于接触器 KM2 线圈支路的互锁触点 KM1 断开，所以 KM2 线圈不会得电。

按下停止按钮 SB1，接触器 KM1 线圈失电，KM1 主触点断开，电动机失电惯性运转。

同时 KM1 常闭触点闭合，KM2 线圈得电，KM2 主触点闭合将电动机电源反接。当转速下降到接近于零时，KV 常开触点断开，使 KM2 线圈失电，从而切断电动机的反接电源，电动机停止运转。

2. 能耗制动

能耗制动是将正在运转的电动机脱离三相交流电源后，给定子绕组加一直流电源，以产生一个静止磁场，利用转子感应电流与静止磁场的作用产生反向电磁力矩，迫使电动机制动停转。

图 1-58 为能耗制动控制电路，它利用时间继电器的延时作用实现能耗制动。UF 为单相桥式整流器，TR 为整流变压器。

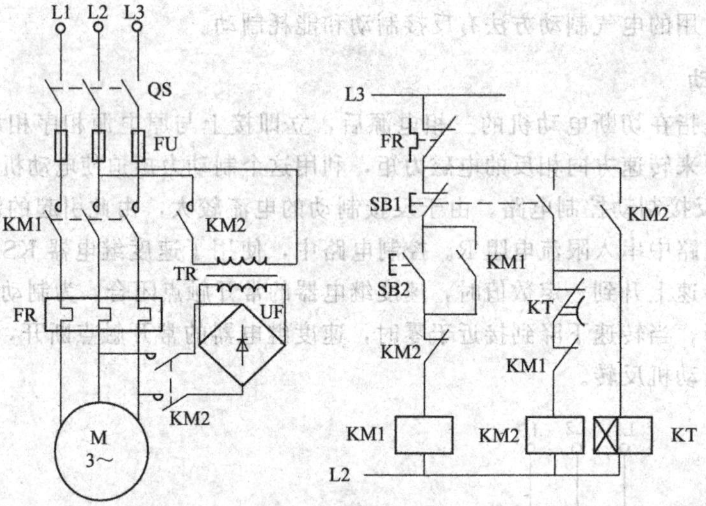

图 1-58 能耗制动控制电路

工作原理如下。

① 按下启动按钮 SB2，接触器 KM1 线圈得电自锁，KM2 常闭触点互锁，电动机运转。

② 按下停止按钮 SB1，使接触器 KM1 线圈失电，从而切断交流电源，接触器 KM2 线圈得电，KM2 常开辅助触点接通直流电源，同时时间继电器 KT 得电，经过一定延时后，时间继电器 KT 常闭触点断开，使 KM2 线圈失电，断开直流电源，制动结束。

思考与练习

1. 写出空气开关、熔断器、按钮、接触器及热继电器及中间继电器的图文符号。
2. 熔断器与热继电器用于保护三相交流异步电动机时，能不能互相代替，为什么？
3. 交流接触器的主触点、辅助触点和线圈各接在什么电路中，应如何连接？
4. 什么是自锁？什么是互锁？试举例说明各自的作用。
5. 电动机的启动电流很大，启动时热继电器应不应该动作，为什么？
6. 为了确保电动机的正常而安全运行，电动机应具备哪些综合保护措施？
7. 简述电气原理图的绘制原则。
8. 电气控制电路的主电路和控制电路各有什么特点？

9. 两个交流接触器控制的电动机正反转控制电路，为防止电源短路，必须实现什么控制？

10. 图 1-59 所示是两种实现电动机顺序控制的电路（主电路略），试分析说明各电路有什么特点，能满足什么控制要求。

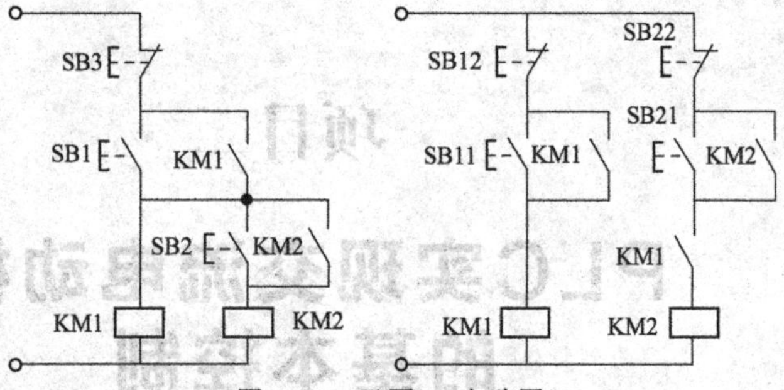

图 1-59　习题 10 电路图

11. 试设计一个控制一台电动机的电路，要求：①可正反转；②可正反向点动；③具有短路和过载保护。

12. 有两台电动机 M1 和 M2，要求：M1 先启动，经过 10s 后 M2 启动；M2 启动后，M1 立即停止。试设计其控制线路。

13. 有一输送带，采用 55kW 电动机进行拖动，试设计其控制电路。设计要求如下：

① 电动机采用 Y-△降压启动控制；

② 采用两地控制方式；

③ 加装启动预告装置；

④ 至少有一个现场急停开关。

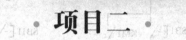

项目二 PLC实现交流电动机的基本控制

【教学目标】

1. 了解 PLC 的硬件结构，理解 PLC 的工作原理；
2. 能够进行 PLC 与计算机的连接通信，学会 PLC 编程软件的安装；
3. 学会 PLC 编程软件的各种操作；
4. 学会 PLC 外围信号接入和信号输出的接线方法；
5. 理解 S7-200 的 I/O 地址分配规律，掌握编程语言基础；
6. 理解并学会正确使用基本指令；
7. 掌握 PLC 的程序设计及调试流程。

任务一　PLC 应用环境的设置及编程软件的使用

一、任务要求

了解西门子 S7-200 PLC 的硬件结构，进行 PLC 与计算机的连接，完成 PLC 的硬件及软件安装，学会 PLC 的输入输出电路连接和 PLC 外围接线。掌握 Step 7-Micro/WIN V4.0 编程软件的基本操作、通信的建立、程序的下载，利用符号表进行符号寻址，学会监控功能的使用。

二、相关知识

（一）PLC 的基础知识

1. PLC 的产生

19 世纪 60 年代，美国汽车制造业竞争激烈。1968 年，美国通用汽车公司为了适应生产工艺不断更新的需求，提出了一种设想：把计算机的功能完善、通用、灵活等优点和继电器接触器控制系统的简单易懂、操作方便、价格便宜等优点结合起来，制成一种新型的通用控制装置，取代继电接触器控制系统，这种控制装置不仅能够把计算机的编程方法和程序输入方式加以简化，并且采用面向控制过程、面向对象的编程语言，使不熟悉计算机的人也能方便地使用。美国数字设备公司（DEC）根据这一设想于1969年研制成功了世界上第一台可编程控制器，即PLC，并在汽车自动装配生产线上试用获得成功。

2. PLC的定义

国际电工委员会对PLC作了如下定义：可编程控制器是一种进行数字运算操作的电子系统，专为在工业环境下应用而设计，它采用可编程的存储器，用来在其内部存储逻辑运算、顺序控制、定时、计数和算术运算等操作指令，并通过数字式或模拟式的输入和输出控制各种类型的机械动作过程。可编程控制器及其相关设备都应按易于与工业控制系统形成一个整体、易于扩展其功能的原则设计。

3. PLC的特点

（1）可靠性高，抗干扰能力强

高可靠性是电气控制设备的关键性能。PLC由于采用现代大规模集成电路技术，采用严格的生产工艺制造，内部电路采取了先进的抗干扰技术，具有很高的可靠性。采用PLC构成的电气控制系统，其电气接线及开关接点数量比传统继电接触器控制系统大大减少，故障率也大大降低。此外，PLC带有硬件故障自我检测功能，出现故障时可及时发出警报信息，缩短检修时间。

（2）编程简单，使用方便

PLC作为通用工业控制计算机，其接口简单，编程语言易于为工程技术人员接收。它采用的梯形图语言的图形符号与表达方式和继电器电路图相当接近。只需要用PLC的少量开关量逻辑控制指令就可以方便地实现继电器电路的功能，为不熟悉电子电路、不懂计算机原理和汇编语言的人使用计算机从事工业控制打开了方便之门。

（3）功能强，速度快，精度高，通用性好

PLC发展到今天，已经形成了大、中、小各种规模的系列化产品，可以用于各种的工业控制场合。除了逻辑处理功能以外，现代PLC大多具有完善的数据运算能力，可用于各种数字控制。近年来PLC的各种功能单元大量涌现，使PLC渗透到了位置控制、温度控制、CNC等各种工业控制中，随着PLC通信能力的增强及人机界面技术的发展，使用PLC组成各种控制系统变得越来越容易。

（4）体积小，重量轻，能耗低

超小型PLC不断发展，有的PLC底部尺寸小于100mm，质量小于150g，功耗仅数瓦，很容易装入机械内部，是实现机电一体化的理想控制设备。

4. PLC的应用

目前，PLC在国内外已广泛应用于钢铁、石油、化工、电力、建材、机械制造、汽车、轻纺、交通运输、环保等各个行业。PLC的应用在技术上主要分为以下几类。

（1）开关量的逻辑控制

这是PLC最基本、最广泛的控制方式，它取代传统的继电器电路，实现逻辑控制、顺序控制，既可用于单台设备的控制，也可用于多机群控制，在注塑机、印刷机、订书机械、组合机床、磨床、包装生产线、电镀流水线等上应用颇多。

(2) 模拟量控制

在工业生产过程当中，有许多连续变化的量，如温度、压力、流量、液位和速度等，这些量都是模拟量。为了使可编程控制器处理模拟量，必须实现模拟量和数字量之间的转换。PLC 厂家都生产配套的 A/D 和 D/A 转换模块，使可编程控制器能够用于模拟量控制。

(3) 运动控制

PLC 现在一般都配有专用的运动控制模块，如可驱动步进电动机或伺服电动机的单轴或多轴位置控制模块。世界上各主要 PLC 厂家的产品几乎都有运动控制功能，广泛用于各种机械、机床、机器人、电梯等场合。

(4) 过程控制

过程控制是指对温度、压力、流量等模拟量的闭环控制。作为工业控制计算机，PLC 能实现各种各样的控制算法程序，完成闭环控制。PID 调节是一般闭环控制系统中用得较多的调节方法，大中型 PLC 都有 PID 模块，目前许多小型 PLC 也具有此功能模块。PID 处理一般是运行专用的 PID 子程序。过程控制在冶金、化工、热处理、锅炉控制等场合有非常广泛的应用。

(5) 数据处理

现代 PLC 具有数学运算（含矩阵运算、函数运算、逻辑运算）、数据传送、数据转换、排序、查表、位操作等功能，可以完成数据的采集、分析及处理。这些数据可以与存储在存储器中的参考值比较，完成一定的控制操作，也可以利用通信功能传送到别的智能装置，或将它们打印制表。数据处理一般用于大型控制系统，如无人控制的柔性制造系统，也可用于过程控制系统，如造纸、冶金、食品工业中的一些大型控制系统。

(6) 通信及联网

PLC 通信含 PLC 间的通信及 PLC 与其他智能设备间的通信。随着计算机控制的发展，工厂自动化网络发展得很快，各 PLC 厂商都十分重视 PLC 的通信功能，纷纷推出各自的网络系统。新近生产的 PLC 都具有通信接口，通信非常方便。

5. PLC 的结构

PLC 的类型繁多，功能和指令系统也不尽相同，但结构与工作原理则大同小异，通常由主机、输入/输出接口、电源、编程器扩展接口和外部设备接口等几个主要部分组成。图 2-1所示为 PLC 的硬件组成示意图。

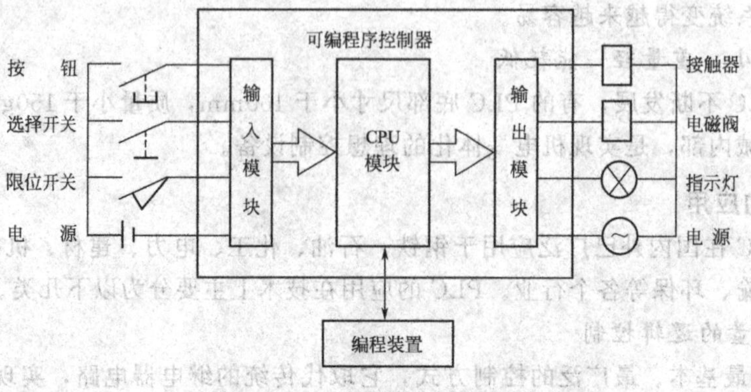

图 2-1　PLC 的硬件组成示意图

（1）主机

主机部分包括中央处理器（CPU）、系统程序存储器和用户程序及数据存储器。CPU 是 PLC 的核心，它用来运行用户程序，监控输入/输出接口状态，做出逻辑判断和进行数据处理，即读取输入变量，完成用户指令规定的各种操作，将结果送到输出端，并响应外部设备（如编程器、电脑、打印机等）的请求以及进行各种内部判断等。PLC 的内部存储器有两类，一类是系统程序存储器，主要存放系统管理和监控程序及对用户程序作编译处理的程序，系统程序已由厂家固定，用户不能更改；另一类是用户程序及数据存储器，主要存放用户编制的应用程序及各种暂存数据和中间结果。

（2）输入/输出（I/O）接口

I/O 接口是 PLC 与输入/输出设备连接的部件。输入接口接收输入设备（如按钮、传感器、触点、行程开关等）的控制信号。输出接口输出主机处理后的信号，通过功放电路去驱动输出设备（如接触器、电磁阀、指示灯等）。I/O 接口一般采用光电耦合电路，以减少电磁干扰，从而提高可靠性。I/O 点数即输入/输出端子数，是 PLC 的一项主要技术指标，通常小型机有几十个点，中型机有几百个点，大型机超过千点。

（3）电源

PLC 配置有直流开关稳压电源，为系统提供直流电。

（4）编程器

编程器是 PLC 的一种主要的外部设备，用于手持编程，用户可用编程器进行输入、检查、修改、调试程序或监示 PLC 的工作情况。除手持编程器外，还可通过适配器和专用电缆将 PLC 与电脑连接，并利用专用的工具软件进行电脑编程和监控。

（5）输入/输出扩展单元

输入/输出扩展单元用于扩充外部输入/输出端子数。

（6）外部设备接口

此接口可将编程器、打印机、条码扫描仪等外部设备与主机相连，以完成相应的操作。

6. PLC 的工作原理

PLC 是采用“顺序扫描，不断循环”的方式进行工作的。在 PLC 运行时，CPU 根据用户按控制要求编制好并存于用户存储器中的程序，按指令步序号（或地址号）作周期性循环扫描，如无跳转指令，则从第一条指令开始逐条顺序执行用户程序，直至程序结束。然后重新返回第一条指令，开始下一轮新的扫描。在每次扫描过程中，要完成对输入信号的采样和对输出状态的刷新等工作。

PLC 扫描一个周期必经输入采样、程序执行和输出刷新三个阶段。图 2-2 所示为 PLC 的工作过程图。

PLC 在输入采样阶段，首先以扫描方式按顺序将所有暂存在输入锁存器中的输入端子的通断状态或输入数据读入，并将其写入各对应的输入状态寄存器中，即刷新输入，随即关闭输入端口，进入程序执行阶段。

PLC 在程序执行阶段，按用户程序指令存放的先后顺序扫描执行每条指令，执行的结果再写入输出状态寄存器中，输出状态寄存器中所有的内容随着程序的执行而改变。

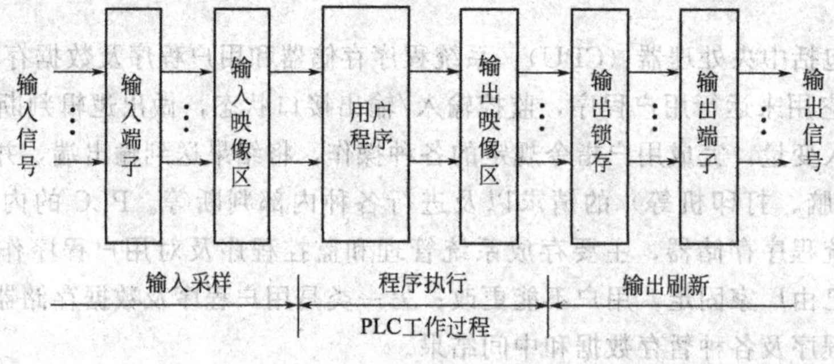

图 2-2 PLC 的工作过程图

当所有指令执行完毕，输出状态寄存器的通断状态在输出刷新阶段送至输出锁存器中，并通过一定的元器件（继电器、晶体管或晶闸管）输出，驱动相应输出设备工作。

7. S7-200 PLC 的硬件组成

S7-200 PLC 将微处理器、集成电源和数字量 I/O 端子集成在一个紧凑的封装中，形成一个功能强大的微型 PLC。图 2-3 是 S7-200 PLC 的外形结构。

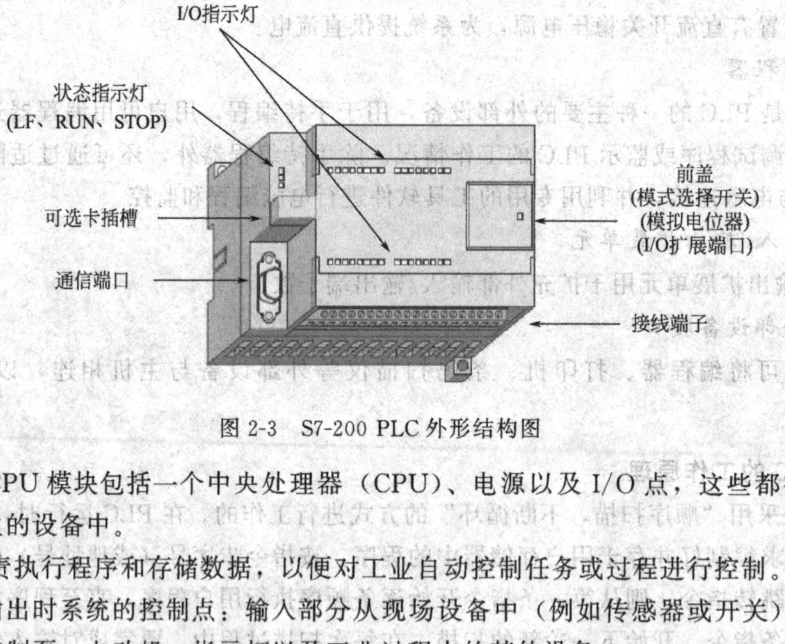

图 2-3 S7-200 PLC 外形结构图

S7-200 CPU 模块包括一个中央处理器（CPU）、电源以及 I/O 点，这些都被集成在一个紧凑、独立的设备中。

CPU 负责执行程序和存储数据，以便对工业自动控制任务或过程进行控制。

输入和输出时系统的控制点：输入部分从现场设备中（例如传感器或开关）采集信号，输出部分则控制泵、电动机、指示灯以及工业过程中的其他设备。

电源向 CPU 及所连接的任何模块提供电力支持。西门子 PLC 提供 DC 24V 和 AC 85～220V 两种电源供电。在 S7-200 系统中，L1/N 为交流电源端子，L+/M 为直流电源端子，没有标记的都是空端子，不需要接线。

通信端口用于连接 CPU 与上位机或其他工业设备。

状态信号灯显示了 CPU 工作模式、本机 I/O 的当前状态，以及检查出的系统错误。

（二）PLC 编程软件的使用

1. 软件安装

① 双击编程软件的 SETUP. EXE 文件图标，进行软件的安装。

② 在弹出的语言选择对话框中选择英语，然后单击下一步。

③ 选择安装路径，并单击下一步。

④ 等待软件安装完成后单击“完成”，并重启计算机。

2. 编程软件的界面

① 双击桌面上的快捷方式图标，打开编程软件。

② 选择工具菜单“Tools”选项下的“Options”选项。

③ 在弹出的对话框选中“Options”，在“Language”中选择“Chinese”。最后单击“OK”，退出程序后重新启动。

④ 重新打开编程软件，此时为汉化界面，如图 2-4 所示。

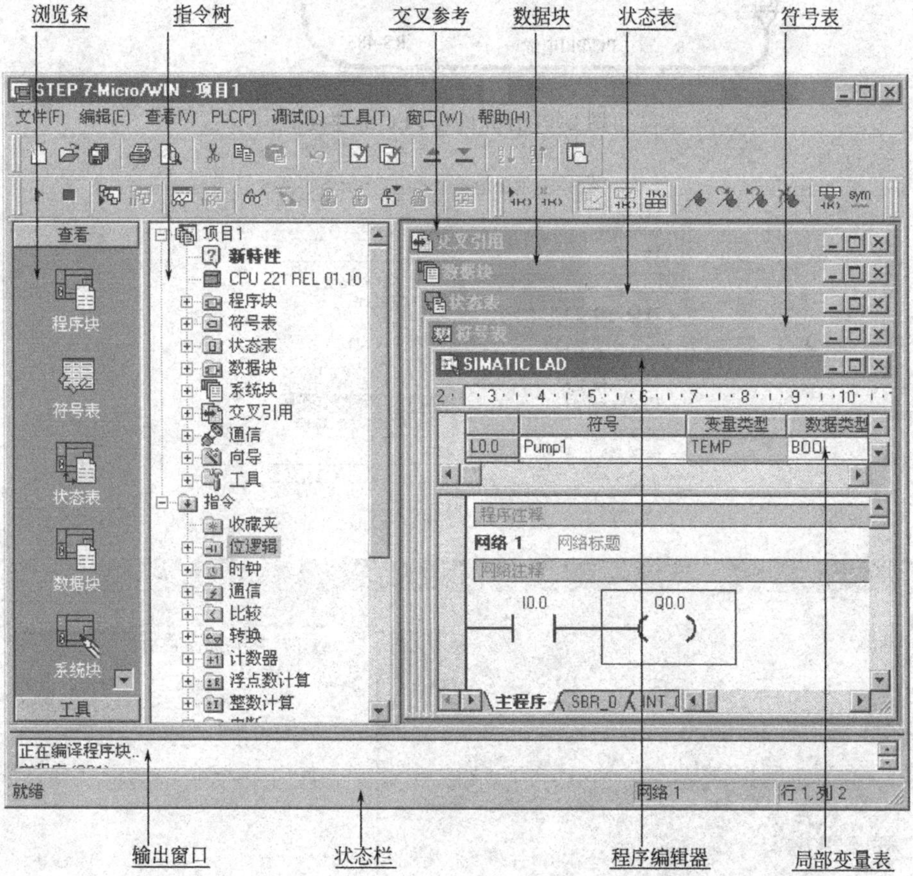

图 2-4　编程软件界面

3. 通信参数的设置与在线连接

① 使用 PC/PPI 电缆或 USB/PPI 电缆连接计算机与 PLC，如图 2-5 所示。

② 运行 STEP 7-Micro/WIN 编程软件。双击指令树中“设置 PG/PC 接口”标签，选择 PC/PPI cable（PPI），默认地址为 2，波特率为 9600bit/s。

③ 在 STEP 7-Micro/WIN 中，单击浏览条中的“通信”图标，或从菜单中选择“查看”|“组件”|“通信”命令，如图 2-6 所示。单击蓝色文字“双击刷新”，如果成功地在网络上的个人计算机与设备之间建立了连接，会显示一个设备列表。

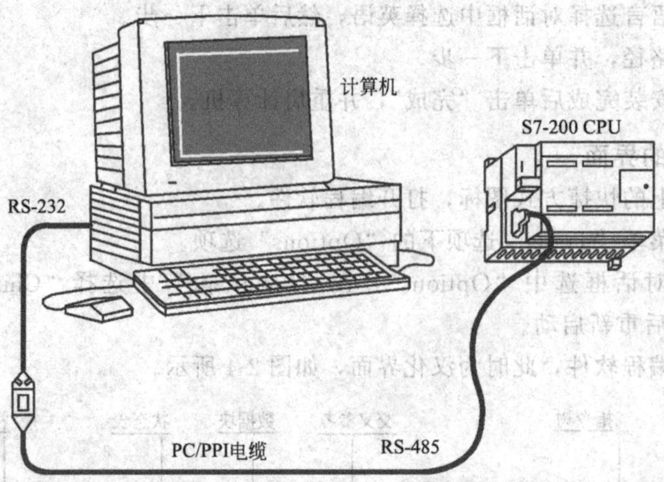

图 2-5　计算机与 PLC 的连接

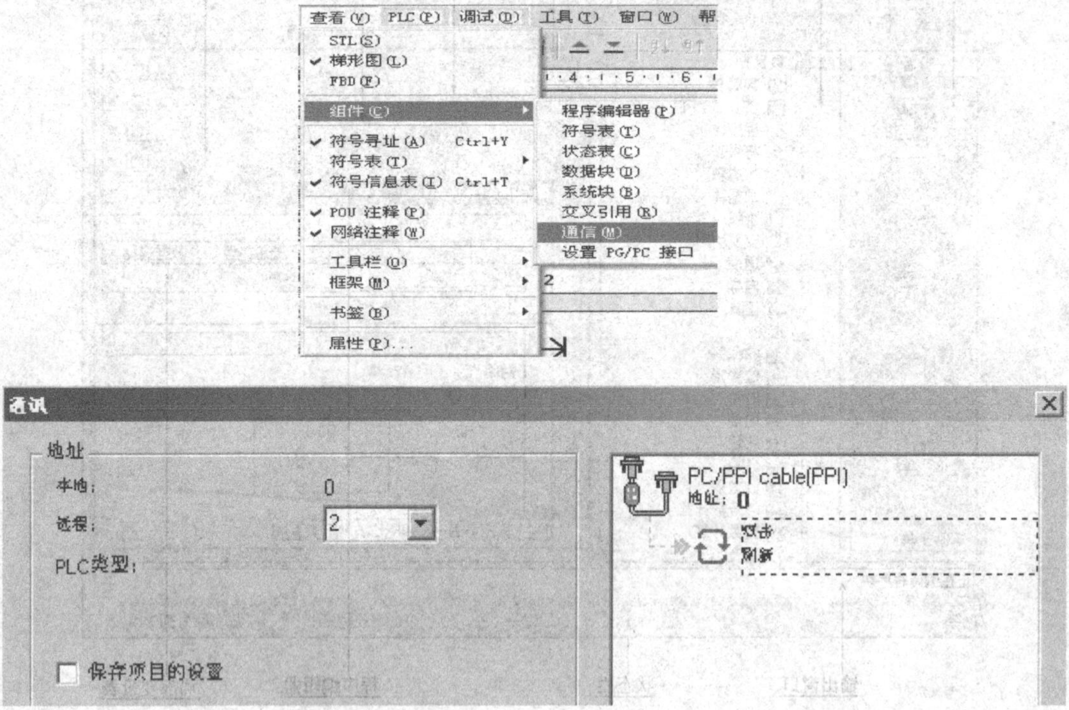

图 2-6　PLC 通信的连接

4. 编程软件的使用

(1) 创建项目或打开已有项目

执行“文件”｜“新建”命令，或单击工具条最左边的“新建项目”图标，生成一个新的项目。执行“文件”｜“打开”命令，或单击工具条最左边的“打开项目”图标，生成已有的项目。

(2) 设置 PLC 的型号

执行“PLC”｜“类型”命令，在出现的对话框中设置 PLC 的型号，如图 2-7 所示。

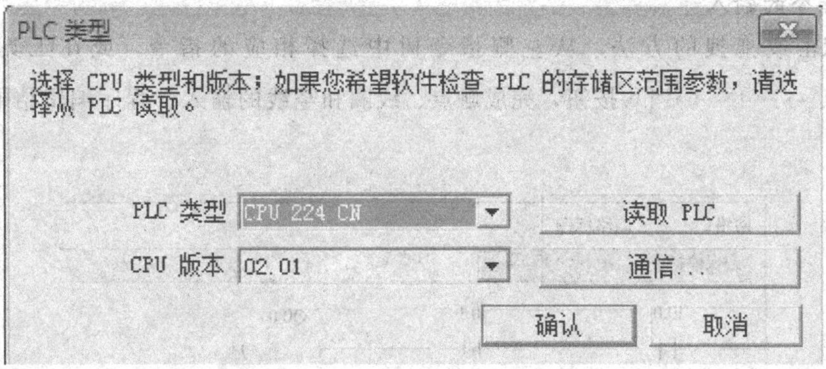

图 2-7 设置 PLC 的型号

(3) 选择默认的编程语言和指令助记符集

执行“工具”|“选项”命令，弹出“选项”对话框，见图 2-8。单击左边窗口中的“常规”选项，语言选择中文，并选择程序编辑器的类型。

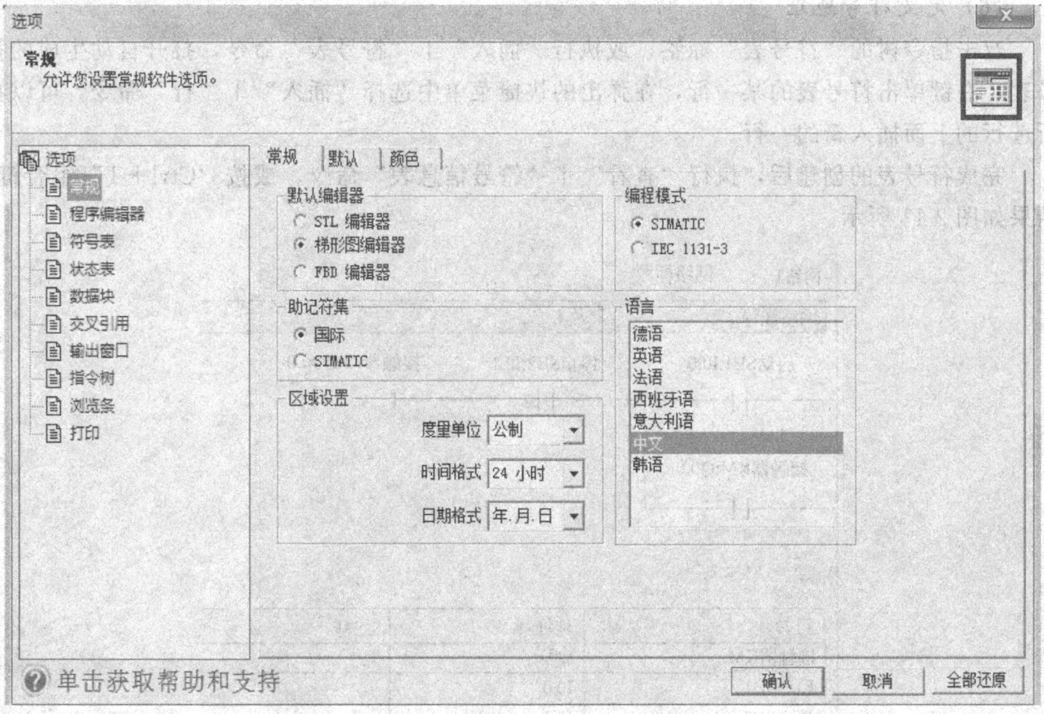

图 2-8 编程语言和指令助记符集

(4) 确定程序的结构

单击编辑区域底部的“主程序”标签，选择主程序，如图 2-9 所示。

图 2-9 “主程序”标签

(5) 指令的输入

通过双击或拖拽的方法，从左侧指令树中选择相应的指令，或在工具栏中单击  按钮，完成触点、线圈和竖线的输入。程序编辑结果如图 2-10 所示。

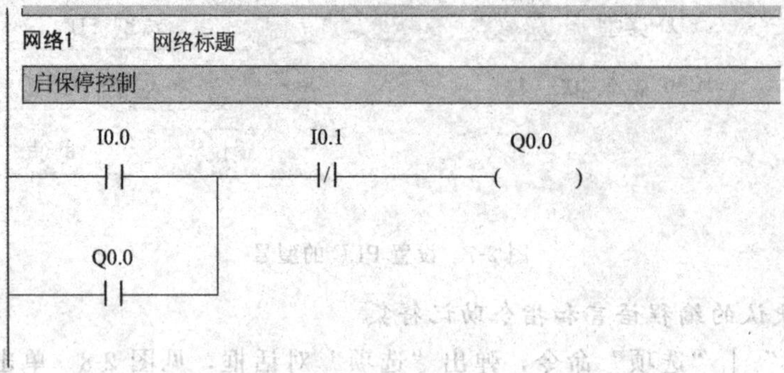

图 2-10　程序编辑结果

(6) 定义符号地址

双击指令树的“符号表”标签，或执行“插入”｜“符号表”命令，打开自动生成的符号表，右键单击符号表的某一行，在弹出的快捷菜单中选择“插入”｜“行”命令，可以在所选行的上面插入新的一行。

完成符号表的创建后，执行“查看”｜“符号信息表”命令，或按“Ctrl+T”组合键，结果如图 2-11 所示。

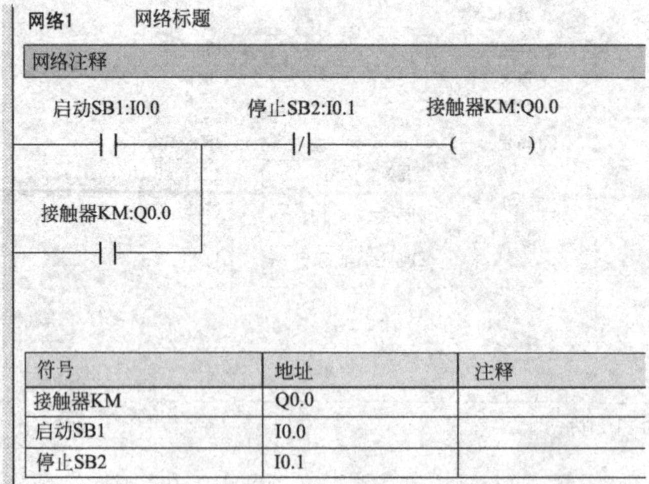

图 2-11　程序符号表

(7) 程序的注释

直接在标题行中输入“程序注释”，在相应的网络上输入“网络注释”。单击工具条中的“切换 POU 注释”按钮或“切换网络注释”按钮，可以打开或关闭对应的注释。

(8) 编译程序

单击工具条中的“编译”或“全部编译”按钮，完成程序的编译。

(9) 下载程序

单击工具条中的按钮▲，将 PLC 内部的程序上传到计算机。或单击按钮▼，将编好的程序下载到 PLC。

(10) 运行和调试程序

单击工具条中的按钮▶或按钮■，使 PLC 运行或停止。

提示：可通过 PLC 编程软件改变 PLC 的模式。PLC 前面板的模式开关在 RUN 或 TERM 位置，若在 STOP 位置，将无法操作。

(11) 用编程软件监控和调试程序

在计算机与 PLC 之间建立通信连接，并将程序下载到 PLC 后，单击工具条中的“程序状态监控”按钮，可以监控程序的运行情况，单击“暂停程序状态监控”按钮，暂停程序状态监控。

(12) 保存程序

单击工具条中的按钮，保存编写的程序。

（三）PLC 的外围接线

下面以单台电动机的控制为例，说明 S7-200 PLC 的外围接线方式。单台电动机的连续运行控制的外围接线图如图 2-12 所示。

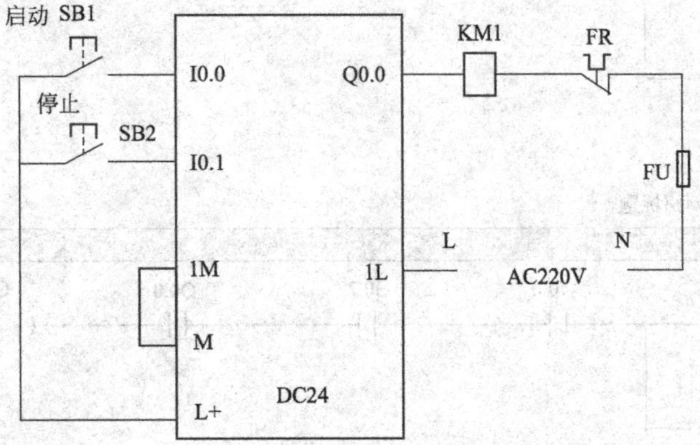

图 2-12　单台电动机连续运行控制的外围接线图

在进行 PLC 的外围接线时，注意：

① PLC 的工作电源电压应与其右上角所示的电源电压等级相符；

② 输入信号的工作电源为 DC 24V，可使用 PLC 自带的传感器电源，也可使用外部电源；

③ 相同电压等级的负载放在同一组输出端；

④ 应使用不小于 0.5mm² 的导线，交流导线、电流大的直流线与弱电信号线要分开；

⑤ 干扰严重时，最好安装浪涌抑制设备，且参考点只能有一个接地点。

三、任务实施

（一）建立计算机与 PLC 的连接

在设备断电的情况下进行连接，将西门子 PC/PPI 电缆的 PC 端接头连接到计算机的

RS232 接口，将电缆的 PPI 端连接到 PLC 前面板上的 RS485 通信口。

（二）编程软件的使用

按图 2-13 和图 2-14 所给参考程序，练习程序的编辑、符号表的使用、注释、编译、下载、运行、监控。

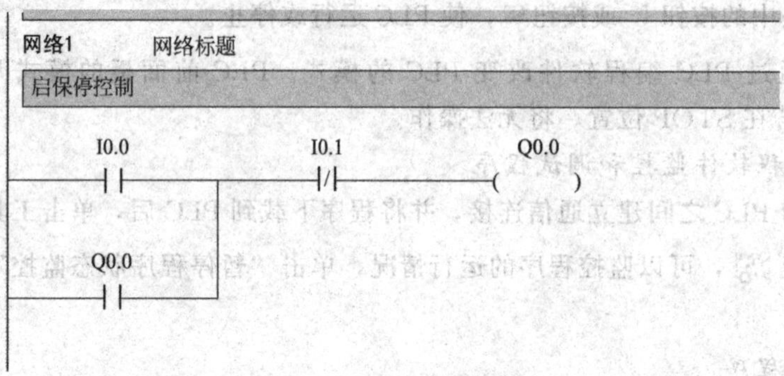

图 2-13　参考程序 1

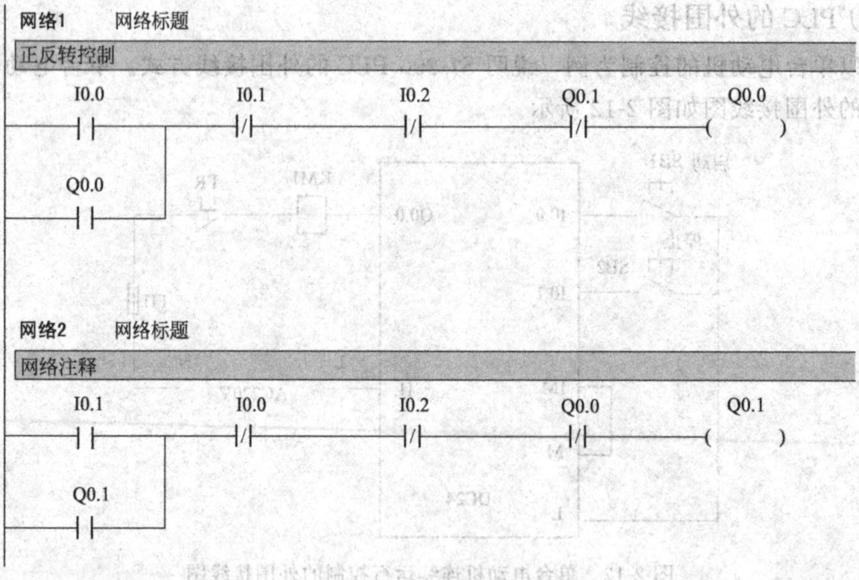

图 2-14　参考程序 2

四、知识与能力扩展

（一）PLC 的类型

根据工作电源和输入输出的种类不同，PLC 一般分为 AC/DC/RLY 和 DC/DC/DC 两种类型。

1. AC/DC/RLY 型

适用于有油雾、粉尘的恶劣环境，电压为 AC 110V 或 220V。DC 信号输入，延迟时间较短，可以直接与接近开关、光电开关等电子输入装置连接。采用继电器输出模块，使用电压范围广，导通压降小，承受瞬时过电压和过电流的能力较强，但是动作速度较慢，寿命

（动作次数）有一定的限制。可驱动直流、交流负载，负载电源由外部提供。

2. DC/DC/DC 型

抗干扰能力强，环境条件要求高。采用 DC 信号输入，场效应晶体管输出；驱动直流负载，反应速度快，寿命长，过载能力较差。

（二）PLC 外围接线方法

PLC 外围接线见图 2-15 和图 2-16。

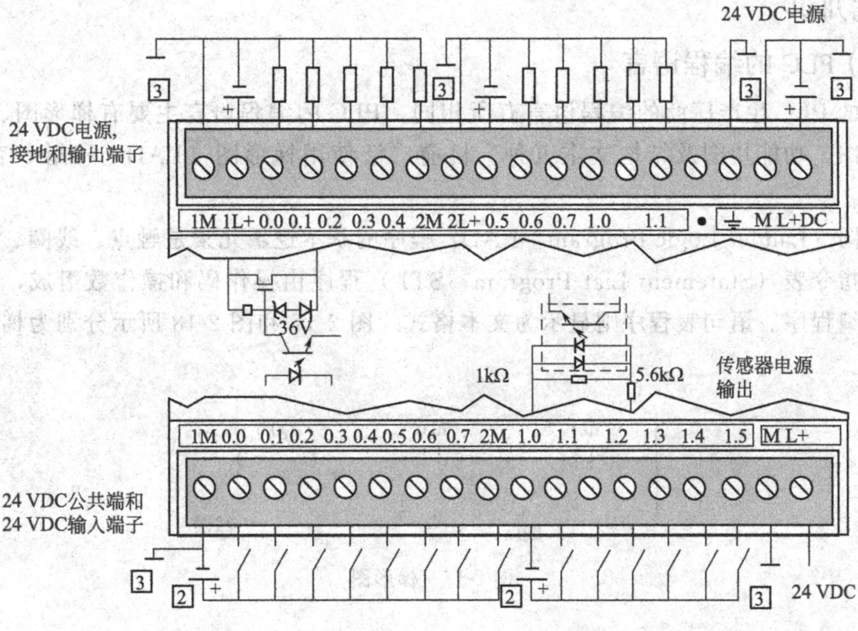

图 2-15 CPU224 DC/DC/DC 型的 I/O 端子接线图

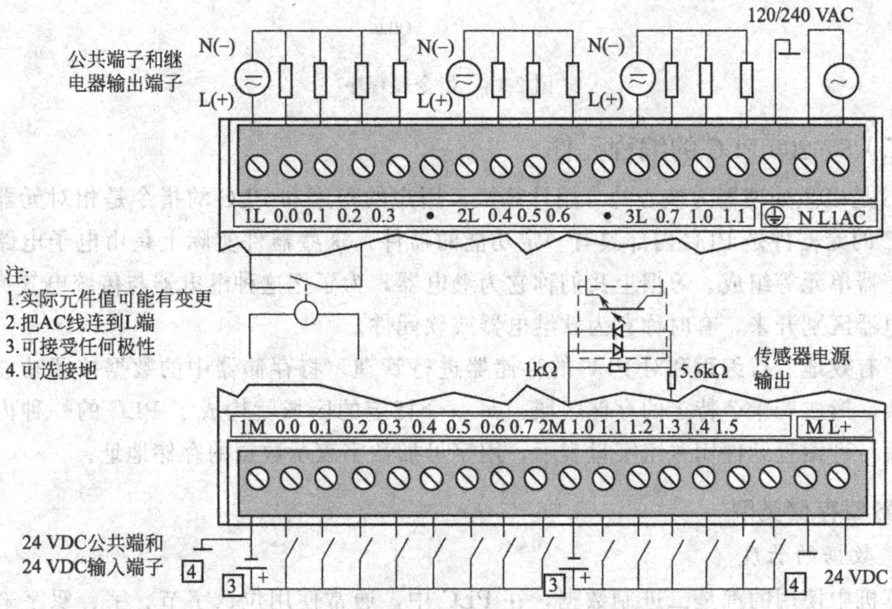

图 2-16 CPU224 AC/DC/RLY 型的 I/O 端子接线图

任务二　PLC 实现电动机的正反转控制

一、任务要求

根据电动机正反转的控制要求，设计 PLC 程序，掌握基本触点指令、置位复位指令的正确使用；学会 PLC 的 I/O 地址分配、安装接线、程序设计及调试。

二、相关知识

（一）PLC 的编程语言

不同的 PLC 生产厂商的编程语言有所相同。PLC 的编程语言主要有梯形图、指令表、顺序功能图、功能块图及结构文本五种。目前广泛使用梯形图（LAD）和指令表（STL）编程语言。

梯形图（Ladder Logic Program，LAD）程序的基本逻辑元素是触点、线圈、功能框和地址符。指令表（Statement List Program，STL）程序由操作码和操作数组成，类似于计算机的汇编程序。语句表程序则显示为文本格式。图 2-17 和图 2-18 所示分别为梯形图和指令表程序。

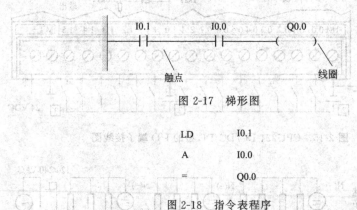

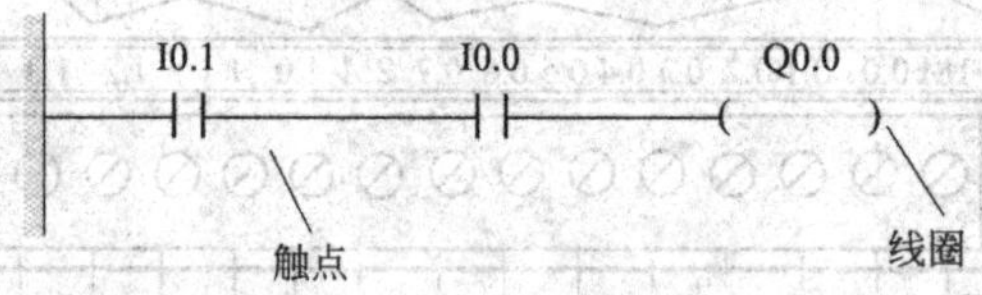

图 2-17　梯形图

```
LD    I0.1
A     I0.0
=     Q0.0
```

图 2-18　指令表程序

（二）S7-200 PLC 的编程元件

PLC 是以微处理器为核心的专用计算机，用户的程序和 PLC 的指令是相对元器件而言的，PLC 的元器件是 PLC 内部具有一定功能的器件，这些器件实际上是由电子电路和寄存器及存储器单元等组成，习惯上我们称它为继电器，为了把这种继电器与传统电气控制电路中的继电器区别开来，有时称它为软继电器或软元件。

为了有效地进行编程和对 PLC 的存储器进行管理，将存储器中的数据按照功能或用途分类存放，形成若干个特定的存储区域，每一个特定的区域就构成了 PLC 的一种内部编程元件。每一种编程元件用一组字母表示，用字母加数字表示数据的存储地址。

1. 数据存储类型

（1）数据的长度

计算机中使用的都是二进制数据，在 PLC 中，通常使用位、字节、字、双字来表示数据，它们占用的连续位数称为数据长度。

二进制的 1 位（Bit），是最基本的存储单位，只有“0”和“1”两种状态，在 PLC 中，1 个位可对应一个继电器，若继电器线圈得电，相应位的状态为“1”，若继电器线圈失电，其相应位的状态为“0”。

8 位二进制数组成一个字节（Byte），其中的第 0 位为最低位（LSB），第 7 位为最高位（MSB）。两个字节组成一个字（Word），在 PLC 中又称为通道，即一个通道由 16 位继电器组成。两个字组成一个双字（Double Word）。一般用二进制补码表示有符号数，其最高位为符号位，最高位为 0 时为正数，最高位为 1 时为负数。

（2）数据类型及范围

S7-200 系列 PLC 数据类型主要有布尔型（BOOL）、整数型（INT）和实数型（REAL）。布尔逻辑型数据是由“0”和“1”构成的字节型无符号的整数；整数型数据包括 16 位单字和 32 位有符号整数；实数型数据又称浮点数型数据，它采用 32 位单精度数来表示。数据类型、长度及范围见表 2-1。

表 2-1 数据类型、长度及范围

基本数据类型	无符号整数表示范围		有符号整数表示范围	
	十进制表示	十六进制表示	十进制表示	十六进制表示
字节 B(8bit)	0～255	0～FF	−128～127	80～7F
字 W(16bit)	0～65 535	0～FFFF	−32768～32767	8 000～7F FF
双字 D(32bit)	0～4 294 967 295	0～FFFFFFFF	−2 147 483 648～2 147 483 647	80 000 000～7FFFF FFF
BOOL(1 位)	0～1			
实数型(32 位)	-10^{38}～10^{38}(IEEE32 浮点数)			

（3）常数

编程中经常会使用常数。常数根据长度可分为字节、字和双字。在机器内部的数据都以二进制存储，但常数的书写可以采用二进制、十进制、十六进制、ASCII 码或实数等多种形式。几种常数表示方法见表 2-2。

表 2-2 几种常数表示方法

类型	表示方法	举例
十进制	十进制数值	12345
十六进制	16＃十六进制数	16＃8AC
二进制	2＃二进制数	2＃1010 0011 1101 0001
ASCII 码	ASCII 码文本	‘good’
浮点数	采用 IEEE 标准	＋1.175495E−38 到＋3.40283E＋38
		−1.175495E−38 到−3.40283E＋38

2. 数据的编制方式

数据的编制方式主要是对位、字节、字、双字进行编制。

（1）位编制

位编制的方式为：（区域标志符）字节地址．位地址。如 I5.2、Q1.0、V3.3、M10.2，例如 I5.2 中的区域标志符号 I 表示输入，字节地址是 5，位地址是 2。位数据的存放如

图2-19所示。

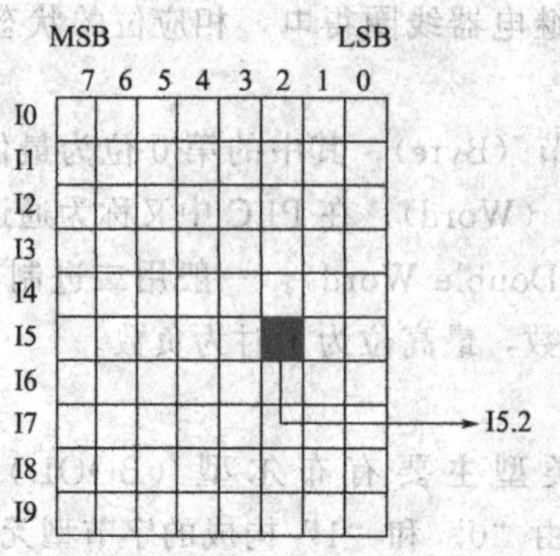

图2-19 位数据的存放

（2）字节编制

字节编制的方式为：（区域标志符）B字节地址。如IB1表示输入映像寄存器由I1.0～I1.7这8位组成。

（3）字编制

字编制的方式为：（区域标志符）W起始字节地址。最高有效字节为起始字节。如VW100包括VB100和VB101这两个字节组成的字。

（4）双字编制

双字编制的方式为：（区域标志符）D起始字节地址。最高有效字节为起始字节。如VW100表示由VB100～VB103这四个字节组成的双字。

对地址相同、长度不同的数据区之间的关系，必须理清楚，在编程时要与指令相对应。图2-20给出了类变量地址为10的三种长度的数据之间的包含关系和高低位的排列关系。表2-3、表2-4列出了相同地址的数字量输入存储区和输出存储区与位对应的关系。

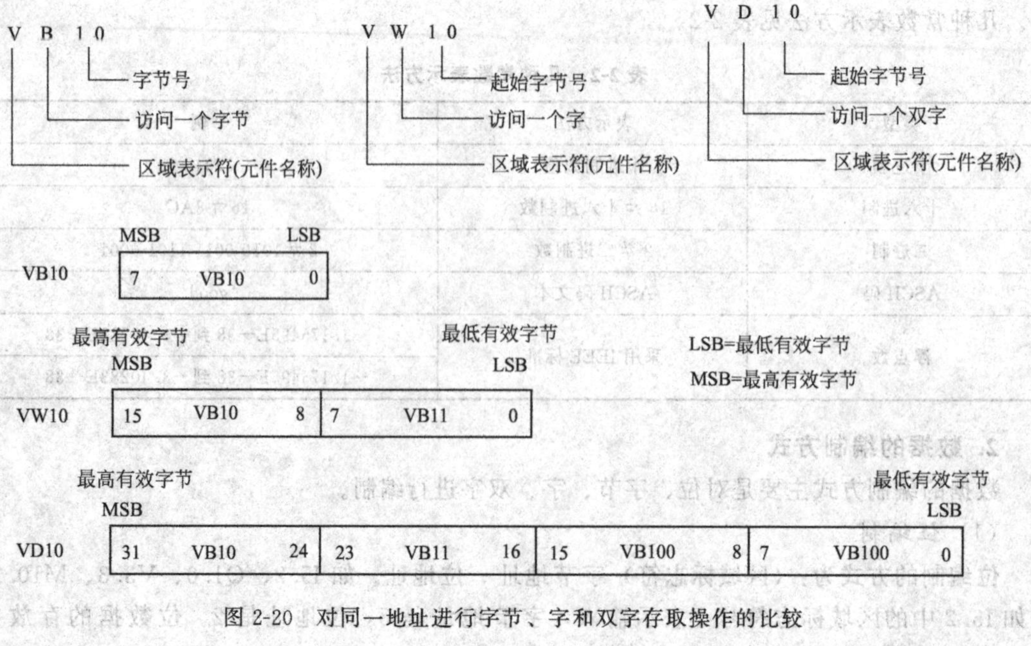

图2-20 对同一地址进行字节、字和双字存取操作的比较

表 2-3　输入存储区

<table>
<tr><th>双字</th><th colspan="3">字</th><th>字节</th><th>位</th></tr>
<tr><td rowspan="4">ID0</td><td rowspan="2"></td><td></td><td rowspan="2">IW0</td><td>IB0</td><td>I0.7～I0.0</td></tr>
<tr><td rowspan="2">IW1</td><td>IB1</td><td>I1.7～I1.0</td></tr>
<tr><td rowspan="2">IW2</td><td rowspan="2"></td><td>IB2</td><td>I2.7～I2.0</td></tr>
<tr><td></td><td>IB3</td><td>I3.7～I3.0</td></tr>
</table>

表 2-4　输出存储区

<table>
<tr><th>双字</th><th colspan="3">字</th><th>字节</th><th>位</th></tr>
<tr><td rowspan="4">QD0</td><td rowspan="2"></td><td></td><td rowspan="2">QW0</td><td>IB0</td><td>Q0.7～Q0.0</td></tr>
<tr><td rowspan="2">QW1</td><td>IB1</td><td>Q1.7～Q1.0</td></tr>
<tr><td rowspan="2">QW2</td><td rowspan="2"></td><td>IB2</td><td>Q2.7～Q2.0</td></tr>
<tr><td></td><td>IB3</td><td>Q3.7～Q3.0</td></tr>
</table>

3. S7-200 PLC 的编程元件及编址

S7-200 系列 PLC 的编程元件有输入继电器 I、输出继电器 Q、内部继电器 M、顺序控制继电器 S、特殊标志位继电器 SM、定时器 T、计数器 C、变量寄存器 V 等。

（1）输入继电器 I

S7-200 的输入继电器又称为输入映像寄存器，是 PLC 用来接收外部输入信号的窗口，与 PLC 的输入端相连。输入继电器线圈只能由外部输入信号驱动，不能用程序指令驱动，其动合触点和动断触点供用户编程使用。在每个扫描周期的开始，CPU 对物理输入点进行采样，并将采样值存入输入继电器 I 中。

输入继电器是以字节为单位的寄存器，S7-200 系列 PLC 的输入继电器区域有 I0-I15 共 16 个字节单元。输入继电器可按位进行操作，每一位对应一个输入数字量，因此输入继电器能存储 128 点信息。CPU226 的基本单元有 24 个数字输入点：I0～I0.7、I1～I1.7、I2～I2.7，占用 3 个字节：IB0、IB1、IB2，其余输入继电器可用于扩展或其他操作。

（2）输出继电器 Q

S7-200 的输出继电器又称为输出映像寄存器，每个输出继电器的线圈与相应的 PLC 输出端相连，用来将 PLC 的输出信号传递给负载。在每个扫描周期的末尾，CPU 将输出继电器的数据传送给输出模块，再由输出模块驱动外部负载。

S7-200 系列 PLC 的输出继电器区域有 Q0～Q15 共 16 个字节单元，能存储 128 点信息。CPU226 的基本单元有 24 个数字量输出点：Q0～Q0.7、Q1-Q1.7，占用 2 个字节：QB0、QB1，其余输出继电器可用于扩展或其他操作。

输入/输出继电器是外部输入/输出设备状态的映像区。

（3）内部继电器 M

内部继电器 M 相当于中间继电器（起中间状态的暂存作用，也称内部标志位），内部继电器在 PLC 内部没有输入/输出端与之对应，不能直接驱动外部负载，只能在程序内部驱动输出继电器的线圈。CPU226 的有效编址范围为 M0.0-M31.7。

（4）顺序控制继电器 S

顺序控制继电器又称为状态继电器或状态元件，用于顺序控制或步进控制。CPU226 的有效编址范围为 S0.0～S31.7。

（5）特殊标志位继电器 SM

特殊标志位继电器 SM 用于 CPU 与用户程序之间信息的交换，为用户提供一些特殊的控制，它分为只读区域和可读区域。CPU 226 的有效编址范围为 SM 0.0～SM 179.7，其中前 30 个字节 SM 0.0～SM 29.7 为只读区。特殊标志位继电器提供了大量的状态和控制功能，常用的特殊标志位继电器的功能见表 2-5。

表 2-5　常用的特殊标志位继电器的功能

SM 位	功能
SM0.0	运行监控，当 PLC 运行时，SM0.0 接通，始终为“1”
SM0.1	初始化脉冲，PLC 运行开始发一单脉冲，该位在首次扫描时为 1，一个用途是调用初始化子程序
SM0.2	当 RAM 中保存的数据丢失时，SM 0.2 ON 一个扫描周期
SM0.3	PLC 上电进入 RON 状态时，SM 0.3 ON 一个扫描周期
SM0.4	该位提供一个时钟脉冲，分脉冲，占空比为 50%，周期 1min 的脉冲串，
SM0.5	秒脉冲，占空比为 50%，周期 1s 的脉冲串
SM0.6	该位为扫描时钟，本次扫描时置 1，下次扫描时置 0，可用作扫描计数器的输入
SM0.7	工作方式开关位置指示。该位指示 CPU 模式开关的位置，0 为 TERM 位置，PLC 可进行通信编程；1 为 RUN 模式，PLC 为运行状态
SM1.0	零标志位。当执行某些指令，结果为 0 时，该位被置 1
SM1.1	溢出标志位。当执行某些指令，结果溢出时，该位被置 1
SM1.2	负数标志位。当执行某些指令，结果为负数时，该位被置 1
SM1.3	除零标志位。试图除以 0 时，该位被置 1

（6）定时器 T

PLC 中的定时器相当于继电-接触器中的时间继电器，是 PLC 内部累计时间增量的重要编程元件，主要用于延时控制。S7-200 PLC 的定时器挡位有 1ms、10ms、100ms 三种，有效范围为 T0～T255。

（7）计数器 C

计数器用于累计输入端脉冲电平由低到高变化的次数，结构与定时器类似，通常设定值在程序中赋予，有时也可以在外部进行设定。S7-200 中提供了三种类型的计数器：加计数器、减计数器和加减计数器。有效范围为 C0～C255。

（8）变量寄存器 V

变量寄存器用来存储全局变量、数据运算的中间结果或其他相关数据。变量寄存器全局有效，即同一个存储器可以在任一子程序中被访问。在数据处理时，经常会用到变量寄存器。变量寄存器有较大的存储空间，CPU224/226 有 VB0～VB5119.7 共 5KB 的存储容量。

（9）局部存储器 L

局部存储区 L 用来存储局部变量，类似于变量寄存器，但全局变量是对全局有效，而局部变量只和特定的程序相关联，只是局部有效。

（10）高速计数器 HC

高速计数器用来累计比主机扫描速率更快的高速脉冲。高速计数器的当前值是一个双字长的 32 位整数。要存取高速计数器中的值，则应给出高速计数器的地址，即存储器类型（HC）和计数器号，如 HC0。

(11) 累加器 AC

累加器是用来暂时存放数据的寄存器。S7-200 PLC 提供了 4 个 32 位累加器：AC0、AC1、AC2、AC3。存取可按字节、字和双字操作。被操作数的长度取决于访问累加器时所使用的指令。

(12) 模拟量输入映像寄存器 AI

模拟量输入电路用来实现模拟量到数字量的转换，模拟量输入映像寄存器只能进行读取操作。S7-200 将模拟量值转换成 1 个字长（16 位）的数据。可以用区域标志符（AI）、数据长度（W）及字节的起始地址来存取这些值。模拟量输入值为只读数据。模拟量转换的实际精度是 12 位。注意：因为模拟量输入为 1 个字长，所以必须用偶数字节地址（如 AIW0、AIW2、AIW4）来存取这些值。

(13) 模拟量输出映像寄存器 AQ

PLC 内部只处理数字量，而模拟量输出电路用来实现数字量到模拟量的转换，该映像寄存器只能进行写入操作。S7-200 将 1 个字长（16 位）的数字值按比例转换为电流或电压。可以用区域标志符（AQ）、数据长度（W）及字节的起始地址来写入。模拟量输出值为只写数据。模拟量转换的实际精度是 12 位。注意：因为模拟量为 1 个字长，所以必须用偶数字节地址（如 AQW0、AQW2、AQW4）来输出。

(三) S7-200 系列 PLC 的基本位逻辑指令及应用

1. 触点指令

逻辑取及线圈驱动指令：LD（Load），取指令，用于网络块逻辑运算开始的常开触点与母线的连接；LDN（Load Not），取反指令，用于网络块逻辑运算开始的常闭触点与母线的连接；=（Out），线圈驱动指令。

触点串联指令：A（And），与指令，用于单个常开触点的串联连接；AN（And Not）：与反指令，用于单个常闭触点的串联连接。

触点并联指令：O（Or），或指令，用于单个常开触点的并联连接；ON（Or Not）：或反指令，用于单个常闭触点的并联连接。

触点串联指令的应用如图 2-21 所示。使用三个开关同时控制一盏灯，要求三个开关全部闭合时灯亮，其他情况灯灭。

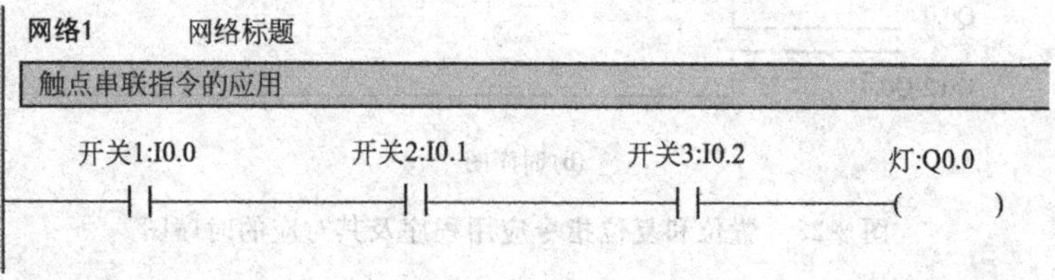

图 2-21　触点串联指令的应用

若控制要求改为使用三个开关控制一盏灯，要求任一开关闭合时等亮，则梯形图控制程序变为图 2-22 所示，这是触点并联指令的应用。

思考：若要求利用 PLC 完成白炽灯的双联控制功能，则梯形图程序如何设计？

2. 置位与复位指令

置位指令：S（Set）；复位指令：R（Reset）。置位即置 1，复位即置 0。置位和复位指

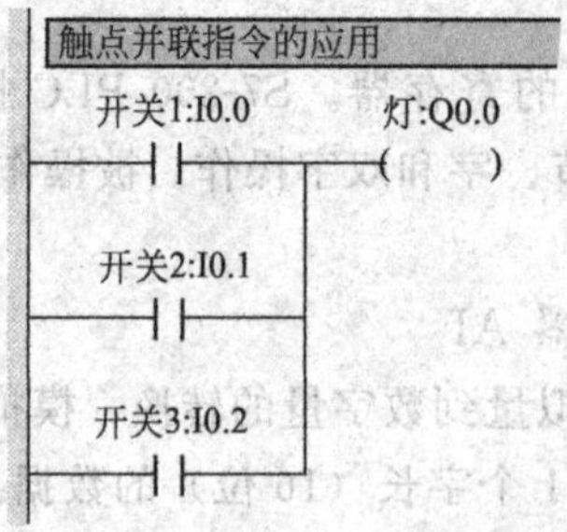

图 2-22　触点并联指令的应用

令可以将位存储区的某一位开始的一个或多个（最多可达 255 个）同类存储器位置 1 或置 0。

这两条指令在使用时需指明三点：操作性质、开始位和位的数量。如图 2-23 所示。

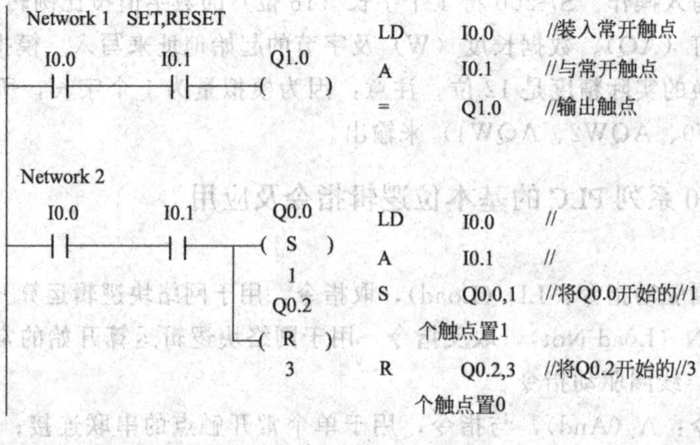

(a) 置位和复位指令应用程序

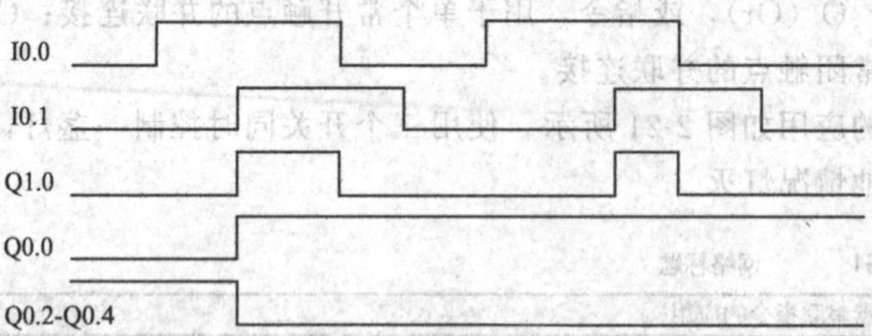

(b) 时序图

图 2-23　置位和复位指令应用程序及其对应的时序图

（1）置位指令

将位存储区的指定位（位 bit）开始的 N 个同类存储器位置位。

用法：S bit，N

例：　S Q0.0，1

（2）复位指令

将位存储区的指定位（位 bit）开始的 N 个同类存储器位复位。当用复位指令时，如果是对定时器 T 位或计数器 C 位进行复位，则定时器位或计数器位被复位的同时当前值被清零。

用法：R bit，N

例： R Q0. 2，3

3. 脉冲指令和取反指令

脉冲指令：EU（Edge Up）、ED（Edge Down）；取反指令：NOT。表 2-6 为脉冲生成指令和取反指令使用说明，图 2-24 为脉冲生成指令用法举例。

表 2-6 脉冲生成指令和取反指令使用说明

指令名称	LAD	STL	指令功能	操作数
上升沿脉冲指令(Edge Up)	—| P |—	EU	在检测信号的上升沿产生一个扫描周期宽度的脉冲	无
下降沿脉冲指令(Edge Down)	—| N |—	ED	在检测信号的下降沿产生一个扫描周期宽度的脉冲	
取反指令	—| NOT |—	NOT	将该触点左侧的逻辑运算结果取反	

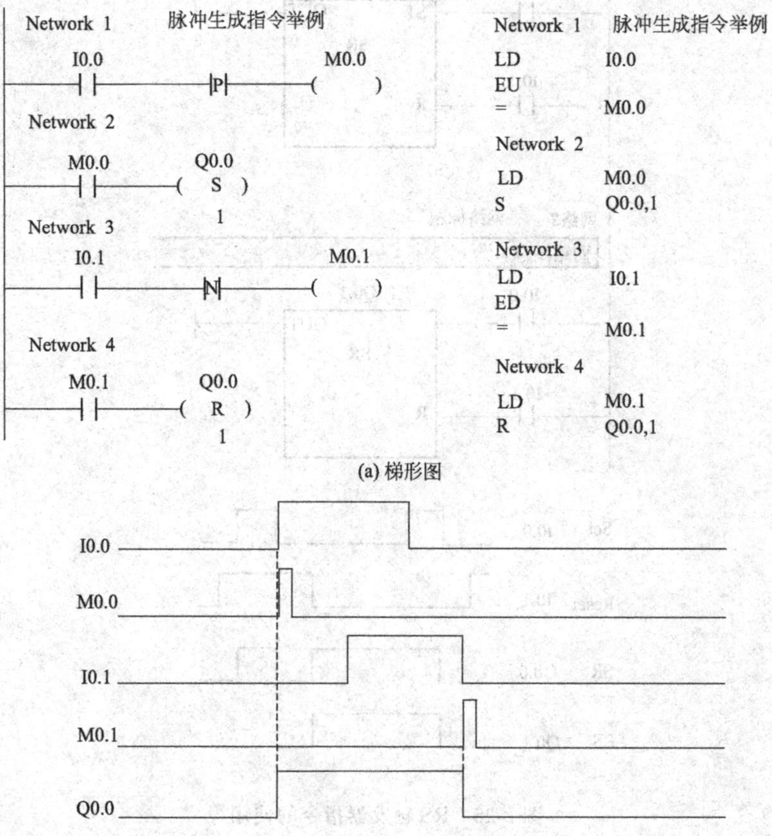

图 2-24 脉冲生成指令用法举例

脉冲指令常用于启动及关断条件的判定以及配合功能指令完成一些逻辑控制任务。

4. RS 触发器指令

RS 触发器指令的真值表见表 2-7。

表 2-7　RS 触发器指令真值表

指令	S1	R	输出(bit)
置位优先触发器指令 SR	0	0	保持前一状态
	0	1	0
	1	0	1
	1	1	1
指令	S	R1	输出(bit)
复位优先触发器指令 RS	0	0	保持前一状态
	0	1	0
	1	0	1
	1	1	0

RS 触发器指令的应用如图 2-25 所示。

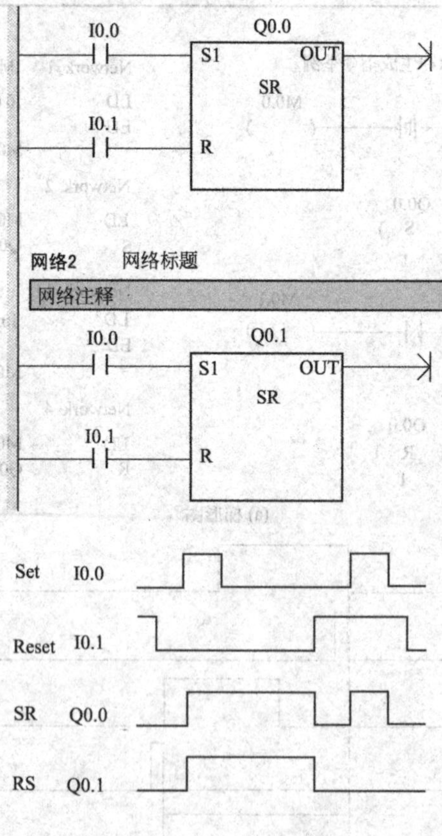

图 2-25　RS 触发器指令的使用

(四) 梯形图编程的基本规则

梯形图是 PLC 最常用的编程语言，S7-200 PLC 用梯形图编程时以每个独立的网络块为单位，所有的网络块组合在一起就是梯形图，这也是 S7-200 PLC 的特点。梯形图语言编程的基本规则及主要特点如下。

① 梯形图按行从上至下编写，每一行从左至右顺序编写，即 PLC 程序执行顺序与梯形

图的编写顺序一致。

② 梯形图左、右两边垂直线分别称为起始母线和终止母线。每一逻辑行必须从起始母线开始画起（终止母线常可以省略）。

③ 梯形图的每一个网络从触点开始。梯形图中的触点有两种：常开触点和常闭触点，这些触点可以是 PLC 的输入触点或输出继电器触点，也可以是内部继电器、定时器/计数器的状态。同一标记的触点可以反复使用，次数不限。触点画在水平线上，不能垂直画。

④ 梯形图最右侧必须接输出元素，PLC 的输出元素用括号表示，并标出输出变量的代号。同一标号的输出变量只能使用一次。

⑤ 线圈不能直接和左母线直接相连，线圈在最右边，线圈右边无触点

⑥ 梯形图中的触点可以任意串、并联，而输出线圈只能并联，不能串联。每行最多触点数随 PLC 型号的不同而不同。

⑦ 串联电路相并联时，将触点多的电路块放在最上面；并联电路块相串联时，将并联触点多的电路块放在最左端。

⑧ 内部继电器、计数器、移位寄存器等均不能直接控制外部负载，只能供 PLC 内部使用。

总之，梯形图结构沿用继电器控制原理图的形式，采用了常开触点、常闭触点、线圈等名称，对于同一控制电路，继电控制原理与梯形图输入、输出原理基本相同，控制过程等效。图 2-26 所示为自锁电路的继电控制与梯形图控制对比。

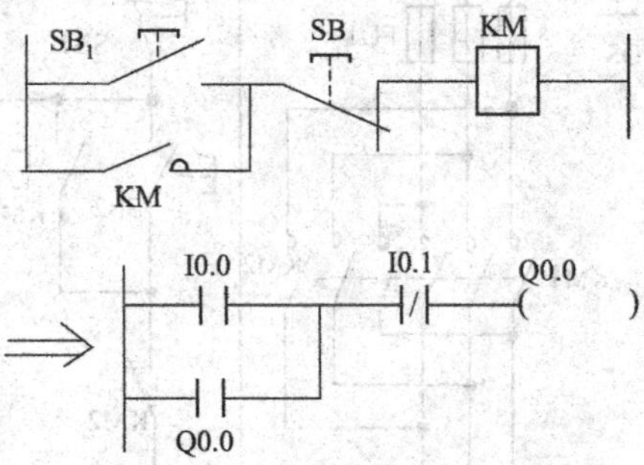

图 2-26　自锁电路的继电控制与梯形图控制对比

（五）PLC 控制系统的设计与故障诊断

1. 分析被控对象

分析被控对象的工艺过程及工作特点，了解被控对象机、电之间的配合，确定被控对象对 PLC 控制系统的控制要求。根据生产的工艺过程分析控制要求。如需要完成的动作（动作顺序、动作条件、必需的保护和连锁等）、操作方式（手动、自动、连续、单周期、单步等）。

2. 确定输入/输出设备

根据系统的控制要求，确定系统所需的输入设备（如按钮、位置开关、转换开关等）和输出设备（如接触器、电磁阀、信号指示灯等）。据此确定 PLC 的 I/O 点数。

3. 选择 PLC

包括 PLC 的机型、容量、I/O 模块、电源的选择。

4. 分配 I/O 点

分配 PLC 的 I/O 点，画出 PLC 的 I/O 端子与输入/输出设备的连接图或对应表。

5. 设计软件及硬件

进行 PLC 程序设计。由于程序与硬件设计可同时进行，因此 PLC 控制系统的设计周期可大大缩短，而对于继电器系统必须先设计出全部的电气控制电路后才能进行施工设计。

6. 联机调试

联机调试是指将模拟调试通过的程序进行在线统调。

三、任务实施

（一）分析控制要求

图 2-27 所示是正反转控制线路，PLC 通过其输出点控制相应的接触器的线圈，再由接触器的主触点去控制电动机。其中三个按钮信号作为 PLC 的输入信号，两个接触器的线圈作为 PLC 的输出信号，过载保护用热继电器的常闭辅助触点直接串联在 PLC 的输出回路中，不用于 PLC 的输入。

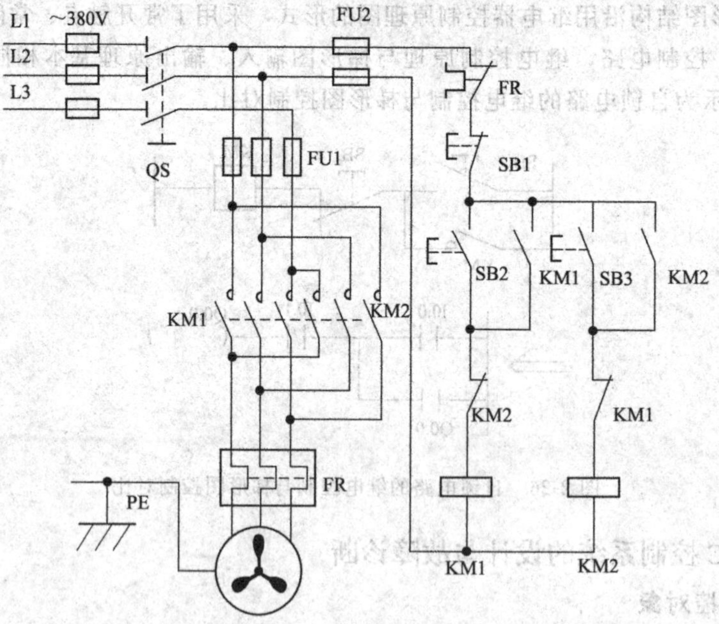

图 2-27　正反转控制线路

（二）建立 I/O 分配表

根据以上分析，该任务有三个输入信号，两个输出信号。其 I/O 分配表见表 2-8。

表 2-8　I/O 分配表

输入		输出	
输入器件	输入点	输出点	输入器件
停止按钮 SB1	I0.0	Q0.0	KM1 线圈
正启按钮 SB2	I0.1	Q0.1	KM1 线圈
反启按钮 SB3	I0.2		

（三）画出 PLC 外围接线图

根据 I/O 分配表，设计并绘制 PLC 的外围接线图，如图 2-28 所示。

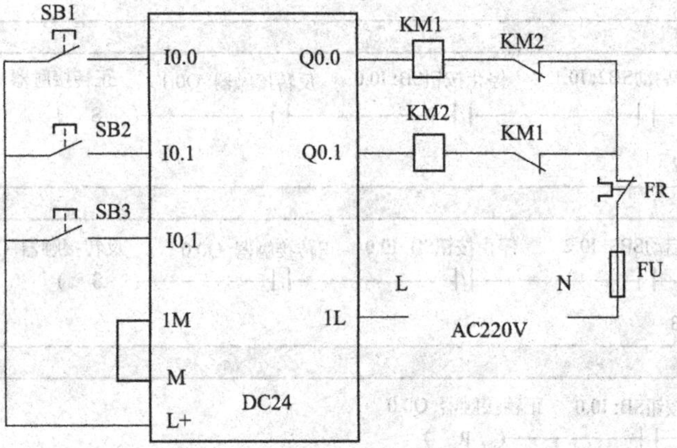

图 2-28　PLC 外围接线图

提示：PLC 外围接线图的输出部分 KM1、KM2 常闭触点的功能是硬件互锁，提高了系统的稳定性。

思考：在图 2-28 中，热继电器常闭触点串联在 PLC 的输出电路中起，过载保护作用，若要求使用其常开触点起过载保护作用，应如何设计？

（四）设计梯形图程序

设计梯形图程序的方法不唯一，只要能实现要求的功能就可以。

方法 1：利用基本触点指令编程，如图 2-29 所示。

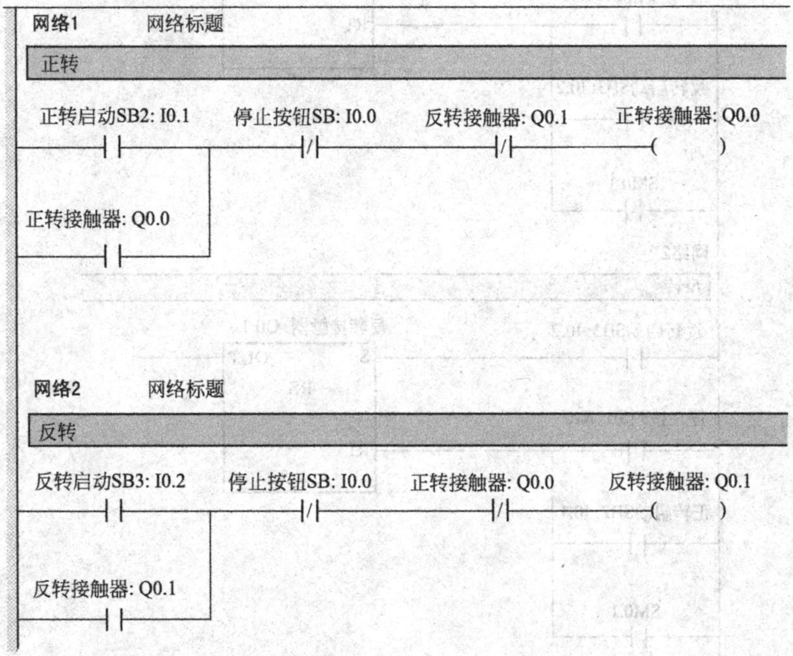

图 2-29　梯形图设计程序 1

提示：梯形图程序中 Q0.0、Q0.1 常闭触点的功能是软件互锁，提高了系统的稳定性。

方法 2：利用 R、S 指令编程，如图 2-30 所示。

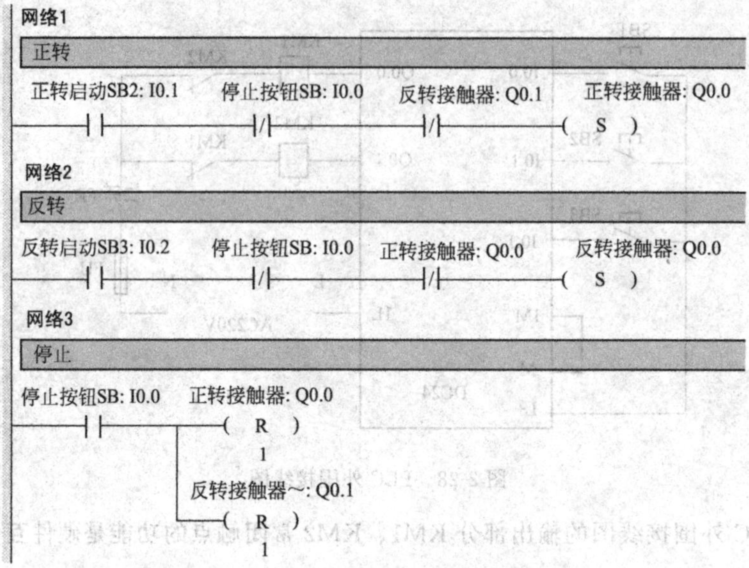

图 2-30　梯形图设计程序 2

方法 3：利用 RS、SR 触发器指令编程，如图 2-31 所示。

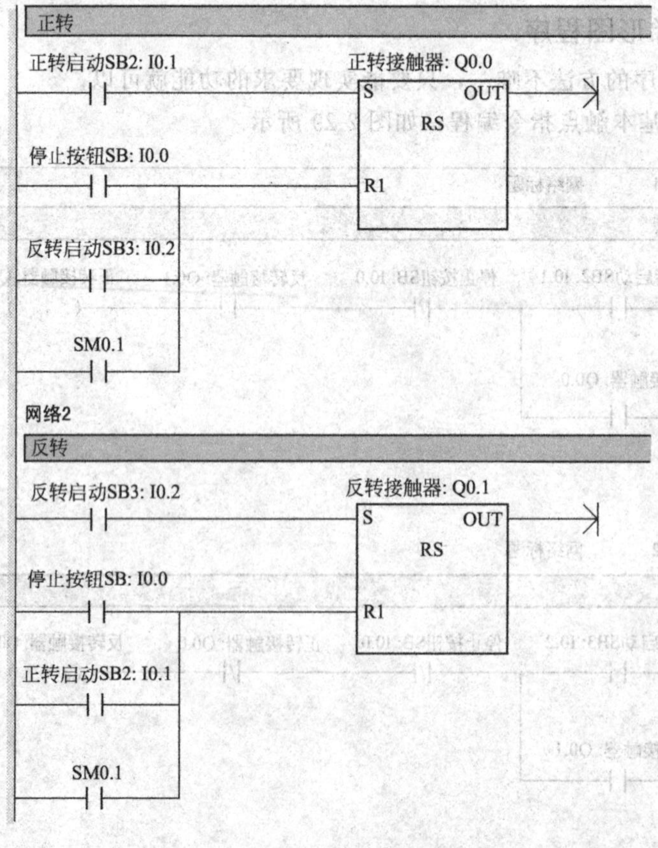

图 2-31　梯形图设计程序 3

（五）安装/接线

按图2-28接线完成后，在断电状态下检查接线是否正确，或使用万用表进行测试，排除短路；按图2-27所示的主电路完成电动机主电路的连接，并确保连接的正确性。

注意：不能将380V电源加到PLC的输入或输出电路。

（六）调试程序/功能测试

先运行并监控程序的运行情况，核实与运行情况相符后，再连接主电路，进行控制功能测试。

四、知识与能力扩展

（一）PLC的寻址方式

S7-200将信息存于不同的存储单元，每个单元有一个唯一的地址，系统允许用户以字节、字、双字为单位存取信息。提供参与操作的数据地址的方法，称为寻址方式。S7-200数据寻址方式有立即寻址、直接寻址和间接寻址3大类。立即寻址的数据在指令中以常数形式出现。直接寻址又包括位、字节、字和双字4种寻址方式。

1. 直接寻址方式

直接寻址方式是指在指令中明确指出了存取数据的存储器地址，允许用户程序直接存取信息。数据的直接地址包括内存区域标志符、数据大小及该字节的地址或字、双字的起始地址及位分隔符和位。直接访问字节（8bit）、字（16bit）、双字（32bit）数据时，必须指明数据存储区域、数据长度及起始地址。当数据长度为字或双字时，最高有效字节为起始地址字节，如图2-32所示，其中有些参数可以省略。

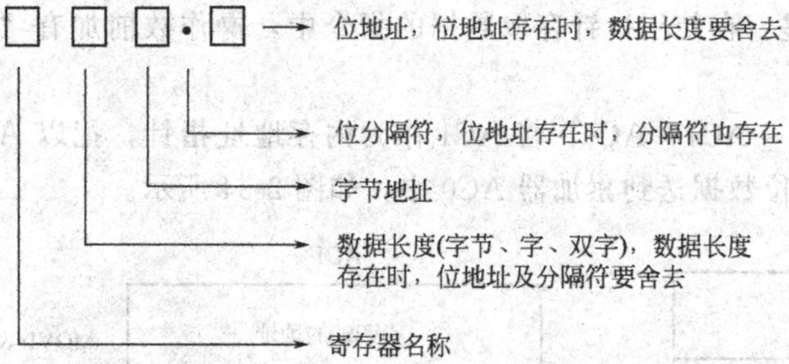

图2-32 寻址方式示意图

（1）按位寻址

按位寻址的格式为：Ax.y，使用时必须指明元件名称、字节地址和位号。如I5.2，表示要访问的是输入寄存器区第5字节的第2位。可以按位寻址的编程元件有输入映像寄存器（I）、输出映像寄存器（Q）、内部标志位存储器（M）、特殊标志位存储器（SM）、局部变量存储器（L）、变量存储器（V）和顺序控制继电器（S）等。图2-33所示为位寻址方式示意图。

（2）按字节、字和双字寻址

按字节、字或双字寻址的方式存储数据时，需要指明编程元件名称、数据长度和首字节地址编号。应当注意：在按字或双字寻址时，首地址字节为最高有效字节。

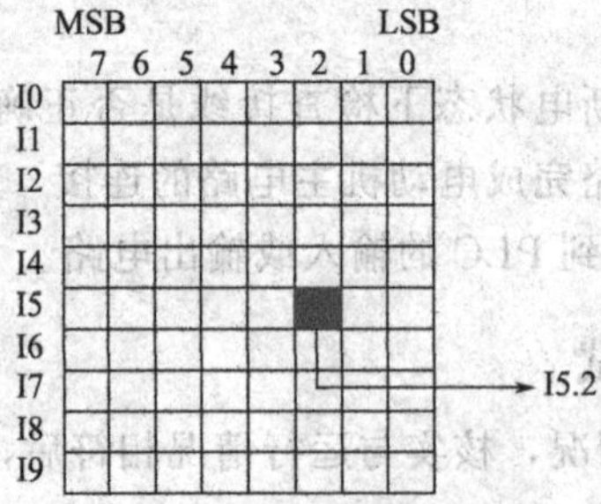

图 2-33　位寻址方式示意图

2. 间接寻址方式

间接寻址是指使用地址指针来存取存储器中的数据。使用前，首先将数据所在单元的内存地址放入地址指针寄存器中，然后根据此地址指针存取数据。S7-200 CPU 中允许使用指针进行间接寻址的存储区域有 I、Q、V、M、S、T、C。使用间接寻址的步骤如下。

(1) 建立地址指针

内存地址的指针为双字长度（32 位），故可以使用 V、L、AC 作为地址指针。必须采用双字传送指令（MOVD）将内存的某个地址移入到指针当中，以生成地址指针。指令中的操作数（内存地址）必须使用“&”符号表示内存某一位置的地址（32 位）。

例如，MOVD &VB200，AC1，这个命令将 VB200 这个 32 位地址值送 AC1。注意：装入 AC1 中的是地址，而不是要访问的数据，如图 2-34 所示。

(2) 用指针来存取数据

VB200 是直接地址编号，& 为地址符号，将本指令中 &VB200 改为 &VW200 或 VD200，指令功能不变。但 STEP 7-Micro/WIN 软件编译时会自动修正为 &VB200。用指针存取数据的过程是：在使用指针存取数据的指令中，操作数前加有“*”，表示该操作数为地址指针。

例如，MOVW *AC1，AC0，将 AC1 作为内存地址指针，把以 AC1 中内容为起始地址的内存单元的 16 位数据送到累加器 AC0 中，如图 2-34 所示。

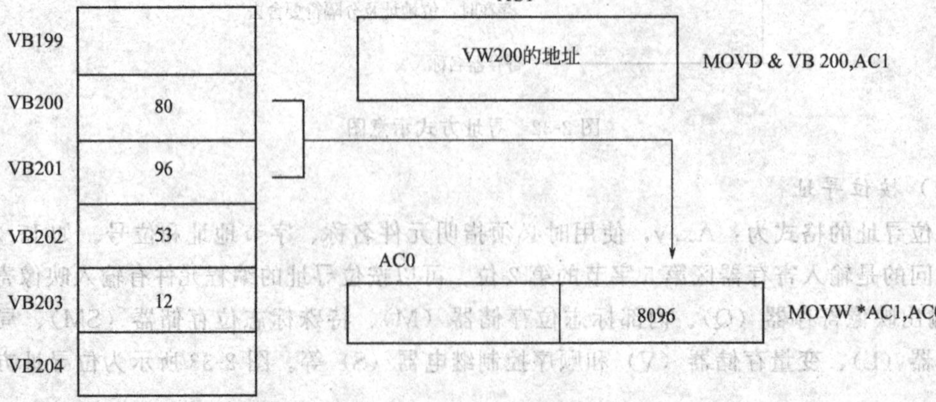

图 2-34　间接寻址示意图

(二) S7-200 系列 PLC 的主要性能指标

S7 系列 PLC 是德国西门子公司技术比较成熟的产品，它在我国德资企业集聚地区的企业中应用较多，由于具有良好的使用界面和齐全的配套器件，因此便于应用。SIMATIC 是 Siemens Automatic（西门子自动化）的缩写，是西门子集团的注册商标。S7-200 是西门子公司的第四代产品。而 S7-200 系列 PLC 有 CPU21X 和 CPU22X 两代产品。其中 CPU22X 是第二代产品，共有 CPU221、CPU222、CPU224、CPU226、CPU226XM 五种基本型号，它们的主要技术性能有所不同，见表 2-9。

表 2-9 CPU22X 的主要技术性能

<table>
<tr><th colspan="2">项目</th><th>CPU221</th><th>CPU222</th><th>CPU224</th><th>CPU226</th><th>CPU226XM</th></tr>
<tr><td colspan="2">外形尺寸/mm</td><td colspan="2">90×80×62</td><td>120.5×80×62</td><td>190×80×62</td><td>190×80×62</td></tr>
<tr><td colspan="2">程序存储区/bit</td><td colspan="2">4096</td><td colspan="2">8192</td><td>16384</td></tr>
<tr><td colspan="2">数据存储区/bit</td><td colspan="2">2048</td><td colspan="2">5120</td><td>10240</td></tr>
<tr><td colspan="2">用户存储类型</td><td colspan="5">EEPROM</td></tr>
<tr><td colspan="2">掉电保护时间/h</td><td colspan="2">50</td><td colspan="3">190</td></tr>
<tr><td colspan="2">本机 I/O 点数</td><td>6 入/4 出</td><td>8 入/6 出</td><td>14 入/10 出</td><td colspan="2">24 入/16 出</td></tr>
<tr><td colspan="2">扩展模块数量</td><td>无</td><td>2</td><td colspan="3">7</td></tr>
<tr><td colspan="2">数字量 I/O 映像/bit</td><td colspan="5">256(128 入/128 出)</td></tr>
<tr><td colspan="2">模拟量 I/O 映像/bit</td><td>无</td><td>32
(16 入/16 出)</td><td colspan="3">64(32 入/32 出)</td></tr>
<tr><td colspan="2">内部通用继电器/bit</td><td colspan="5">256</td></tr>
<tr><td colspan="2">内部定时器/计数器/bit</td><td colspan="5">256/256</td></tr>
<tr><td colspan="2">顺序控制继电器/bit</td><td colspan="5">256</td></tr>
<tr><td colspan="2">累加寄存器</td><td colspan="5">AC0～AC3</td></tr>
<tr><td rowspan="2">高速
计数器</td><td>单相/kHz</td><td colspan="2">30(4 路)</td><td colspan="3">30(6 路)</td></tr>
<tr><td>双相/kHz</td><td colspan="2">20(2 路)</td><td colspan="3">20(4 路)</td></tr>
<tr><td colspan="2">脉冲输出(DC)/kHz</td><td colspan="5">20(2 路)</td></tr>
<tr><td colspan="2">模拟量调节电位器</td><td colspan="2">1</td><td colspan="3">2</td></tr>
<tr><td colspan="2">通信口</td><td colspan="2">1-RS485</td><td colspan="3">2-RS485</td></tr>
<tr><td colspan="2">通信中断发送/接收</td><td colspan="5">1/2</td></tr>
<tr><td colspan="2">定时器中断</td><td colspan="5">2</td></tr>
<tr><td colspan="2">硬件输入中断</td><td colspan="5">4</td></tr>
<tr><td colspan="2">实时时钟</td><td colspan="2">需配时钟卡</td><td colspan="3">内置</td></tr>
<tr><td colspan="2">口令保护</td><td colspan="5">有</td></tr>
<tr><td colspan="2">布尔指令执行速度</td><td colspan="5">0.37us/指令</td></tr>
</table>

从表 2-9 可以看出，CPU221 为 6 输入/4 输出，程序和数据存储容量最小，有一定的高速计数处理能力，非常适合于点数较少的控制系统；CPU222 为 8 输入/6 输出，能进行 2 个外部功能模块的扩展，其应用面更广；CPU224 程序和数据存储容量较大，并能最多扩展 7 个外部功能模块，内置时钟，是 S7-200 系列中应用最多的产品；CPU226 有比 CPU224 增加了 1 路通信口，所以适用于控制要求较高、点数多的小型或中型控制系统；CPU226XM 在 CPU226 的基础上增大了程序和数据的存储空间，其他性能指标与 CPU226 相同。

（三）辅助继电器 M 的应用

在逻辑运算中，经常需要一些辅助继电器，借助于辅助继电器编程，可使输入与输出之间建立复杂的逻辑关系和联锁关系，以满足不同的控制要求。

在 S7-200 系列的 PLC 中，也称辅助继电器为位存储区的内部标志位（marker），故辅助继电器一般以位为单位使用，并采用“字节．位”的编址方式，每 1 位相当于 1 个中间继电器；辅助继电器可以进行位操作（M0.0）、字节操作（BM0）、字操作（MW0）和双字操作（DM0）。

S7-200 的 CPU22X 系列辅助继电器的数量为 256 个，分为一般辅助继电器和特殊辅助继电器。一般辅助继电器用 M 表示，分为非断电保持型和断电保持型两种，其编码地址如表 2-10 所示。

表 2-10　一般辅助继电器的编码地址

类型	非断电保持型	断电保持型
地址	M0.0～M13.7	M14.0～M31.7

断电保持型辅助继电器在 PLC 断电时，能保持断电前的状态，而非断电保持型辅助继电器则不具有断电保持的功能。断电保持型和非断电保持型可以通过软件相互转换。

断电保持和非断电保持型辅助继电器的应用分别如图 2-35 和图 2-36 所示。

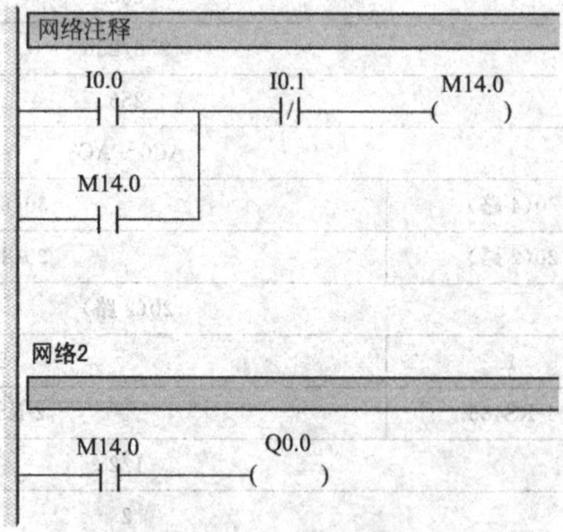

图 2-35　断电保持型辅助继电器应用

上述的两个程序中 I0.0、I0.1 为输入信号，M14.0 为断电保持型的辅助继电器，M0.0 为非断电保持型的辅助继电器，Q0.0 为输出继电器。

正常工作时，I0.0 接通，M14.0、M0.0 得电，驱动输出继电器 Q0.0 工作，并且都有自锁；当按下停止按钮 I0.1 时，M14.0、M0.0 失电，输出继电器 Q0.0 停止工作，两程序的运行情况一样。

程序在运行过程中系统突然断电后，两程序的运行情况就不一致了。当两程序在运行过程中系统断电时，由于图 2-36 中 M14.0 具有停电保持功能，所以停电后 M14.0 及其辅助线圈能保持当前的状态，M14.0 的辅助线圈保持接通，当系统再次来电时，程序接着运行；但是在图 2-37 中，由于 M0.0 是非停电保持的，所以当运行过程中系统断电时，M0.0 及其辅助线圈失电断开，这样当再次来电时，系统不会直接接着运行工作，而需要重新启

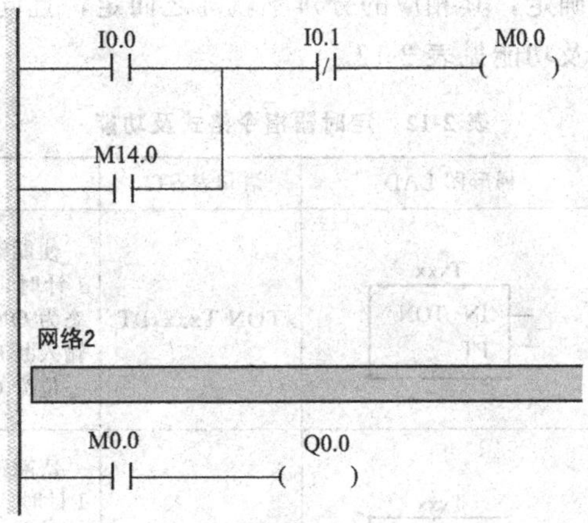

图 2-36 非断电保持型辅助继电器应用

动才能运行。

任务三 PLC实现电动机的Y-△降压启动控制

一、任务要求

能进行笼型电动机Y-△降压启动控制电路的PLC程序设计、安装接线与调试。理解并掌握定时器指令、计数器指令。

二、相关知识

(一) 定时器指令

1. 定时器指令格式及功能

S7-200的CPU22X系列的PLC共有256个定时器，编号范围为T0～T255。均为增量型定时器，用于实现时间控制，按照工作方式可分成接通延时型定时器TON、断开延时型定时器TOF、有记忆接通延时型定时器TONR3种；按时基脉冲分为1ms、10ms和100ms 3种定时器。其对应的编号和精度等级见表2-11。

表 2-11 定时器的类型、定时精度及编号

定时器类型	精度等级/ms	最大当前值/s	定时器编号
TON/TOF	1	32.767	T32，T96
	10	327.67	T33～T36，T97～T100
	100	3276.7	T37～T63，T101～T255
TONR	1	32.767	T0，T64
	10	327.67	T1～T4，T65～T68
	100	3276.7	T5～T31，T69～T95

每个定时器包含一个状态位、一个16位的当前值寄存器和一个16位的预置值（设定值）寄存器。定时器的延时时间=设定值×时基，时基越大，延时范围就越大，但精度也就

越低。定时器的编号一旦确定，其相应的分辨率就随之而定，且同一个定时器编号不能重复使用。定时器指令的格式及功能见表 2-12。

表 2-12　定时器指令格式及功能

类型	梯形图 LAD	语句表 STL	指令功能
接通延时定时器(On-Delay Timer)	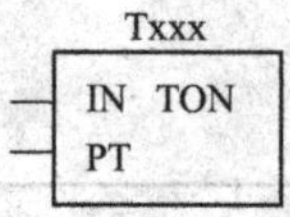	TON Txxx,PT	使能输入端接通时，当前值从 0 开始+1 计时，当前值等于设定值时，定时器状态为 ON，当前值连续计数到 32767；使能输入断开，定时器自动复位，即定时器状态位为 OFF，当前值为 0
有记忆接通延时定时器(Retentive On-Delay Timer)	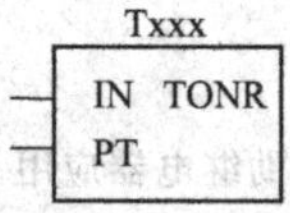	TONR Txxx,PT	使能输入端接通时，当前值从 0 开始+1 计时。使能输入断开，定时器位和当前值保持不变。使能输入再次接通时，当前值从上次的保持值继续计数，当累计当前值达到设定值时，定时器状态为 ON，当前值连续计数到 32767
断开延时定时器(Off-Delay Timer)	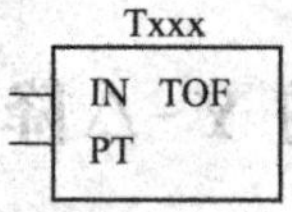	TOF Txxx,PT	使能输入端接通时，定时器状态位为 ON，当前值清 0。当使能输入断开时，定时器当前值从 0 开始+1 计数，当前值等于设定值时，定时器状态位为 OFF，停止计数，当前值保持不变

2. 定时器指令的使用

(1) 接通延时定时器 TON

接通延时定时器指令用于单一间隔的定时。上电周期或首次扫描，定时器位为 OFF，当前值为 0。使能输入接通时，定时器位为 OFF，当前值从 0 开始计数，当前值达到预设值时，定时器位为 ON，当前值连续计数到 32767。使能输入断开时，定时器自动复位，即定时器位变为 OFF，当前值为 0。

通电延时定时器指令的应用如图 2-37 所示。

通电延时定时器指令 TON 的功能表见表 2-13。

表 2-13　TON 指令的功能表

触发信号	TON			
	当前值	位	常开触点 NO	常闭触点 NC
断开时	清零	0	断开	闭合
接通时	开始计时	当前值≥设定值，为 1	位值为 1 时，闭合	位值为 1 时，断开

(2) 有记忆接通延时定时器 TONR

有记忆接通延时定时器指令用于多间隔定时。上电周期或首次扫描，定时器位为 OFF，当前值保持。使能输入接通时，定时器位为 OFF，当前值从 0 开始计数。使能输入断开，定时器位和当前值保持最后状态。使能输入再次接通时，当前值从上次的保持值继续计数，当累计当前值达到预设值时，定时器位为 ON，当前值连续计数到 32767。TONR 定时器只能用复位指令进行复位操作。

记忆接通延时定时器 TONR 指令的应用如图 2-38 所示。

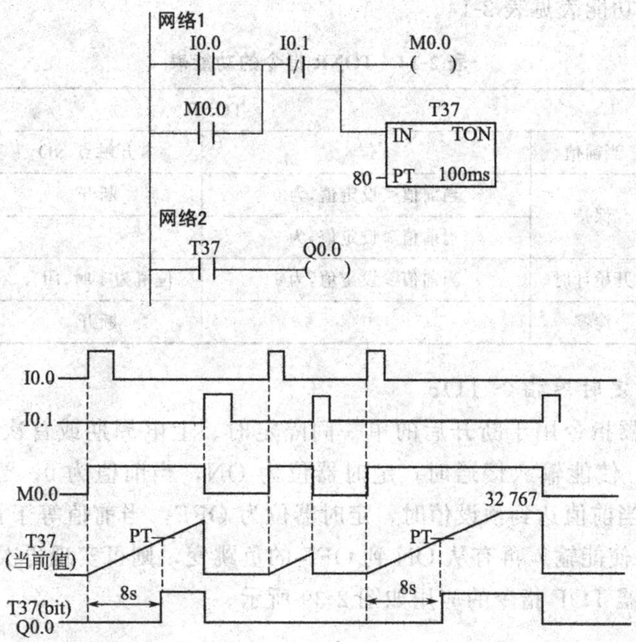

图 2-37 通电延时定时器指令的应用

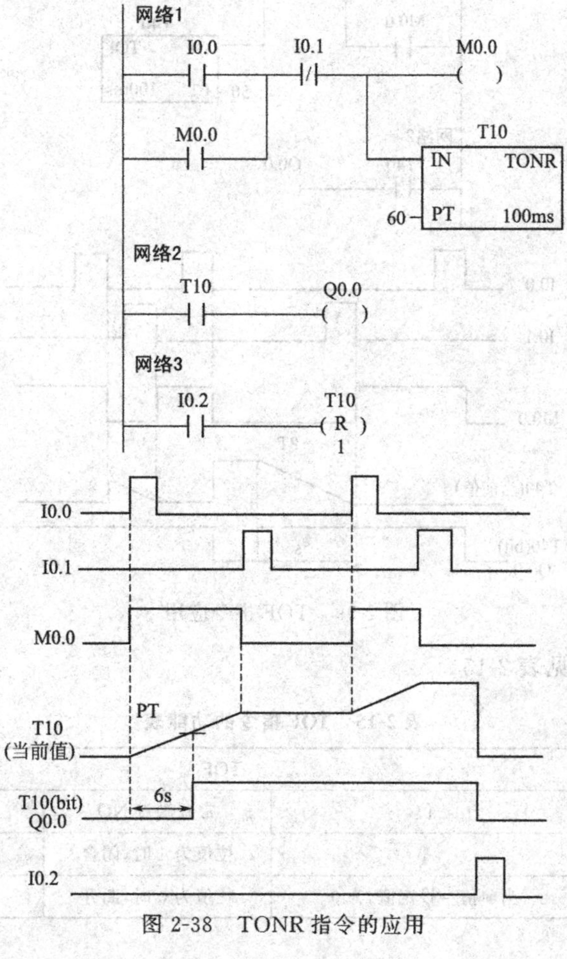

图 2-38 TONR 指令的应用

TONR 指令的功能表见表 2-14。

表 2-14　TONR 指令的功能表

触发信号	复位信号	TONR			
		当前值	位	常开触点 NO	常闭触点 NC
断开时	—	保持	当前值<设定值，为 0	断开	闭合
			当前值≥设定值，为 1	—	—
接通时	—	开始计时	当前值≥设定值，为 1	位值为 1 时，闭合	位值为 1 时，断开
	接通时	清零	0	断开	闭合

(3) 断开延时定时器指令 TOF

断开延时定时器指令用于断开后的单一间隔定时。上电周期或首次扫描，定时器位为 OFF，当前值为 0。使能输入接通时，定时器位为 ON，当前值为 0。当使能输入断开时，定时器开始计数，当前值达到预设值时，定时器位为 OFF，当前值等于预设值，停止计数。TOF 复位后，如果使能输入再有从 ON 到 OFF 的负跳变，则可实现再次启动。

断开延时定时器 TOF 指令的应用如图 2-39 所示。

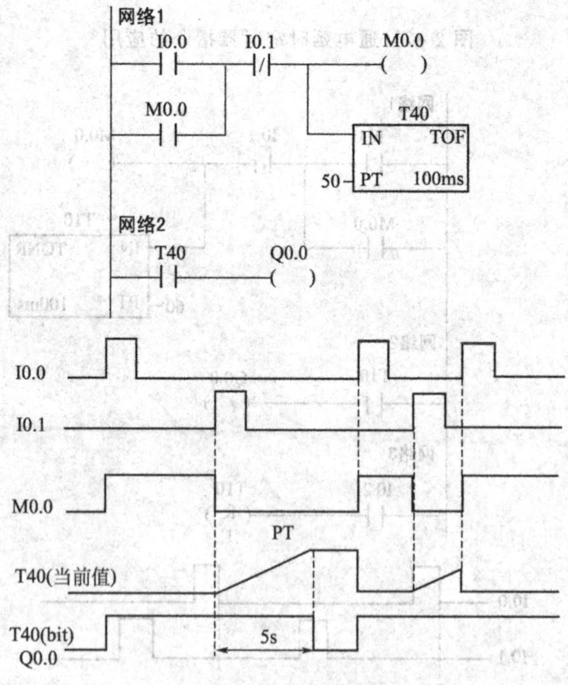

图 2-39　TOF 指令应用

TOF 指令功能表见表 2-15。

表 2-15　TOF 指令的功能表

触发信号	TOF			
	当前值	位	常开触点 NO	常闭触点 NC
接通时	清零	1	位值为 1 时，闭合	位值为 1 时，断开
断开时	开始计时	当前值＝设定值，为 0	位值为 0 时，断开	位值为 0 时，闭合

在PLC的应用中，经常使用定时器的自复位功能，即利用定时器自己的动断触点使定时器复位。这里需要注意，要使用定时器的自复位功能，必须考虑定时器的刷新方式。一般情况下，100ms时基的定时器常采用自复位逻辑，而1ms和10ms时基的定时器不可采用自复位逻辑。

（二）计数器指令

1. 计数器指令的格式及功能

计数器用来累计输入脉冲的次数，在实际应用中用来对产品进行计数或完成复杂的逻辑控制任务。S7-200的普通计数器有3种：递增计数器CTU、递减计数器CTD和增减计数器CTUD，共计256个，可根据实际编程的需要选择不同类型的计数器指令。计数器指令的编号范围是C0～C255，每个计数器编号只能使用一次。计数器指令的格式及功能见表2-16。

表2-16 计数器指令的格式及功能

类型	梯形图LAD	语句表STL	指令功能
递增计数器CTU (Counter UP)	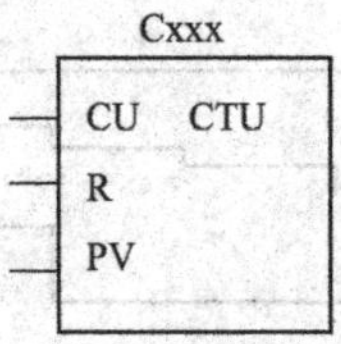	CTU Cxxx,PV	在CU端输入每个脉冲上升沿，计数器当前值从0开始增1计数。当前值不小于设定值(PV)时，计数器状态位置1，当前值累加的最大值为32767。复位输入(R)有效时，计数器状态复位(置0)，当前计数器清零
递减计数器CTD (Counter Down)	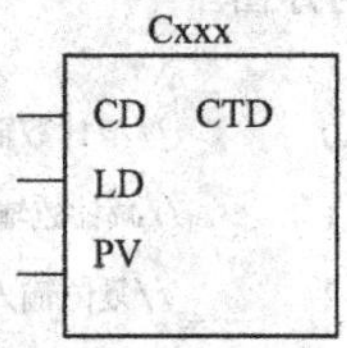	CTD Cxxx,PV	在CD端，每个脉冲上升沿到来时，计数器当前值从设定值开始减1计数，当前值减到0时，计数器状态位置1，复位输入有效或执行复位指令时，计数器自动复位，即计数器状态位为OFF，当前值装载为预设值，而不是0
增减计数器CTUD (Counter UP/Down)	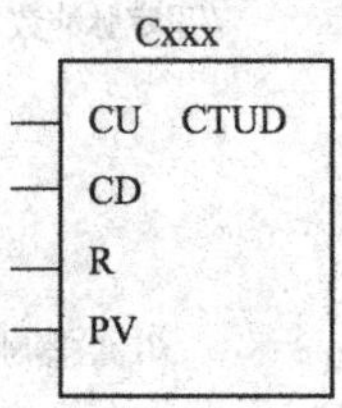	CTUD Cxxx,PV	增减计数器指令有两个脉冲输入端，其中CU端用于递增计数，CD端用于递减计数。执行增/减计数指令时，只要当前值不小于设定值(PV)，计数状态置位1，否则置0。复位输入有效或执行复位指令时，计数器自动复位且当前值清零。达到当前值最大值32767后，下一个CU输入上升沿将使计数值变为最小值(－32768)。达到最小值(－32768)后，下一个CD输入上升沿将使计数值变为最大值32767

2. 计数器指令使用

（1）增计数器CTU

首次扫描，计数器位为OFF，当前值为0。在脉冲输入CU的每个上升沿，计数器计数1次，当前值增加1个单位，当前值达到预设值时，计数器位为ON，当前值继续计数到32767停止计数。复位输入有效或执行复位指令，计数器自动复位，即计数器位为OFF，当前值为0。

图2-40为增计数器的程序段和时序图。

（2）增减计数器CTUD

增减计数器指令有两个脉冲输入端：CU输入端用于递增计数，CD输入端用于递减计数。图2-41为增减计数器的程序段和时序图。

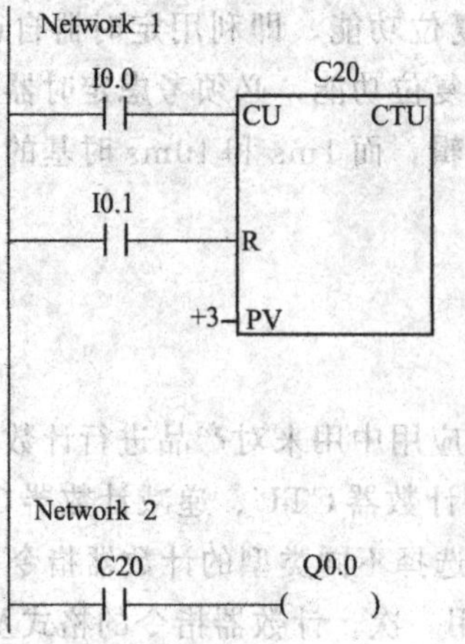


```
LD      I0.0        //计数脉冲信号输入端
LD      I0.1        //复位信号输入端
CTU C20,+3          //增计数，计数设定值
                    //为3个脉冲

LD      C20         //计数值达到3，则
=       Q0.0        //将输出位置1
```

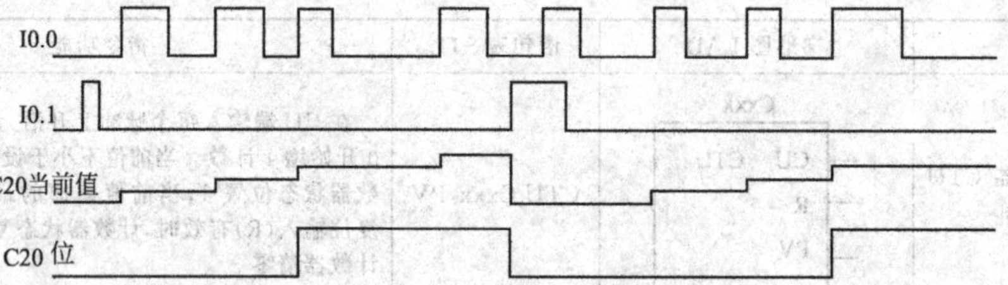

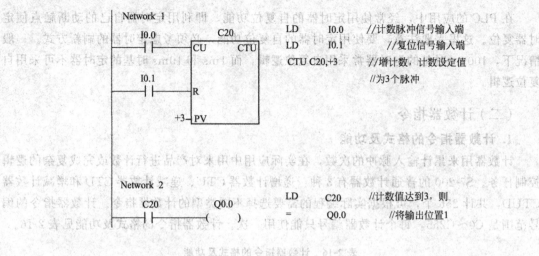

图 2-40　增计数器的程序段和时序图

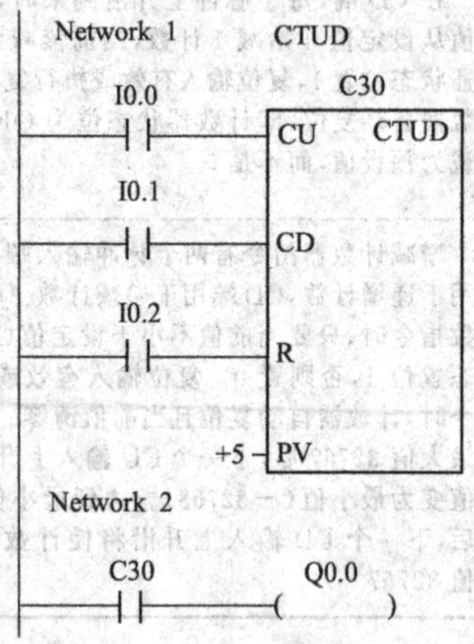


```
LD      I0.0        //增计数输入端
LD      I0.1        //减计数输入端
LD      I0.2        //复位输入端
CTUD    C30,+5      //增减计数，
                    //设定脉冲数为5

LD      C30         //计数器触点
=       Q0.0        //输出触点
```

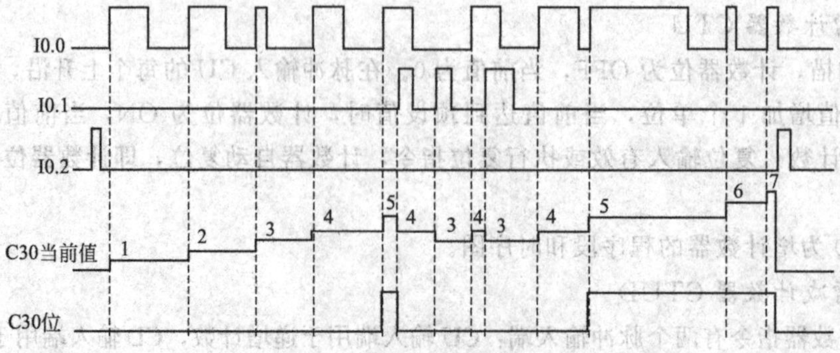

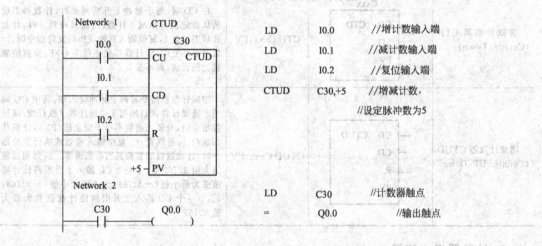

图 2-41　增减计数器的程序段和时序图

（3）减计数器 CTD

脉冲输入端 CD 用于递减计数。首次扫描，计数器位为 OFF，当前值等于预设值 PV。计数器检测到 CD 输入的每个上升沿时，计数器当前值减小 1 个单位；当前值减到 0 时，计数器位为 ON。复位输入有效或执行复位指令时，计数器自动复位，即计数器位为 OFF，当前值复位为预设值，而不是 0。

图 2-42 为减计数器的程序段和时序图。

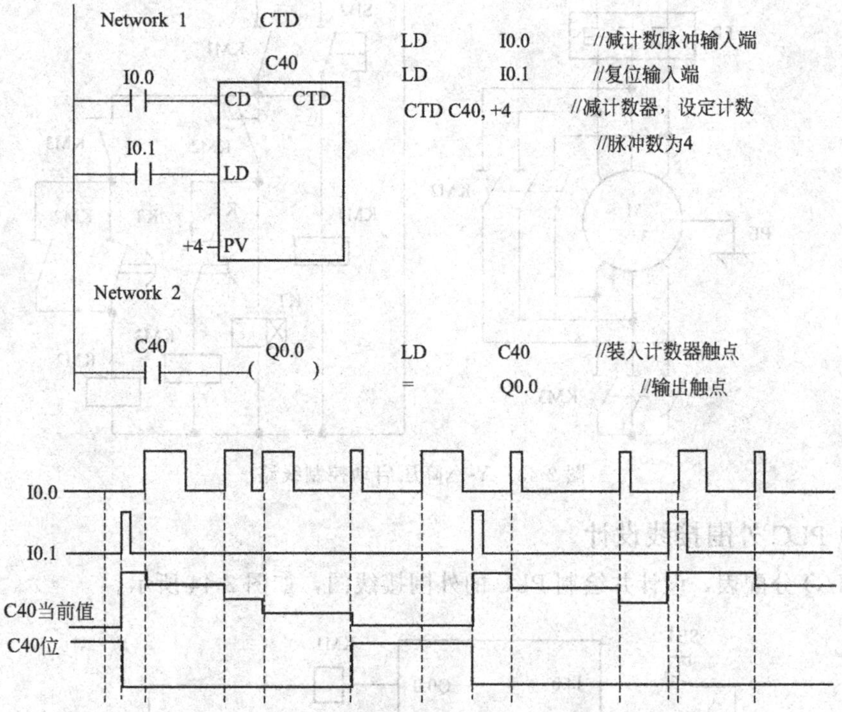

图 2-42　减计数器的程序段和时序图

三、任务实施

（一）分析控制要求

如图 2-43 所示线路，要求通过 PLC 实现 Y-△降压启动控制，设定时间是 3s。

当继电器-接触器控制转换为 PLC 控制时，原电路中的中间继电器、时间继电器用 PLC 中的辅助继电器 M、定时器 T 来代替，控制大电流负载的接触器仍然保留。

（二）I/O 分配

通过分析电路，确定出输入信号有 2 个，输出信号有 3 个，其 I/O 分配表见表 2-17。

表 2-17　I/O 分配表

输入		输出	
输入器件	输入点	输出点	输入器件
启动按钮 SB1	I0. 0	Q0. 0	KM1 线圈
停止按钮 SB2	I0. 1	Q0. 1	KM2 线圈
		Q0. 2	KM3 线圈

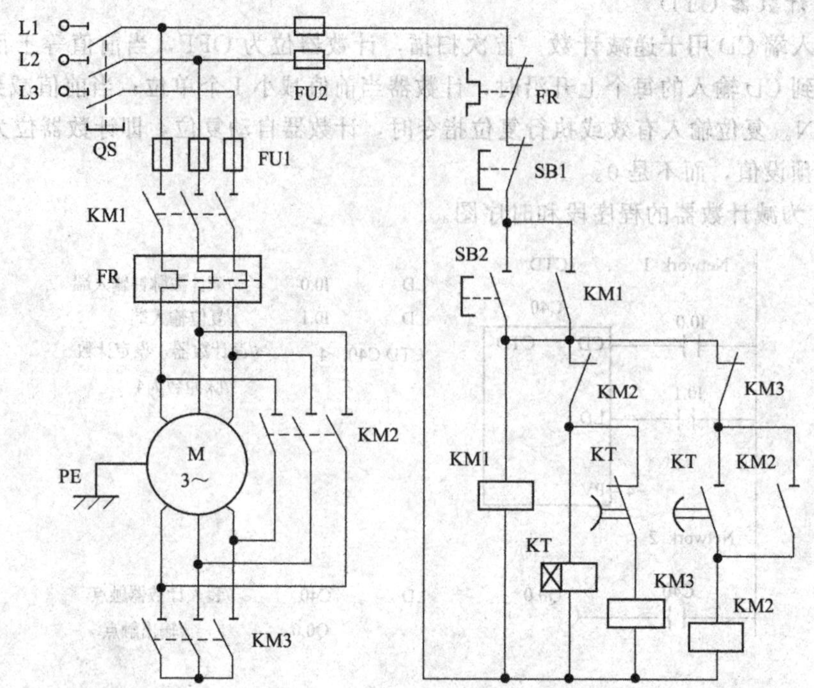

图 2-43 Y-△降压启动控制线路

（三）PLC 外围接线设计

根据 I/O 分配表，设计并绘制 PLC 的外围接线图，如图 2-44 所示。

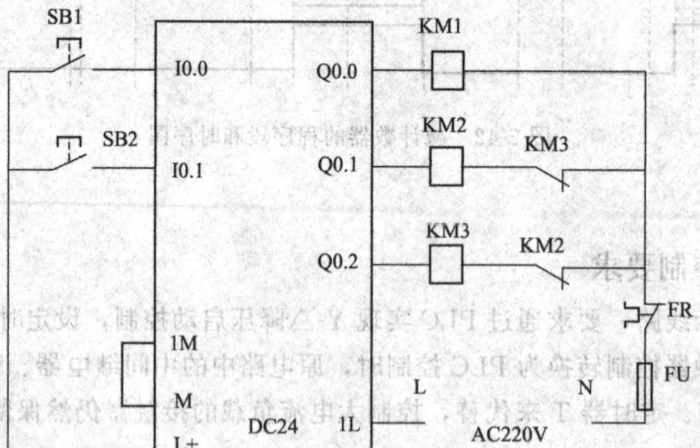

图 2-44 PLC 外围接线图

（四）设计调试梯形图程序

利用通电延时型定时器 T37 完成由星型到三角型的转换，为了设定星型和三角型的启动，利用辅助继电器 M 设置启停标志。其梯形图程序如图 2-45 所示。

程序编辑完成后，利用软件进行程序调试，检查程序的正确性。

（五）安装、接线并检查

① 在断电状态下，按照图 2-44 装接 PLC 外围电路。

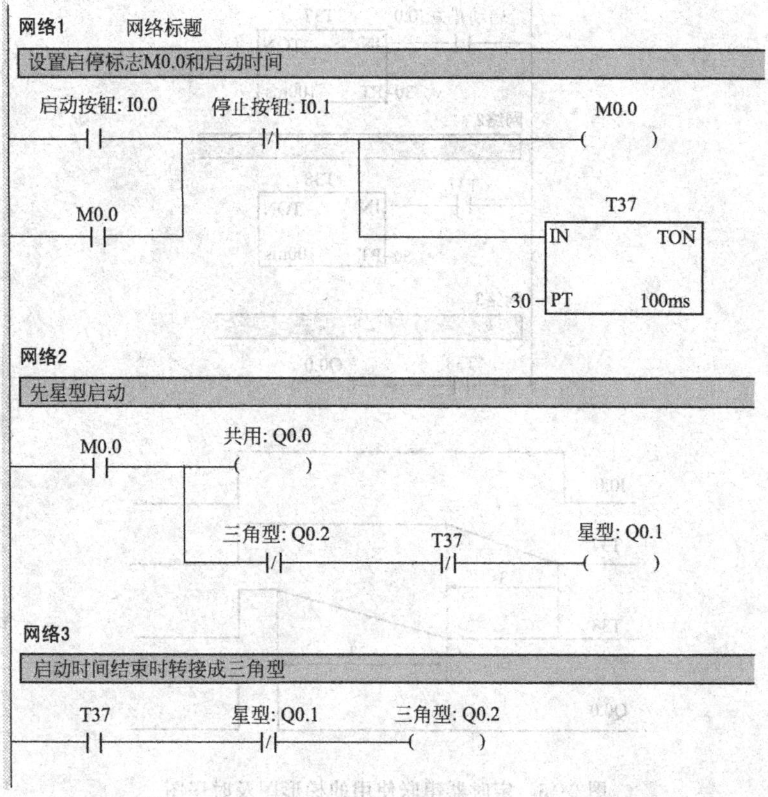

图 2-45　Y-△降压启动控制的 PLC 程序

② 按图 2-43 连接电动机的主电路。

③ 接线完成后，使用万用表进行测试，检查线路是否有误。

（六）控制功能调试

在程序无误、接线正确的情况下，联机调试。边监控程序边检查控制功能的实现。

四、知识与能力扩展

（一）长延时电路

定时器最大的延时范围为 100ms×32767＝3276.7s，要想实现比这个时间更长的延时功能，可以利用定时器与定时器、定时器与计数器组合的方法。图 2-43 所示为定时器与计数器配合的长延时程序。

1. 定时器的串接使用实现长延时

图 2-46 中，使用了两个定时器，并利用 T37 的常开触点控制 T38 的启动，输出线圈 Q0.0 的启动时间由两个定时器的设定值决定，从而实现长延时，即开关 I0.0 闭合后，延时 3＋5＝8s，Q0.0 才得电。

2. 定时器与计数器组合使用实现长延时

图 2-47 中，利用定时器与计数器组合，实现了长达 1000h 的延时。还可以利用特殊辅助继电器 SM，让其充当定时器的角色，如图 2-48 所示，利用 SM0.4 这个分脉冲，同样可

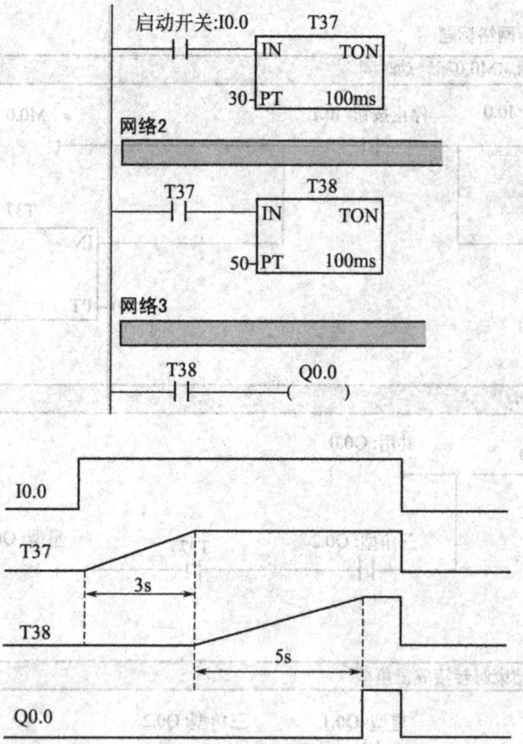

图 2-46　定时器串联使用的梯形图及时序图

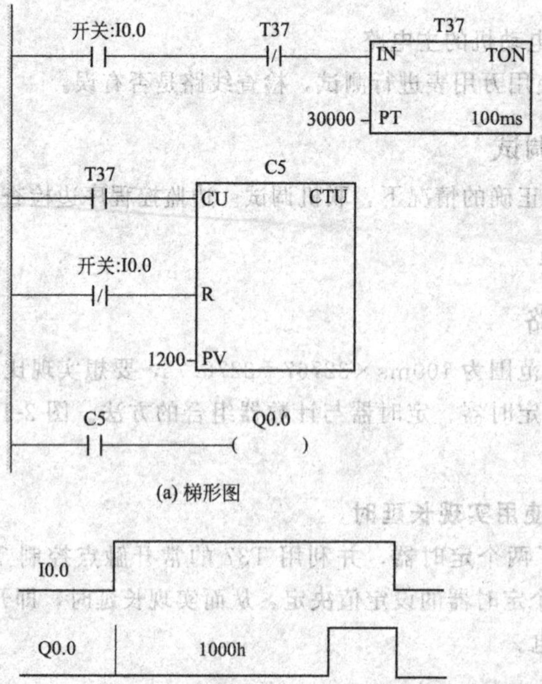

(a) 梯形图

(b) 时序图

图 2-47　定时器与计数器组合实现长延时的程序片段

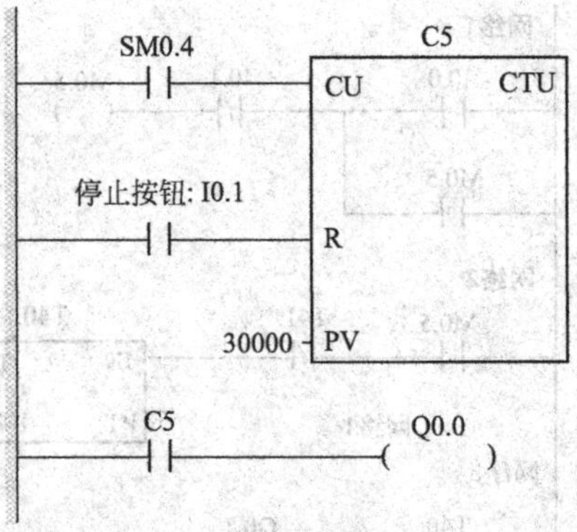

图 2-48　特殊辅助继电器和计数器配合实现长延时的梯形图

以实现长达 1000h 的延时控制。

（二）延时接通、延时断开电路

如图 2-49 所示，开关 I0.0 合上 5s 后，输出 Q0.0；开关断开后，延时 7s，Q0.0 停止输出。

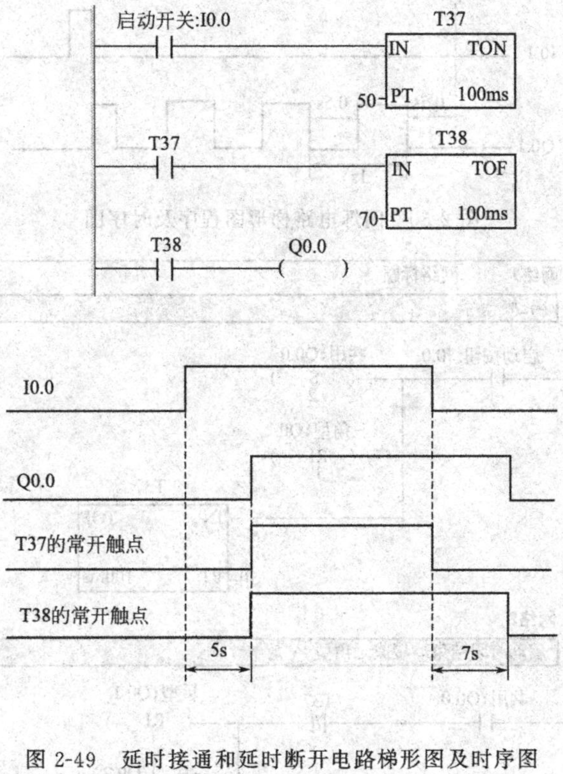

图 2-49　延时接通和延时断开电路梯形图及时序图

（三）闪烁电路

定时器除了能完成一定的延时任务以外，还可构成闪烁电路。使用两个定时器构成一个指示灯闪烁电路。这个电路也可以看成是一个秒脉冲生成器，它可以产生周期为 1s、占空比为 50%的脉冲信号，如图 2-50 所示。此电路的工作原理读者可自行分析。

图 2-51 所示是利用断电延时型定时器和置位/复位指令实现的程序。请读者自行分析程序设计思想。

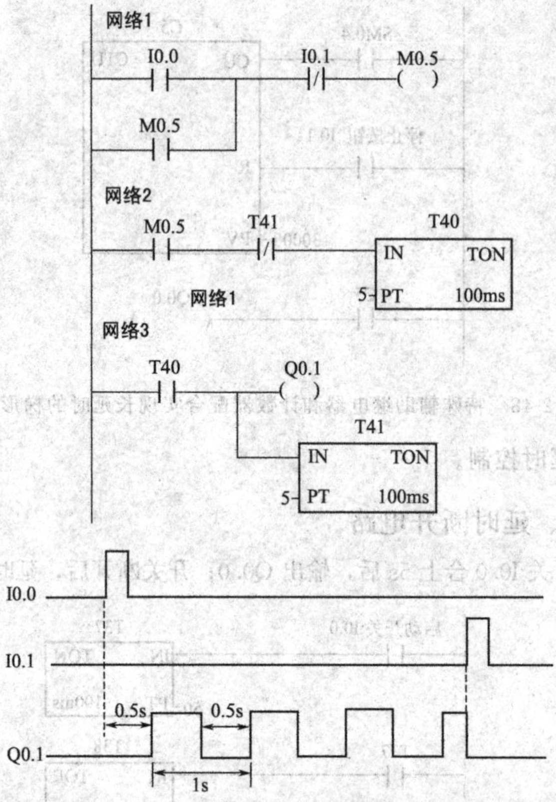

图 2-50　闪烁电路梯形图程序及时序图

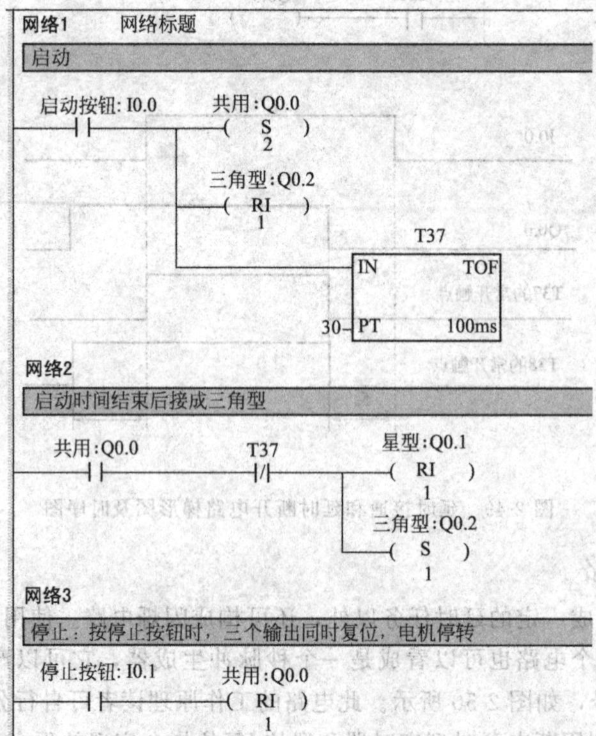

图 2-51　TOF 和置位/复位指令的应用

思考与练习

1. PLC 的特点是什么？PLC 主要应用在哪些领域？

2. 常用的 PLC 输入器件有哪些？输出器件有哪些？

3. 请说明 DC/DC/DC、AC/DC/RLY 这两种 PLC 类型的含义以及两者的优缺点、应用场合。

4. 请分析 PLC 的工作原理、扫描周期 T。PLC 是什么工作方式？

5. PLC 的操作模式有哪 3 种？通过编程软件改变 PLC 的操作模式时，要求 PLC 前面板的位置开关在什么位置？

6. 按图 2-52 所给梯形图练习程序的编写、符号表的使用、注释、编译、下载、运行及监控。

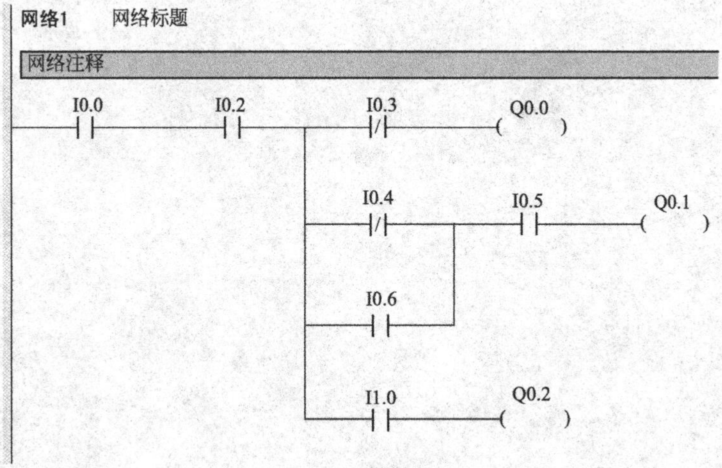

图 2-52　习题 6 梯形图

7. S7-200 PLC 有哪几种定时器？执行复位指令后，定时器的当前值和位的状态是什么？

8. S7-200 PLC 有哪几种计数器？执行复位指令后，计数器的当前值和位的状态是什么？

9. 梯形图与继电-接触器控制原理图有哪些相同和不同之处？

10. 试设计电动机点动-长动的 PLC 控制程序，并列写出 I/O 分配表，画出 PLC 外部接线图。

11. 试设计两台电动机顺序启动、逆序停止的 PLC 控制程序并列写出 I/O 分配表，画出 PLC 外部接线图。

12. 试设计工作台自动往返并在两边延时 5s 的 PLC 控制程序。

13. 试设计工作台往返运行 5 次后，自动停下的 PLC 控制程序，写出 I/O 分配表，画出 PLC 外部接线图。

14. 两台电动机 M1、M2 的顺序启、停控制要求为：当按下启动按钮 SB1 时，经 20s

后 M1 自动启动，经 30s 后 M2 自动启动，按下停止按钮后，M1 立即停止，经过 20s 后 M2 自动停止。试设计 PLC 控制程序，并写出 I/O 分配表。

15. 在按钮 I0.0 按下后，Q0.0 变为 1 状态并自保持，I0.1 输入 3 个脉冲后（用加计数器 C1 计数），T37 开始定时，5s 后 Q0.0 变为 0 状态，同时 C1 被复位，在 PLC 刚开始执行用户程序时，C1 也被复位，试设计梯形图。

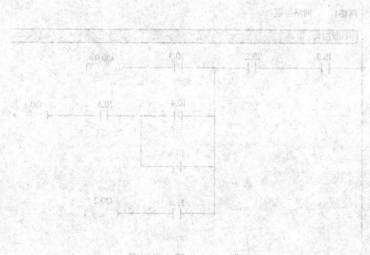

项目三

物料分拣控制

【教学目标】

1. 掌握顺序控制梯形图的设计方法；
2. 掌握 S7-200 顺序控制指令的使用；
3. 能够应用顺序控制指令编写顺序控制类程序。

一、任务要求

① 物料分拣控制系统要求使用 PLC、传感器、位置控制、电气传动和气动等技术，并运用梯形图编程，实现对金属、白色非金属、黑色非金属块三种材料的自动分拣和归类功能。

② 物料自动分拣系统能连续、大批量地分拣货物，不受气候、时间、人的体力等的限制，可以连续完成物料自动分拣的所有基本工作。

③ 掌握步进梯形图绘制方法；掌握常用传感器的结构、原理、选择及使用方法；掌握物料分拣控制系统 PLC 编程及调试技巧。

二、相关知识

梯形图或指令表语言虽然易被广大电气技术人员掌握，但对于复杂的顺序控制程序，由于内部相互关系复杂，在应用梯形图语言编制、修改、阅读程序时都很不方便。因此，近年来，许多 PLC 生产厂家在应用梯形图语言的同时还应用了顺序功能图语言。顺序功能图语言是描述控制系统的控制过程、功能和特性的一种图形语言，是设计 PLC 顺序控制程序的一种强有力的工具。

所谓顺序控制，就是按照生产工艺预先规定的顺序，在各个输入信号的作用下，根据内部状态和时间的顺序，使生产过程中的各个执行机构能自动有顺序地进行操作。

对于顺序控制系统，应根据工艺流程画出相应的顺序功能图，再按规则将顺序功能图转化为梯形图语言进行编程。

（一）顺序功能图

1. 顺序功能图构成

顺序功能图又叫状态转移图，是通过状态继电器来表达的。主要由步、有向连线、转换条件和动作四个部分组成。图 3-1 所示为顺序功能图组成结构。

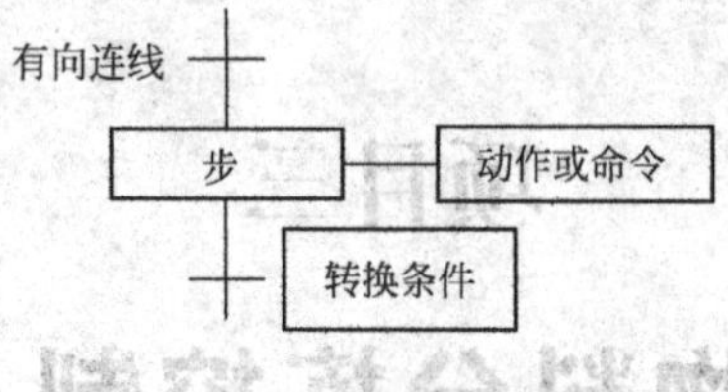

图 3-1　顺序功能图组成结构

（1）步

步是控制系统中一个相对不变的性质，对应于一个稳定的情形。步包括初始步和工作步。

初始步：控制系统的初始步是功能图运行的起点，一个控制系统至少有一个初始步，初始步用双线的矩形框表示。

工作步：指控制系统正常运行的步，工作步又分活动步和静止步，活动步是指当前正在运行的步；静止步是当前没有运行的步。

（2）有向连线

顺序功能图中连接代表步的方框的连线，表示状态转移的方向。当状态从上到下或从左至右进行转移时，有向线段的箭头不画。

（3）转换

转换用有向连线上与有向连线垂直的短划线来表示，转换将相邻的两个步框分开，步的活动状态的变动是由转换的实现来完成的，并与控制过程的发展相对应。

（4）转换条件

若转条换件成立且当前步为活动步，控制系统就从当前步转移到下一个相邻的步。

（5）动作

动作指每个步序中的输出。控制过程中的每一步可以对应一个或多个动作（输出）。可以在步右边用简明的文字说明该步所对应的动作。

2. 状态转移和驱动过程

当某一状态被“激活”成为活动状态时，其右边的电路被处理，即该状态的负载可以被驱动。当该状态的转移条件满足时，就执行转移，后续状态对应的状态继电器被 S 或 R 指令驱动，后续状态变为活动状态，同时原活动状态对应的状态继电器被系统程序自动复位，原活动状态的负载复位。每个状态一般具有 3 个功能，即对负载的驱动处理，指定转移条件和指定转移方向。

3. 顺序功能图的理解

当对应状态“有电”（即“激活”）时，状态的负载驱动和转移处理就可能执行；当对应状态“无电”（即“未激活”）时，状态的负载驱动和转移处理就不可能执行。因此，除初始状态外，其他所有状态只有在其前一个状态处于“激活”且转移条件成立时才可能被

“激活”；与此同时，一旦下一个状态被“激活”，上一个状态就自动变为“无电”。从 PLC 程序的循环扫描角度分析，在状态转移图中，所谓的“有电”或“激活”可以理解为该段程序被扫描执行；而“无电”或“未激活”则可以理解为该段程序被跳过，未能扫描执行。这样，状态转移图的分析就变得条理清楚，无须考虑状态间繁杂的连锁关系了。

（二）顺序控制梯形图程序及其编程方法

1. 顺序控制指令

S7-200 系列 PLC 的顺序控制指令包括 SCR、SCRT、SCRE 共 3 条指令。利用这三条指令，可以很方便地编制顺序控制梯形图程序。

（1）SCR 指令

SCR 指令是将接点接到左母线，用于“激活”某个工作状态。当某一步被“激活”成为活动步时，对应的 SCR 触点接通，它右边的电路被执行，即该步的负载线圈可以被驱动。当该步后面的转移条件满足时，就执行转移，后续步对应的状态继电器线圈得电，后续步变为活动步，同时原活动步对应的状态继电器被系统程序自动复位断电，原活动步对应的 SCR 触点断开，其后面的负载线圈复位断电。步进梯形指令 SCR 只有与状态继电器 S 配合才具有步进功能。S0～S9 用于初始步，S10～S19 用于自动返回原点。

（2）SCRT 指令

状态转移指令，在每一步结束需要转移到下一步时使用。

（3）SCRE 指令

SCRE 指令称为结束指令，该指令使程序执行完毕时，非状态程序的操作在主母线上完成。其功能是返回到原来左母线的位置。为防止出现逻辑错误，SCRE 指令在每一个状态转移程序的结尾使用一次。

2. 顺序功能图的编程方法

首先根据系统的工艺要求，编制出控制系统的顺序功能图，然后再把顺序功能图转化成相应的梯形图。有的 PLC 为用户提供了功能图语言，在编程软件中生成功能图后便完成了编程工作。这是一种先进的设计方法，很容易掌握，对于有经验的工程师来说，也会提高设计效率，程序的修改阅读也很方便。

使用顺序功能图法进行设计时，关键是根据系统的工艺要求编制出控制系统的顺序功能图。

（三）单序列顺序控制及其编程方法

单序列是最基本的顺序结构，单序列是由一系列相继激活的步组成，每一步的后面仅有一个转换，每一个转换的后面只有一个步，如图 3-2 所示。本任务以小车限位控制系统为例，介绍单序列结构状态转移图的编制方法、特点及步进梯形图的绘制方法。

1. 工作过程分析

图 3-3 所示为小车限位控制系统示意图。

① 按下启动按钮 SB1（I0.0），小车电动机正转（Q1.0），小车第一次前进，碰到限位开关 SQ1（I0.1）后小车电动机反转（Q1.1），小车后退。

② 小车后退碰到限位开关 SQ2（I0.2）后，小车电动机 M 停转。停 5s 后，第二次前进，碰到限位开关 SQ3（I0.3），再次后退。

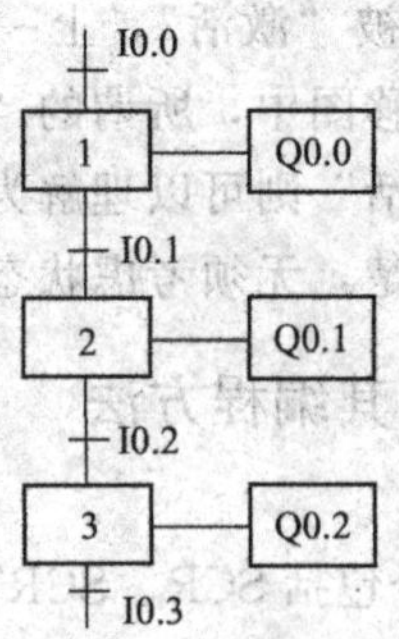

图 3-2　单序列结构顺序功能图结构示意

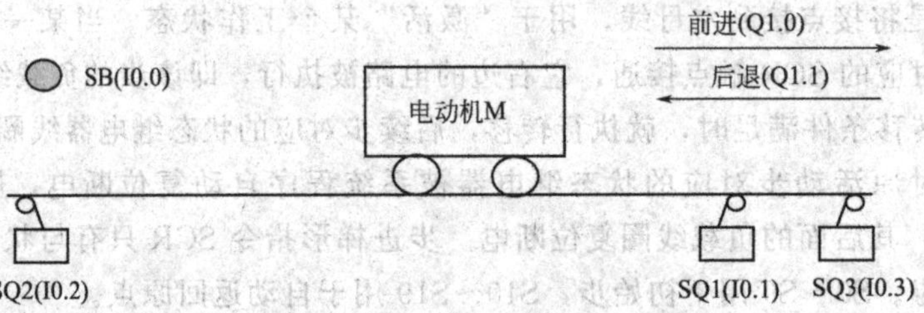

图 3-3　小车限位控制系统示意图

③ 第二次后退碰到限位开关 SQ2（I0.2）时，小车停止。

2. 单序列结构顺序功能图的绘制

（1）步的划分

小车在工作过程中，一个周期的工作包括了 6 种工作状态，即状态转移图有 6 步，依次用辅助继电器 M0.0～M0.5 表示。

（2）转换条件的确定

小车在工作过程中，由一种工作状态进入到下一种工作状态时一定有一个转换条件存在，即在绘制顺序功能图时，相邻两步之间必须要存在一个转换条件。所以在上述 6 步中，一定存在 6 个转换条件，它们依次是启动按钮 I0.0、左侧行程开关 I0.1、右侧行程开关 I0.2、定时器 T37 和二次后退开关 I0.3。

初始状态用 M0.0 表示，当按下启动按钮 I0.0 后，小车进入后面一步的转移条件成立，辅助继电器 M0.1 被激活得电，同时初始状态继电器 M0.0 自动变为断电，完成一个状态转移过程。在 M0.1 被激活得电的同时驱动 Q0.0 输出，小车向左运动。小车限位控制系统的顺序功能图如图 3-4 所示，用启-保-停电路思想转化为梯形图，如图 3-5 所示。

3. 绘制顺序功能图注意事项

在绘制顺序功能图的过程中，我们不难发现，划分步和转换条件的确定是绘制顺序功能图的关键。步是按照工作状态划分的，每一个工作状态对应一步，工作过程中用到的按钮、行程开关、转换开关、传感器信号等均可作为转换条件。初始状态可由其他运行状态驱动，但运行开始时，必须用其他方法预先作好驱动，否则状态流程就不可能向下继续进行，通常会用控制系统的初始条件，若无初始条件，可用 SM0.1 进行驱动。

从生产实际考虑，顺序功能图初始步必须存在。初始步状态继电器或辅助继电器得电是顺序控制功能图继续执行的必要条件，初始步为活动步时转换条件成立，程序就能继续执

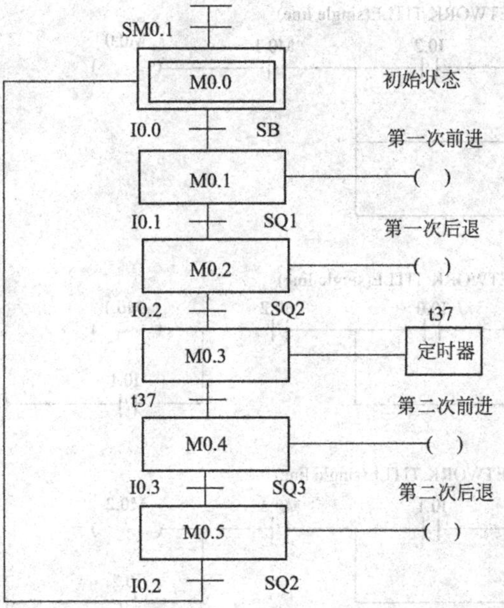

图 3-4 小车限位控制系统的顺序功能图

行。启动初始步时必须使用 SM0.1 来执行。

相邻两步之间必须存在一个转换条件。在某一步为活动步时，要使相邻的下一步为活动步，必须存在一个转换条件，当转换条件满足时，小车方可运行到下一个工作状态。

相邻两个转换条件之间必须存在一个步。转换条件是使下一步变为活动步的条件，有一个转换条件存在，必然要进入到下一个工作状态，即下一步变为活动步。

某一步在转换条件成立时变为活动步，其前步一定变为停止步。即小车在运行过程中，任何一个时刻只能处于一种工作状态，如小车处于停 2s 的状态时，小车前面向左前进的状态就会停止。

完成生产工艺的一个全过程后，最后一步必须有条件地返回到初始步，这是单周期工作方式，也是一种回原点式的停止。如果系统具有连续工作的方式，应该将其最后一步有条件地返回到第一步。总之，顺序功能图应该是由一个或两个方框和有向线段组成的闭环。

4. 单序列结构顺序功能图编程步骤

顺序功能图编程的基本思想是将系统的一个控制过程分为若干个顺序相连的阶段。这些阶段称为步，也称为状态，并用编程元件来代表它。步的划分主要根据输出量的状态变化进行。在一步内，一般来说输出量的状态不变，而相邻两步的输出量状态则是不同的。步的这种划分方法使代表各步的编程元件与各输出量间有着极明确的逻辑关系。编程步骤一般如下。

① 根据控制要求，将整个工作过程的一个工作周期按工作状态划分工作步，每个工作状态对应一个工作步；

② 理解每个工作状态的功能和作用，找出每个工作状态的转移条件和转移方向；

③ 根据以上分析，设计驱动程序，画出控制系统的状态转移图，即顺序功能图；

④ 利用顺序功能图转化为梯形图的方法，将顺序功能图转化为相应的梯形图。

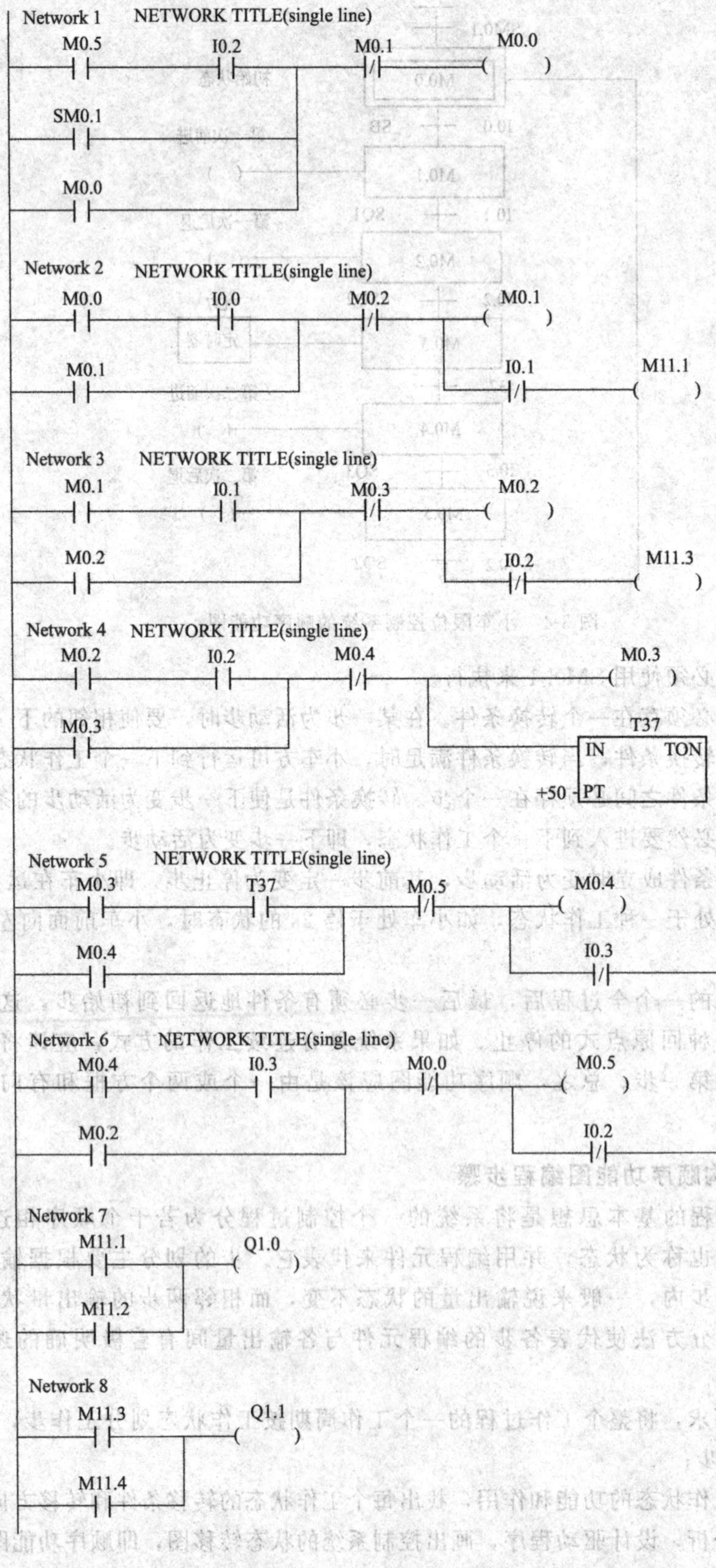

图 3-5　小车限位控制梯形图

（四）选择序列顺序控制及其编程方法

实际生产中一般编制的梯形图为复杂结构的，学生在掌握单序列结构顺序功能图的基础上，还需学习复杂结构的顺序控制，如图 3-6 所示。

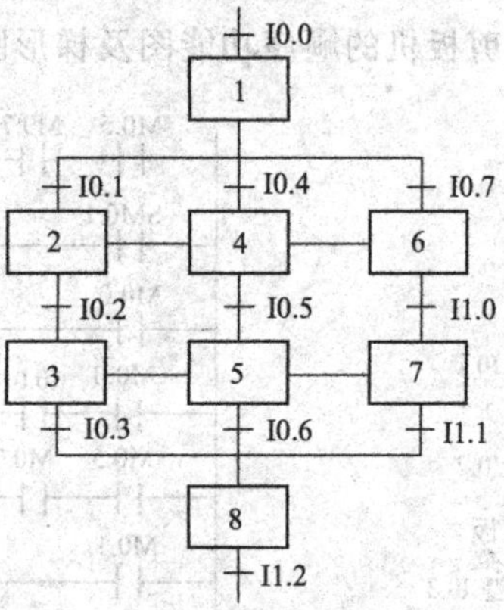

(a) 选择序列

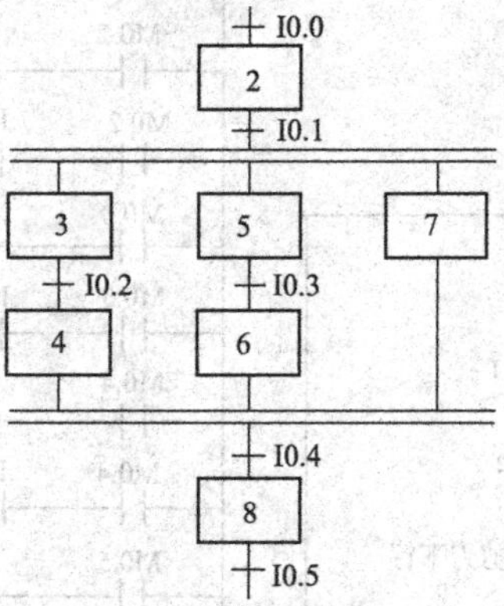

(b) 并行序列

图 3-6　复杂结构的顺序功能图结构

以剪板机为例，图 3-7 是剪板机的结构示意图。

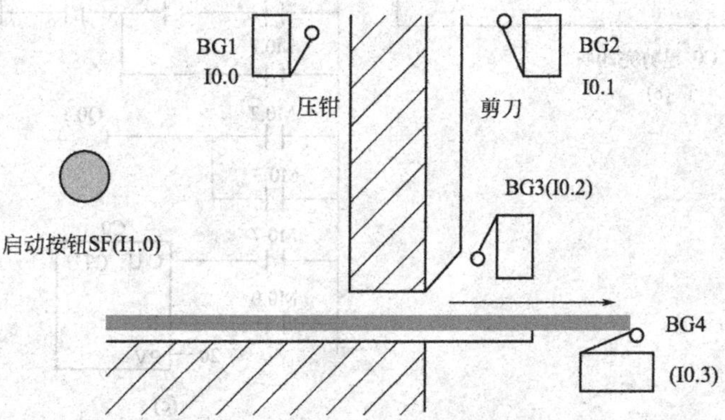

图 3-7　剪板机的结构示意图

1. 控制要求

开始时压钳和剪刀在上限位置，限位开关 I0.0 和 I0.1 为 ON。按下启动按钮 I1.0，板料右行（Q0.0 为 ON）至限位开关 I0.3 动作，然后压钳下行（Q0.1 为 ON 并保持），压紧板料后，压力开关 I0.4 为 ON，压钳保持压紧，剪刀开始下行（Q0.2 为 ON）。剪断板料后，I0.2 变为 ON，压钳和剪刀同时上行（Q0.3 和 Q0.4 为 ON），他们分别碰到限位开关 I0.0 和 I0.1 后，分别停止上行，都停止后，又开始下一周期的工作，剪完 10 块料后，停止工作并停在初始状态。图 3-8 为剪板机的顺序功能图及梯形图。

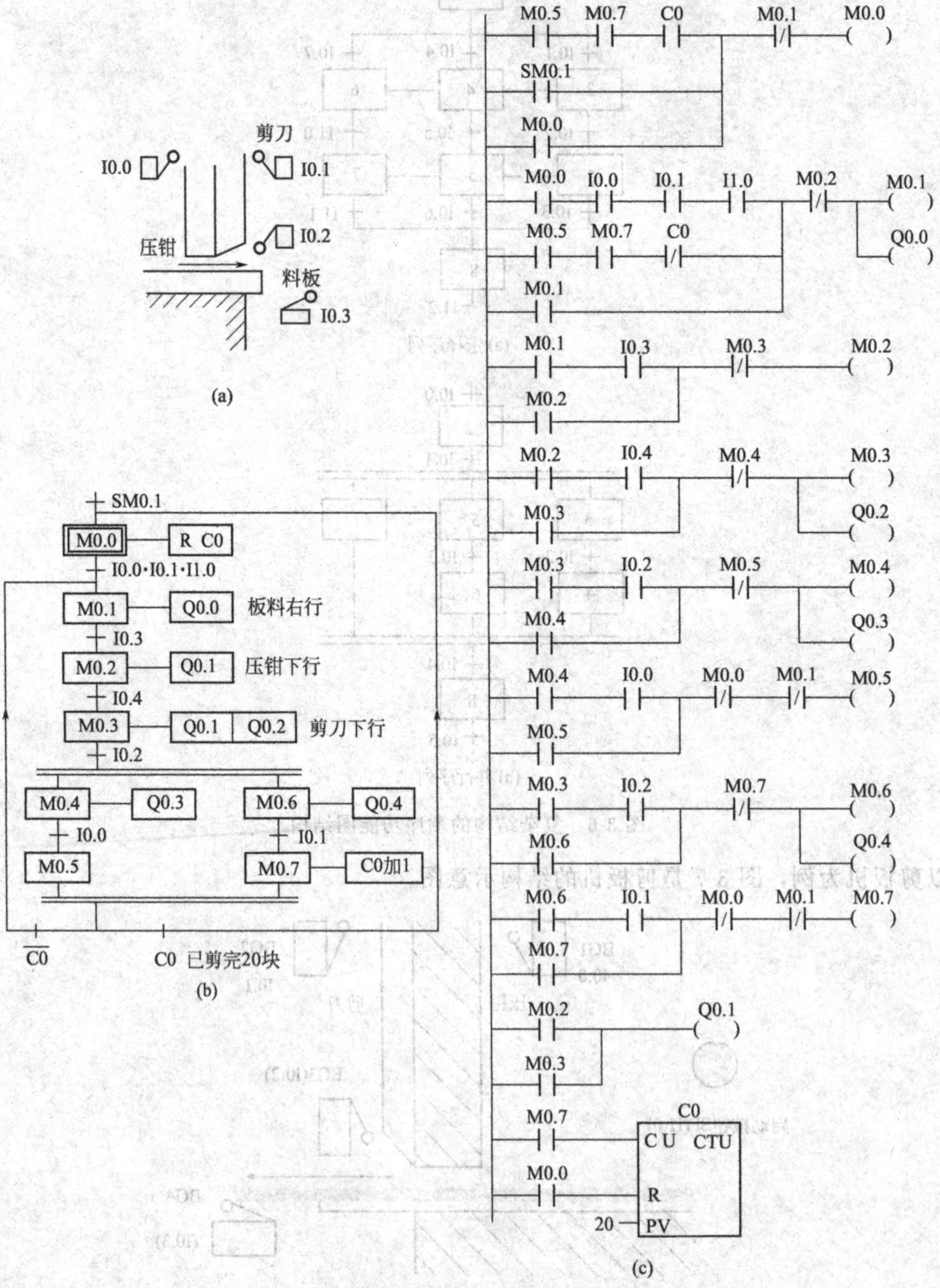

图 3-8　剪板机的顺序功能图及梯形图

2. 选择序列结构顺序功能图程序的特点

在剪板机的顺序控制功能图中有 2 个支路的选择结构程序，其特点如下：

① 2 个分支中选择执行哪一个分支由转移条件 I0.1、I0.2 决定；

② 分支转移条件 I0.1、I0.2 不能同时接通，哪个先接通，就执行那条分支；

③ 当 M0.0 得电时，一旦 I0.1 接通，程序就向下一个 M 转移；

④ 汇合状态 M0.1 可由 M0.5 和 M0.7 中任意一个驱动；

⑤ 先进行驱动处理，再进行转移处理，所有的转移处理按顺序执行。

（五）顺控继电器指令及编程应用

顺序控制编程方法规范，条理清楚，且易于化解复杂控制间的交叉联系，使编程变得容易。因而许多 PLC 的开发商在自己的 PLC 产品中引入了专用的顺序控制编程元件及顺序控制指令。

顺控继电器也称为状态继电器，顺控继电器指令用于步进顺控程序的编制。

顺序控制用 3 条指令描述程序的顺序控制步进状态，如图 3-9 所示。

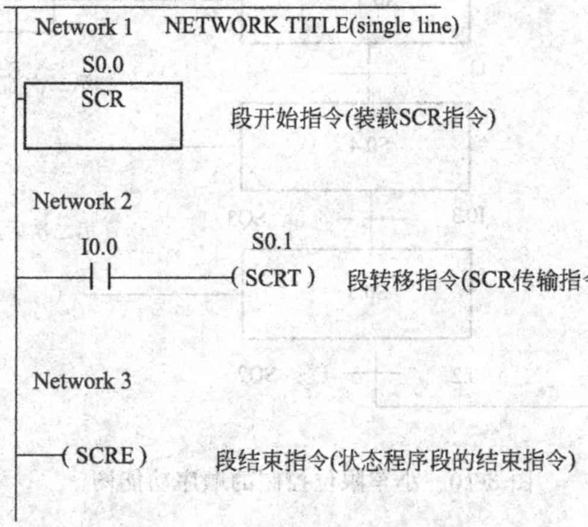

图 3-9　顺序控制步进状态指令

小车限位控制的顺序功能图如图 3-10 所示。

使用顺控指令更加规范地编写梯形图程序，如图 3-11～图 3-17 所示。

（六）使用顺序控制指令时的注意事项

① 顺序控制指令的操作数只能为 S；

② SCR 段能否执行取决于该状态继电器 S 是否被置位；

③ 不能把同一个 S 位用于不同的程序中；

④ SCR 段中不允许使用跳转指令、循环指令和有条件结束指令；

⑤ 在状态转移发生后，当前 SCR 段所有的动作元件一般均复位，除非使用置位指令；

⑥ 顺序功能图中的状态继电器的编号可以不按顺序编排；

⑦ 同一功能图不允许有双线圈输出。

（七）物料分拣装置

1. 传感器

物料分拣装置使用的传感器都是接近传感器，它利用传感器对所接近的物体具有敏感特性来识别物体，并输出相应开关信号，因此，接近传感器通常也称为接近开关。

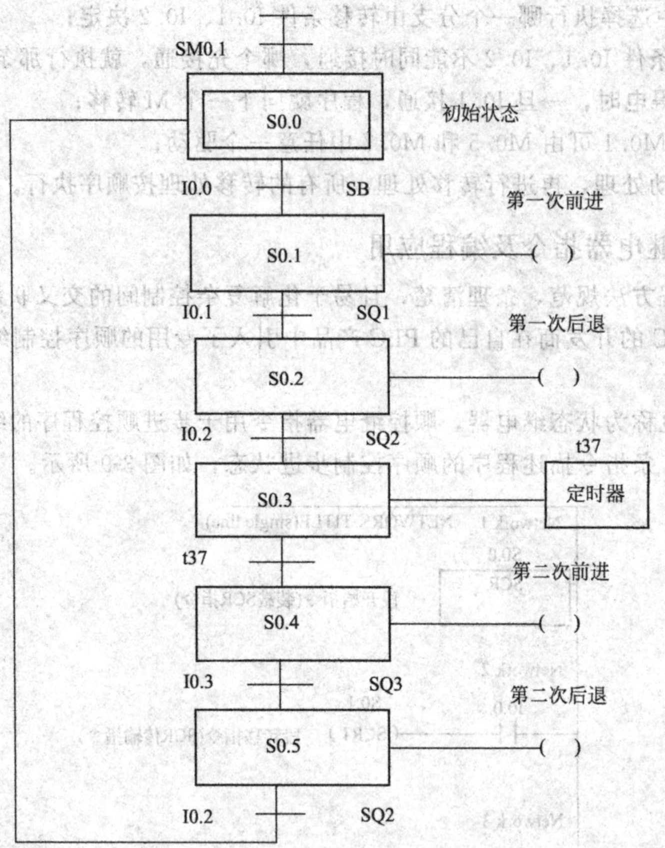

图 3-10 小车限位控制的顺序功能图

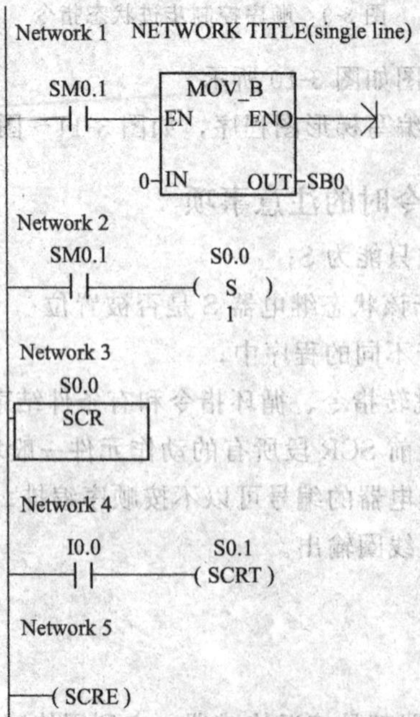

图 3-11 等待启动信号的梯形图

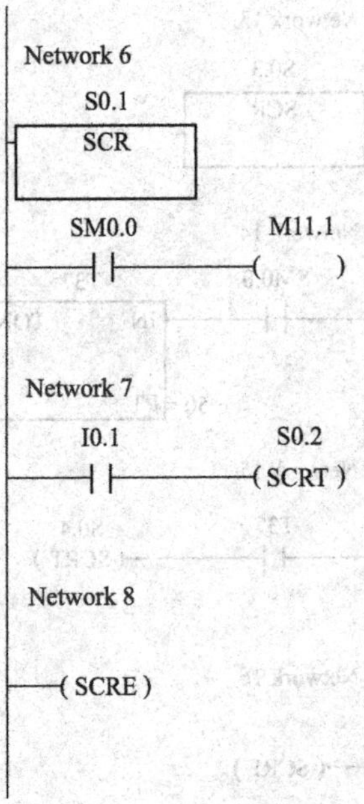

图 3-12 第一次前进的梯形图

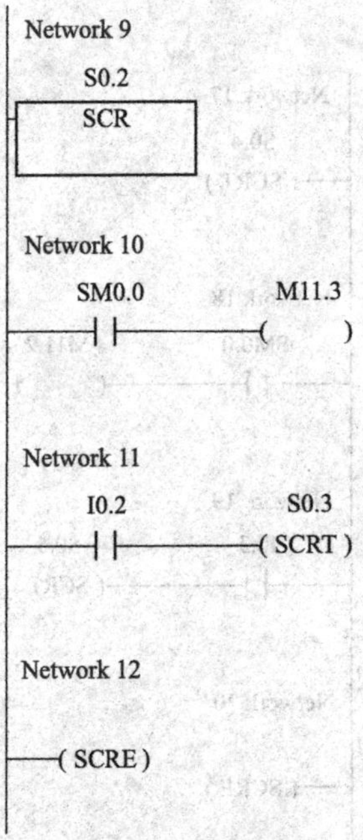

图 3-13 第一次后退的梯形图

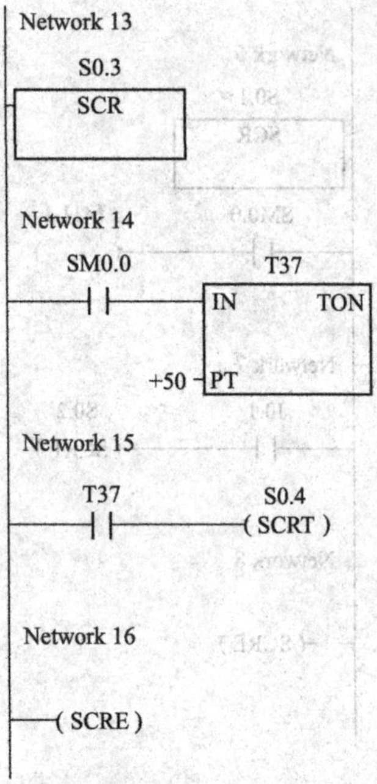

图 3-14　计时的梯形图

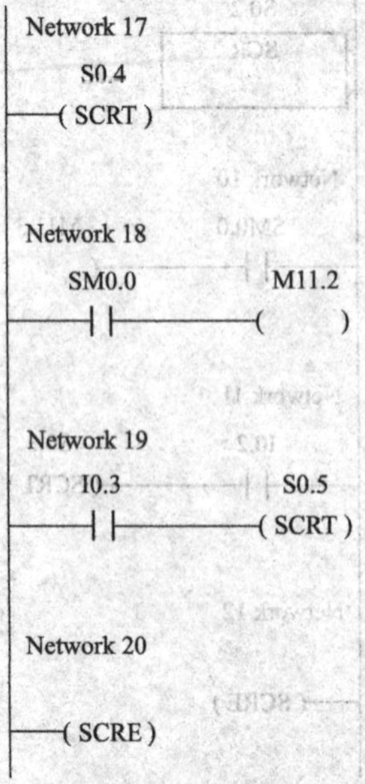

图 3-15　第二次前进的梯形图

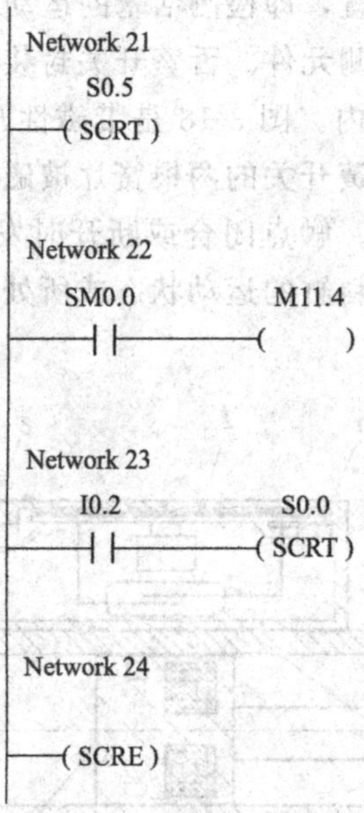

图 3-16　第二次后退的梯形图

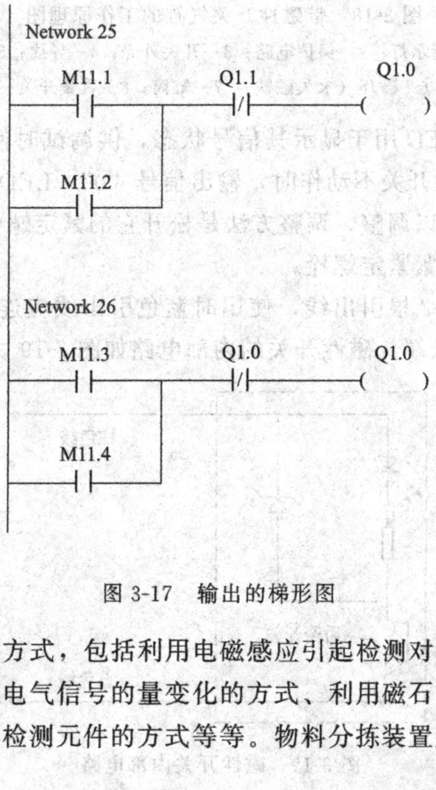

图 3-17　输出的梯形图

接近传感器有多种检测方式，包括利用电磁感应引起检测对象的金属体中产生电流的方式、捕捉检测体的接近引起电气信号的量变化的方式、利用磁石和引导开关的方式、利用光电效应和光电转换器件作为检测元件的方式等等。物料分拣装置所使用的有磁性开关、电感式接近开关和光纤传感器。

（1）磁性开关

磁性开关即磁感应式接近开关。物料分拣装置所使用的气缸都是带磁性开关的气缸，这些气缸的缸筒采用导磁性弱、隔磁性强的材料，如硬铝、不锈钢等。在非磁性体的活塞上安装一个永久磁铁的磁环，这样就提供了一个反映气缸活塞位置的磁场。而安装在气缸外侧的磁性开关则是用来检测气缸活塞位置，即检测活塞的运动行程的。

磁性开关用舌簧开关作磁场检测元件。舌簧开关封装于合成树脂块内，并且一般还将动作指示灯、过电压保护电路塑封在内。图 3-18 是带磁性开关气缸的工作原理图。当气缸中随活塞移动的磁环靠近开关时，舌簧开关的两根簧片被磁化而相互吸引，触点闭合；当磁环移开开关后，簧片失磁，触点断开。触点闭合或断开时发出电控信号，在 PLC 的自动控制中，可以利用该信号判断推料及顶料缸的运动状态或所处的位置，以确定工件是否被推出或气缸是否返回。

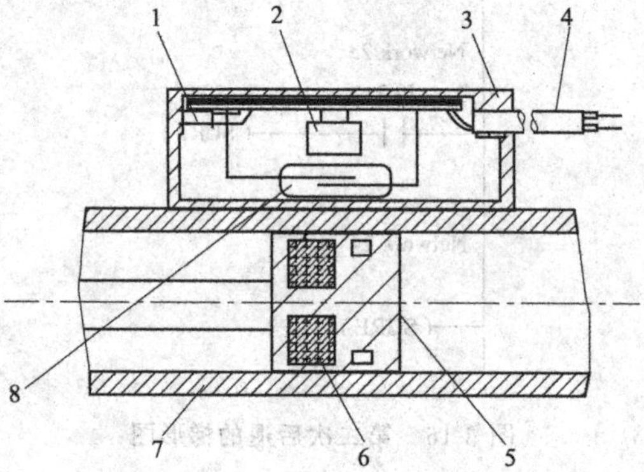

图 3-18　带磁性开关气缸的工作原理图

1—动作指示灯；2—保护电路；3—开关外壳；4—导线；5—活塞；
6—磁环（永久磁铁）；7—缸筒；8—舌簧开关

在磁性开关上设置的 LED 用于显示其信号状态，供调试时使用。磁性开关动作时，输出信号“1”，LED 亮；磁性开关不动作时，输出信号“0”，LED 不亮。

磁性开关的安装位置可以调整，调整方法是松开它的紧定螺栓，让磁性开关顺着气缸滑动，到达指定位置后，再旋紧紧定螺栓。

磁性开关有蓝色和棕色 2 根引出线，使用时蓝色引出线应连接到 PLC 输入公共端，棕色引出线应连接到 PLC 输入端。磁性开关的内部电路如图 3-19 所示。

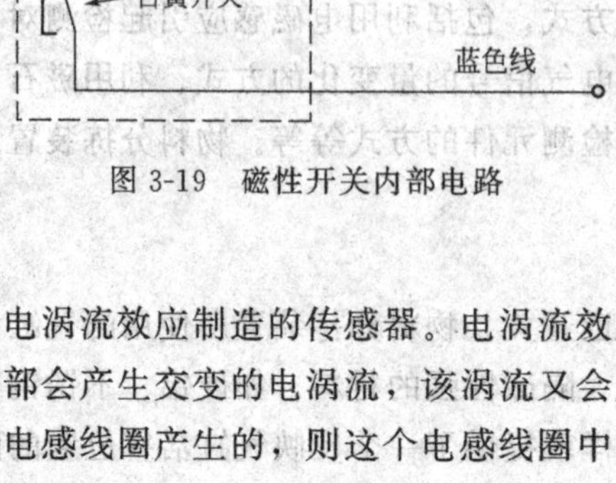

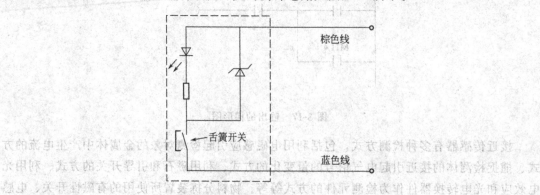

图 3-19　磁性开关内部电路

(2) 电感式接近开关

电感式接近开关是利用电涡流效应制造的传感器。电涡流效应是指：当金属物体处于一个交变的磁场中，在金属内部会产生交变的电涡流，该涡流又会反作用于产生它的磁场。如果这个交变的磁场是由一个电感线圈产生的，则这个电感线圈中的电流就会发生变化，用于平衡涡流产生的磁场。

利用这一原理，以高频振荡器（LC 振荡器）中的电感线圈作为检测元件，当被测金属物体接近电感线圈时产生涡流效应，引起振荡器振幅或频率的变化，由传感器的信号调理电路（包括检波、放大、整形、输出等电路）将该变化转换成开关量输出，从而达到检测目的。电感式传感器工作原理框图如图 3-20 所示。供料单元中，为了检测待加工工件是否为金属材料，在供料管底座侧面安装了一个电感式传感器。

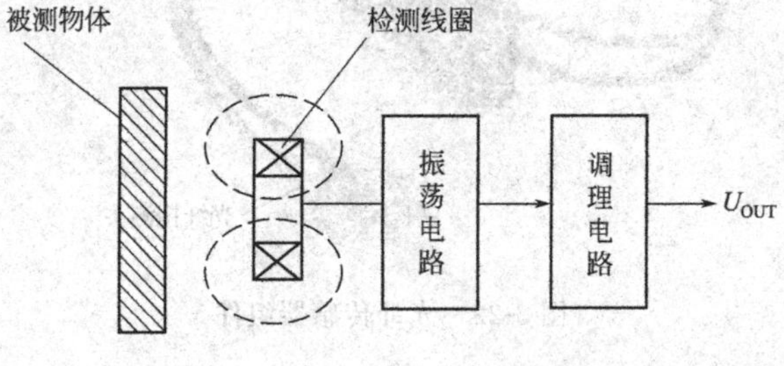

图 3-20　电感式传感器原理框图

在接近开关的选用和安装中，必须认真考虑检测距离、设定距离，保证生产线上的传感器可靠动作。安装距离如图 3-21 所示。

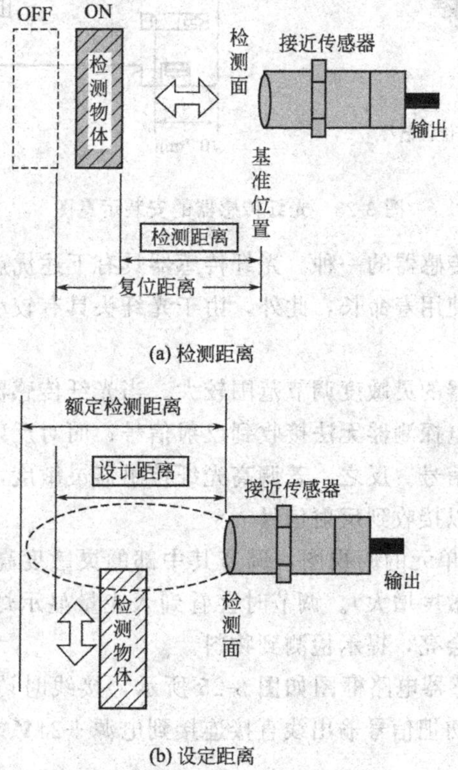

图 3-21　安装距离注意说明

(3) 光纤传感器

光纤型传感器由光纤检测头、光纤放大器两部分组成，放大器和光纤检测头是分离的两个部分，光纤检测头的尾端部分分成两条光纤，使用时分别插入放大器的两个光纤孔。光纤传感器组件如图 3-22 所示，图 3-23 是其安装示意图。

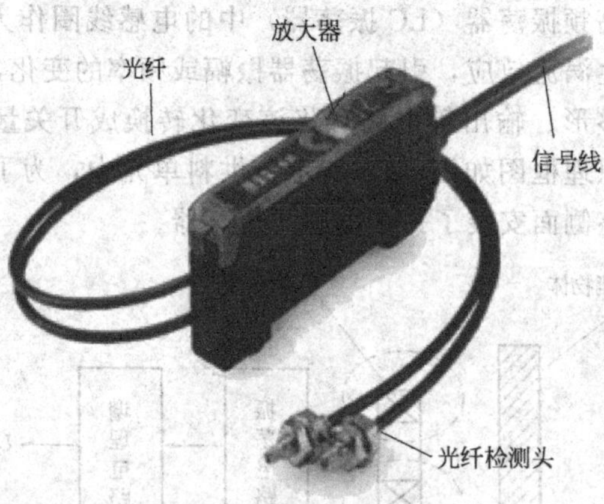

图 3-22　光纤传感器组件

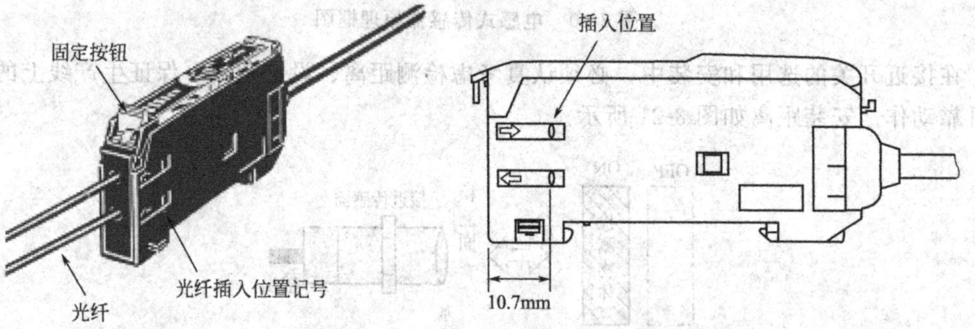

图 3-23　光纤传感器的安装示意图

光纤传感器也是光电传感器的一种。光纤传感器具有下述优点：抗电磁干扰，可工作于恶劣环境，传输距离远，使用寿命长，此外，由于光纤头具有较小的体积，所以可以安装在很小空间里。

光纤式传感器的放大器的灵敏度调节范围较大。当光纤传感器灵敏度调得较小时，对反射性较差的黑色物体，光电探测器无法接收到反射信号；而对反射性较好的白色物体，光电探测器就可以接收到反射信号。反之，若调高光纤传感器灵敏度，则即使对反射性较差的黑色物体，光电探测器也可以接收到反射信号。

图 3-24 给出了放大器单元的俯视图，调节其中部的灵敏度高速旋钮就能进行放大器灵敏度调节（顺时针旋转灵敏度增大）。调节时会看到入光量显示灯发光的变化。当探测器检测到物料时，动作显示灯会亮，提示检测到物料。

E3Z-NA11 型光纤传感器电路框图如图 3-25 所示，接线时请注意根据导线颜色判断电源极性和信号输出线，切勿把信号输出线直接连接到电源＋24V 端。

2. 气动元件

（1）气源处理组件

气源处理组件如图 3-26 所示。气源处理组件是气动控制系统中的基本组成器件，它的作用是除去压缩空气中所含的杂质及凝结水，调节并保持恒定的工作压力。在使用时，应注意经常检查过滤器中凝结水的水位，在超过最高标线以前，必须排放，以免被重新吸入。气

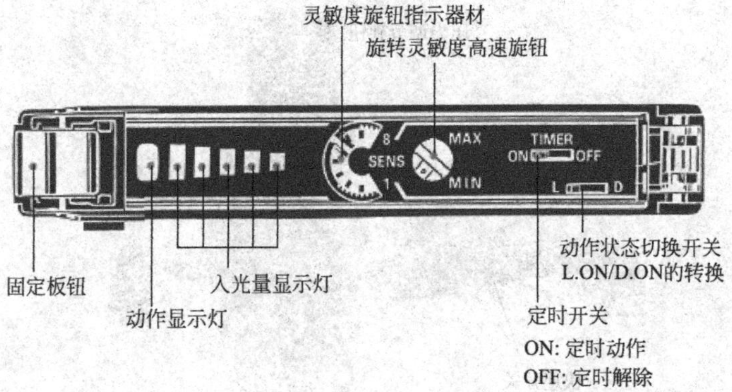

图 3-24　光纤传感器放大器单元的俯视图

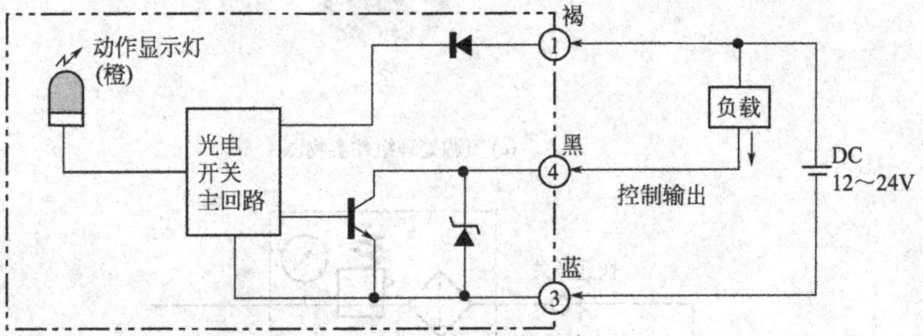

图 3-25　E3Z-NA11 型光纤传感器电路框图

源处理组件的气路入口处安装一个快速气路开关，用于启/闭气源，当把气路开关向左拔出时，气路接通气源，反之把气路开关向右推入时气路关闭。

气源处理组件输入气源来自空气压缩机，所提供的压力为 0.6～1.0MPa，输出压力为 0～0.8MPa 可调。输出的压缩空气通过快速三通接头和气管输送到各工作单元。

(2) 标准双作用直线气缸

标准气缸是指功能和规格被普遍使用的、结构容易制造的、制造厂通常作为通用产品供应市场的气缸。

双作用气缸是指活塞的往复运动均由压缩空气来推动。图 3-27 所示是双作用气缸示意图。图中气缸的两个端盖上都设有进排气通口，从无杆侧端盖气口进气时，推动活塞向前运动；反之，从杆侧端盖气口进气时，推动活塞向后运动。

双作用气缸具有结构简单、输出力稳定、行程可根据需要选择的优点，但由于是利用压缩空气交替作用于活塞上实现伸缩运动的，回缩时压缩空气的有效作用面积较小，所以产生的力要小于伸出时产生的推力。

为了使气缸的动作平稳可靠，应对气缸的运动速度加以控制，常用的方法是使用单向节流阀来实现。

单向节流阀是由单向阀和节流阀并联而成的流量控制阀，常用于控制气缸的运动速度，所以也称为速度控制阀。

图 3-28 给出了节流阀的连接示意图，这种连接方式称为排气节流方式。当压缩空气从 A 端进气、B 端排气时，单向节流阀 A 的单向阀开启，向气缸无杆腔快速充气；由于单向

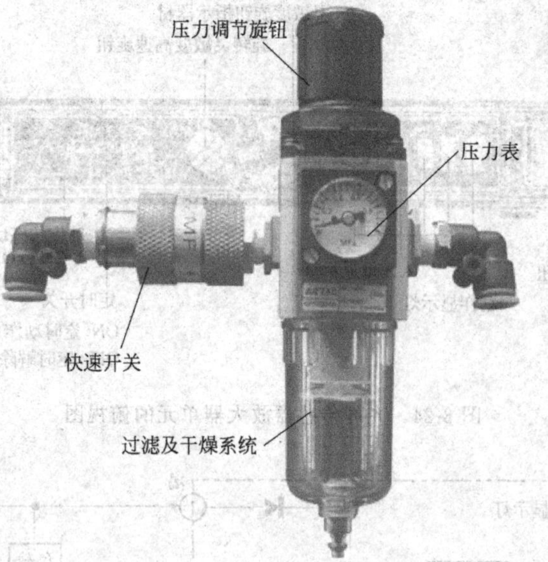

(a) 气源处理组件实物图

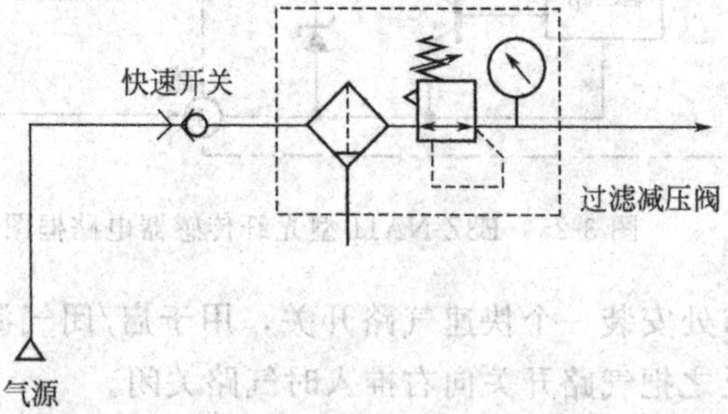

(b) 气动原理图

图 3-26　气源处理组件

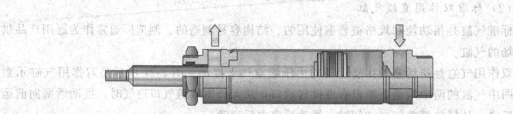

图 3-27　双作用气缸工作示意图

节流阀 B 的单向阀关闭，有杆腔的气体只能经节流阀排气，调节节流阀 B 的开度，便可改变气缸伸出时的运动速度。反之，调节节流阀 A 的开度则可改变气缸缩回时的运动速度。这种控制方式，活塞运行稳定，是最常用的方式。

节流阀上带有气管快速接头，只要将合适外径的气管往快速接头上一插就可以将管连接好，使用时十分方便。图 3-29 是安装了节流阀的气缸外观。

(3) 双电控电磁阀

双电控电磁阀与单电控电磁阀的区别在于：对于单电控电磁阀，在无电控信号时，阀芯在弹簧力的作用下会被复位，而对于双电控电磁阀，在两端都无电控信号时，阀芯的位置是

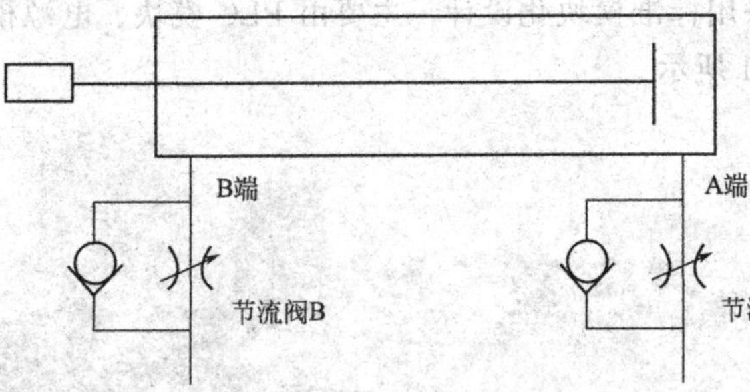

图 3-28　节流阀连接

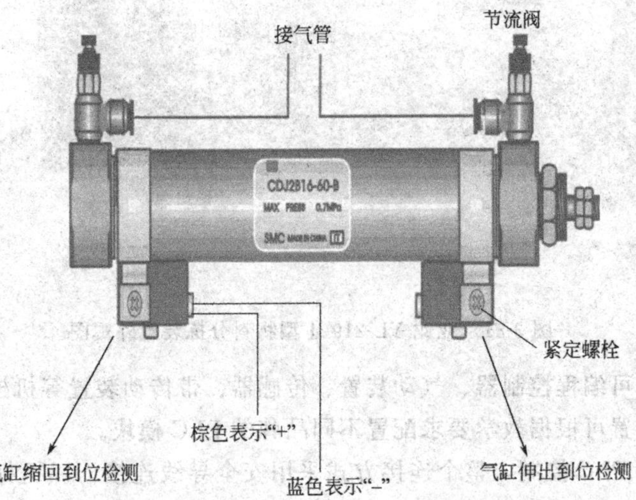

图 3-29　安装了节流阀的气缸外观

取决于前一个电控信号。双电控电磁阀示意图如图 3-30 所示。

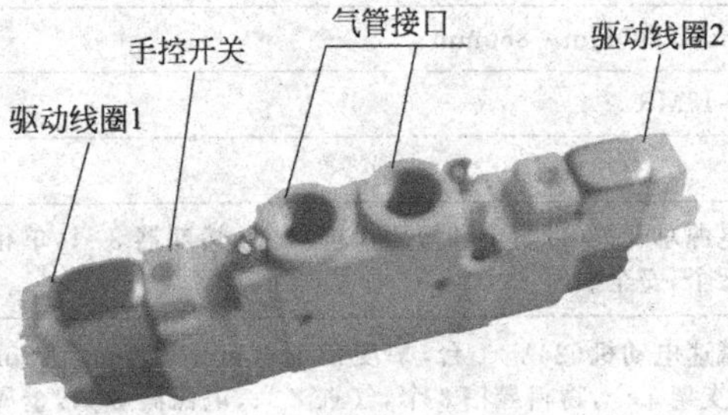

图 3-30　双电控电磁阀示意图

注意：双电控电磁阀的两个电控信号不能同时为"1"，即在控制过程中不允许两个线圈同时得电，否则可能会造成电磁线圈烧毁，当然，在这种情况下阀芯的位置是不确定的。

三、任务实施

（一）设备装置

采用亚龙 YL-219-Ⅰ型物料分拣装置，它由铝合金导轨台、物料分拣装置、控制系统等组成。其中，控制系统采用标准模块化设计，主要由 PLC 模块、电源模块、按钮模块等组成。该装置外观如图 3-31 所示。

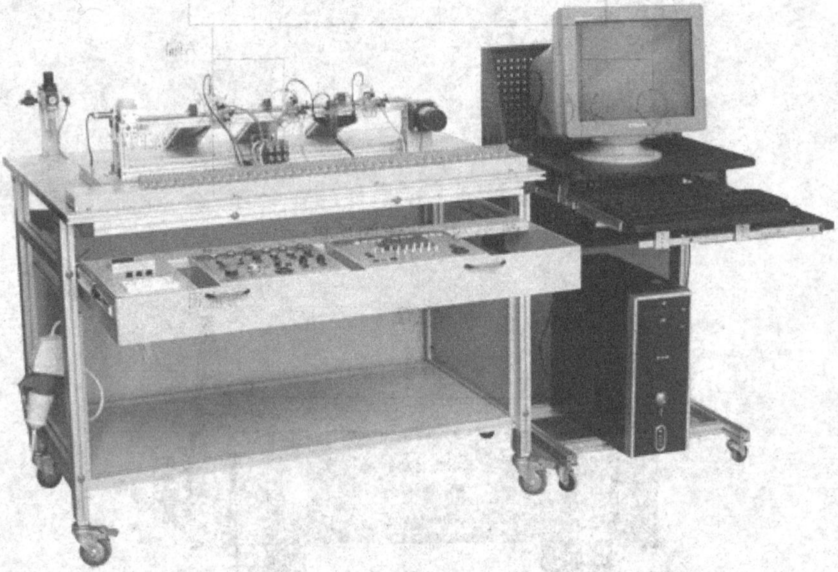

图 3-31　亚龙 YL-219-Ⅰ型物料分拣装置外观图

该装置集成了可编程控制器、气动装置、传感器、带传动装置等机构。整个系统的结构为开放式，实训装置可根据教学要求配置不同品牌的 PLC 模块。

控制部分采用 PLC 控制，整个连接方式采用安全导线连接，以更好地保证实训的安全性，亚龙 YL-219-Ⅰ型物料分拣装置的配置清单见表 3-1。

表 3-1　亚龙 YL-219-Ⅰ型物料分拣装置配置清单

序号	名称	主要元件或型号、规格	数量	单位	备注
1	工作台	1200mm×800mm×850mm	1	张	
2	PLC 模块	FX2N-48MR	1	台	可选
3	接线端子模块		1	块	
4	电源模块	三相电源总开关(带漏电和短路保护)1 个，熔断器 3 只，单相电源插座 2 个，安全插座 5 个	1	块	
5	带传动装置	直流减速电动机(24V)1 台，平皮带 1565mm×49mm×2mm1 条，安装支架 1 个，物料导槽 3 个，气缸 3 只，电磁阀 3 只，金属传感器 1 只，光纤传感器 2 只，光电传感器 1 只	1	套	
6	按钮模块	开关电源 24V/6A，急停按钮 1 只，转换开关 2 只，蜂鸣器 1 只，复位按钮黄、绿、红各 1 只，自锁按钮黄、绿、红各 1 只，24V 指示灯黄、绿、红各 2 只	1	块	
7	安全插线		1	套	
8	PLC 编程线缆		1	条	亚龙
9	PLC 编程软件		1	套	拷贝版
10	电脑推车	亚龙	1	台	可选
11	计算机	品牌机	1	台	可选

装置结构见图 3-32。

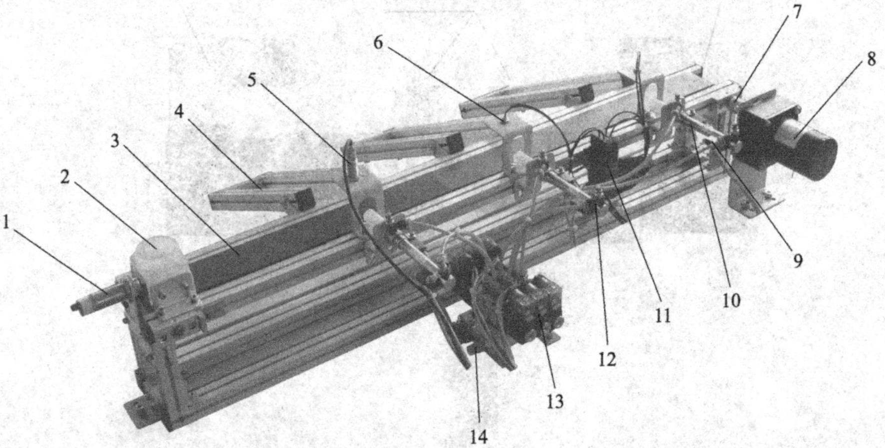

图 3-32 亚龙 YL-219-Ⅰ型物料分拣实训装置结构

1—光电传感器；2—落料口；3—平皮带；4—滑道；5—电感式传感器；6—光纤传感器；7—联轴器；8—直流电动机；9—磁性开关；10—气缸；11—光纤放大器；12—节流阀；13—双电控电磁阀；14—消声器

(1) 气缸说明

气缸示意图如图 3-33 所示。气缸的正确运动使物料分到相应的位置，只要交换进出气的方向就能改变气缸的伸出（缩回）运动，气缸两侧的磁性开关可以识别气缸是否已经运动到位。

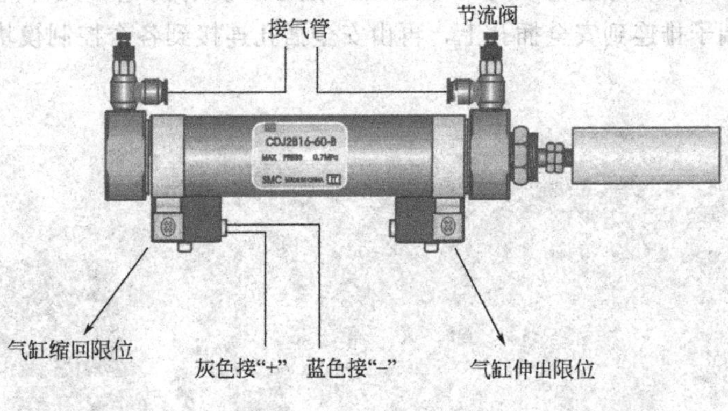

图 3-33 气缸示意图

(2) 电磁阀说明

电磁阀如图 3-34 所示，用来控制气缸进气和出气，从而实现气缸的伸出、缩回运动。电磁阀内装的红色指示灯有正负极性，如果极性接反了指示灯不会亮。

(3) 传感器说明

图 3-35 为传感器的示意图。传感器是 PLC 的眼睛，PLC 能做出正确的判断，全靠传感器的正确输入，它用来识别物体的不同材质或是物体是否到达预定位置，它的检测方式有电容式、反射式、电感式等。

在用 PLC 控制的时候，需将传感器的电源线接到 PLC 的 24V 输出端上，信号线接到 PLC 输入端子上，如果传感器有感应，则 PLC 的 I0 就会有输入，反之就不会有输入。

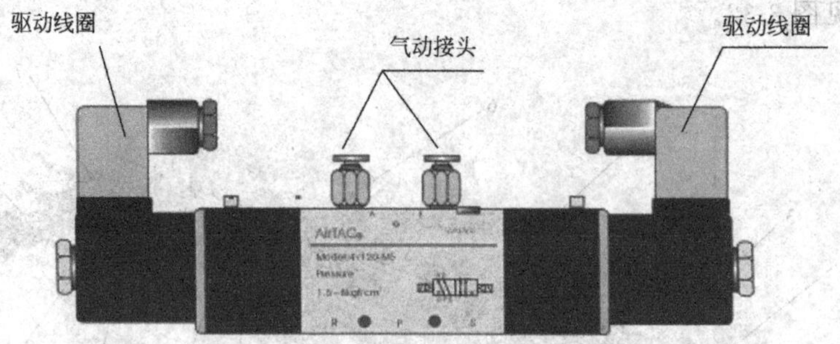

图 3-34　电磁阀示意图

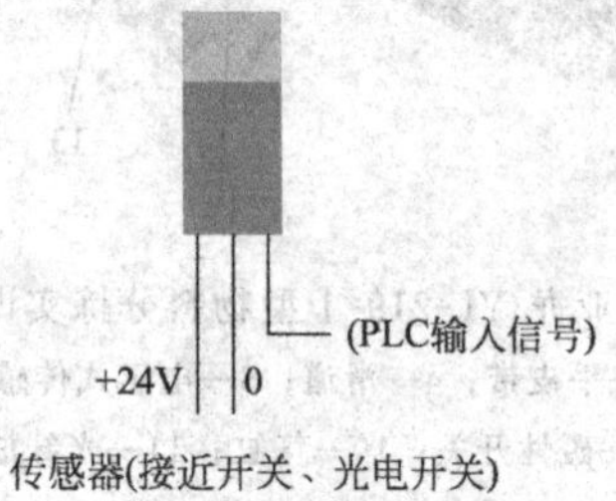

图 3-35　传感器示意图

传感器的灵敏度有可调的和不可调的，本装置采用的金属传感器是不可调的；光电开关是可调的，只是针对不同的材质有不同的灵敏度。

电气配置部分主要有电源模块、按钮模块、可编程控制器（PLC）模块、直流减速电动机、接线端子排、带传动分拣模块等，如图 3-36 所示。所有的电气元件均已连接到接线端子上，通过接线端子排连到安全插孔上，再由安全插孔连接到各个控制模块，提高了实训装置的安全性。

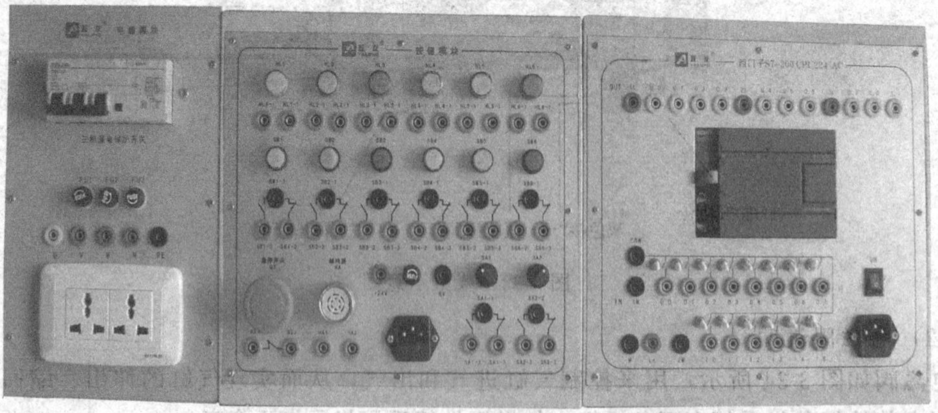

图 3-36　亚龙 YL-219-Ⅰ型物料分拣装置电气配置图

装置结构为组装式，各个模块均采用标准的通用模块，具有很好的互换性，通过不同的组合可以完成不同的实训项目，扩展性较强。

电源模块带有三相电源总开关（带漏电和短路保护）、熔断器。单相电源插座用于模块电源连接和给外部设备提供电源，模块之间电源连接采用安全导线方式连接。

按钮模块：提供了多种不同功能的按钮和指示灯（DC24V）、急停按钮、转换开关、蜂鸣器。所有接口采用安全插连接。

内置开关电源（24V/6A）为外部设备提供电源（装有保险丝）。

PLC 模块采用西门子 224CN 继电器输出型主机，所有接口均引到面板，采用安全插连接。输入端可进行模拟量输入。

（二）实施方案

接通电源，按下启动按钮 SB0（I0.4）后，系统运行，运行指示灯 HG（Q0.7）亮，当下料处检测到有物体到来时，减速电动机 M（Q0.0）启动。当检测到的所有物料处理完后，若下料处光电传感器 SQP1（I0.0）在 10s 内都没有检测到物料，则系统将会有一个输出报警（蜂鸣器 HA 鸣叫，报警指示灯 HY 亮）；若报警 60s 后仍然没有下料，系统则会暂停（减速电动机 M 停止，暂停指示灯在运行指示灯的基础上闪烁）；不管是在暂停状态还是在报警状态，随时都可以进入运行状态，也就是说当物料从落料口放下，光电传感器 SQP1（I0.0）检测到物料后，减速电动机 M（Q0.0）启动，皮带轮运行，将物料分拣到相应地方。

在分拣的过程中，若是金属物料，则由电感式传感器 SQP2 检测到，并有信号（I0.1）输入 PLC，经过 PLC 的内部处理，推料 1 伸出电磁阀 YV1-1（Q0.1）输出闭合，推料 1 气缸 Y1 中的活塞杆推出，到达指定位置。推料 1 伸出限位开关 SQ1-1（I0.6）检测到位，断开推料 1 伸出电磁阀 YV1-1（Q0.1），推料 1 缩回电磁阀 YV1-2（Q0.2）输出闭合，推料 1 气缸 Y1 中活塞杆缩回，推料 1 缩回限位开关 SQ1-2（I0.7）检测到位，推料 1 缩回电磁阀 YV1-2（Q0.2）断开。若是白色物料，由光纤传感器 1（SQP3）检测到，并有信号（I0.2）输入 PLC，则推料 2 伸出电磁阀 YV2-1（Q0.3）输出闭合，推料 2 气缸 Y2 中活塞杆推出，到达指定位置。推料 2 伸出限位开关 SQ2-1（I1.0）检测到位，断开推料 2 伸出电磁阀 YV2-1（Q0.3），推料 2 缩回电磁阀 YV2-2（Q0.4）输出闭合，推料 2 气缸 Y2 中活塞杆缩回。推料 2 缩回限位开关 SQ2-2（I1.1）检测到位，推料 2 缩回电磁阀 YV2-2（Q0.4）断开。若光纤传感器 2（SQP4）检测到黑色物料，并有信号（I0.3）输入 PLC，则推料 3 伸出电磁阀 YV3-1（Q0.5）输出闭合，推料 3 气缸 Y3 中活塞杆推出，推料 3 伸出限位开关 SQ3-1（I1.2）检测到位，断开推料 3 伸出电磁阀 YV3-1（Q0.5），推料 3 缩回电磁阀 YV3-2（Q0.6）输出闭合，推料 3 气缸 Y3 中活塞杆缩回。推料 3 缩回限位开关 SQ3-2（I1.3）检测到位，推料 3 缩回电磁阀 YV3-2（Q0.6）断开。

在整个系统运行过程中有运行指示灯 HG（Q0.7）输出，而且光电传感器 SQP1（I0.2）会对所进物料进行计数（计数器设置了掉电保护），以判断物料数目情况和记忆这些数据。

按下停止按钮 SB1（I0.5）后，系统将传送带上的物料分拣完毕才停止运行，系统停止后，有停止指示灯 HR（Q1.1）输出。

系统在正常运行过程中如遇到突发事件，需按急停按钮 QS（I1.4），则所有输出都停止，系统完全停止工作。复位急停按钮后系统正常运行。

如果该系统突然掉电，在系统下一次启动时会把原有留在传送带上的物体全都当废品处理掉，废品被统一推入位置 3 后自动停止。传送带上有剩余物料时，系统在启动时会报警，以提醒操作人员等处理完上次突然停电时剩下的物料再进行新的分拣。

（三）实施步骤

1. 确定 I/O 分配表

根据控制要求，确定出 PLC 的 I/O 分配表，见表 3-2。

表 3-2　PLC 的 I/O 分配

序号	输入		输出	
0	I(PLC)	外部对应元器件输入	O(PLC)	外部输出对应元器件
1	I0.0	光电传感器信号输出端 SQP1	Q0.0	直流减速电动机 M
2	I0.1	电感传感器信号输出端 SQP2	Q0.1	推料 1 伸出电磁阀 YV1-1
3	I0.2	光纤传感器 1 信号输出端 SQP3	Q0.2	推料 1 缩回电磁阀 YV1-2
4	I0.3	光纤传感器 2 信号输出端 SQP4	Q0.3	推料 2 缩回电磁阀 YV2-1
5	I0.4	启动 SB0	Q0.4	推料 2 缩回电磁阀 YV2-2
6	I0.5	停止 SB1	Q0.5	推料 3 缩回电磁阀 YV3-1
7	I0.6	推料 1 伸出限位开关 SQ1-1	Q0.6	推料 3 缩回电磁阀 YV3-2
8	I0.7	推料 1 缩回限位开关 SQ1-2	Q0.7	运行/暂停指示灯 HG
9	I1.0	推料 2 伸出限位开关 SQ2-1	Q1.0	蜂鸣器报警 HA/报警指示灯 HY
10	I1.1	推料 2 缩回限位开关 SQ2-2	Q1.1	停止指示灯 HR
11	I1.2	推料 3 伸出限位开关 SQ3-1	Q1.2	
12	I1.3	推料 3 缩回限位开关 SQ3-2		
13	I1.4	急停按钮 SBE		

2. 绘制电气原理图及端子排接线图（图 3-37 和图 3-38）

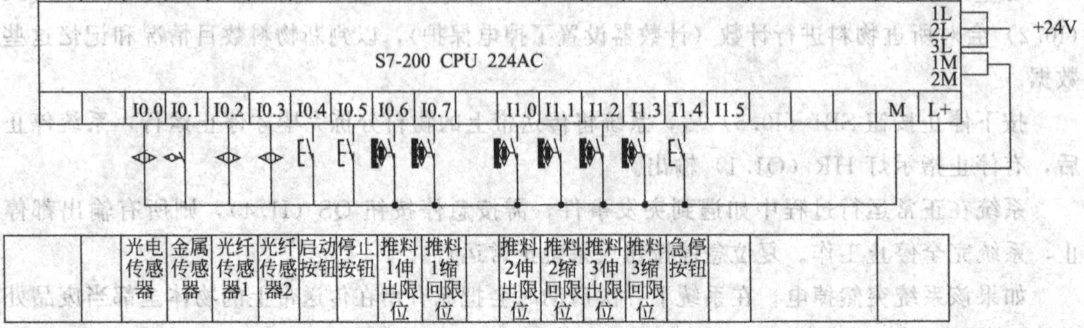

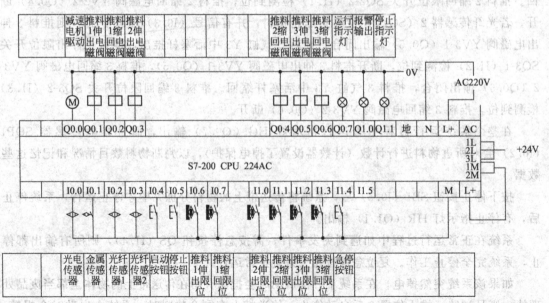

图 3-37　亚龙 YL-219-Ⅰ型物料分拣装置电气原理图

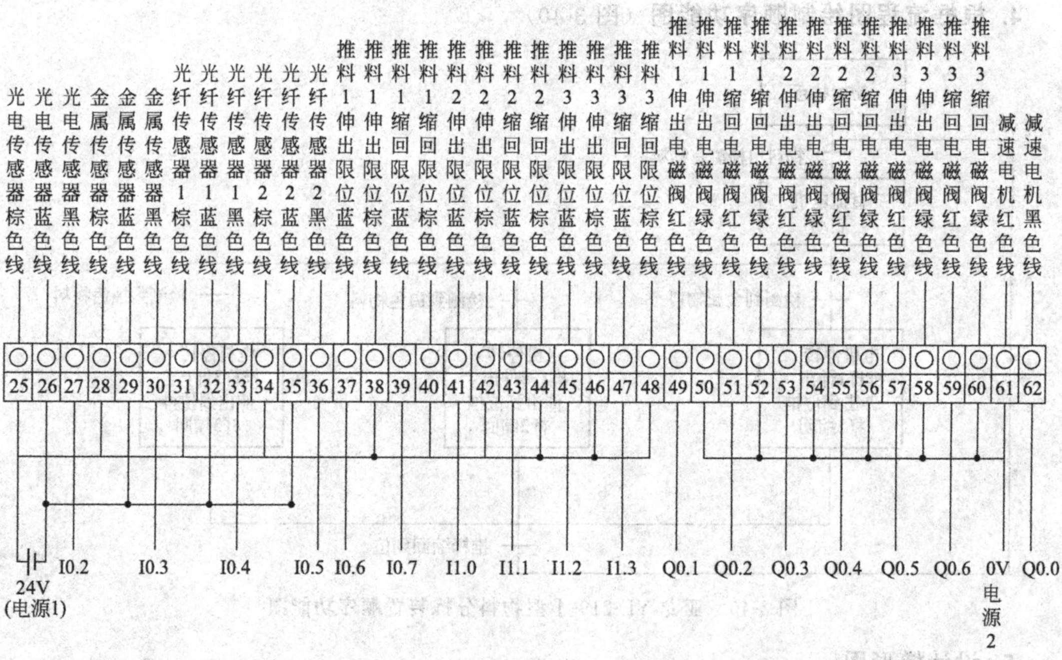

图 3-38　亚龙 YL-219-Ⅰ型物料分拣装置端子排接线图

3. 绘制运行流程图

根据控制要求确定装置运行的流程图，如图 3-39 所示。

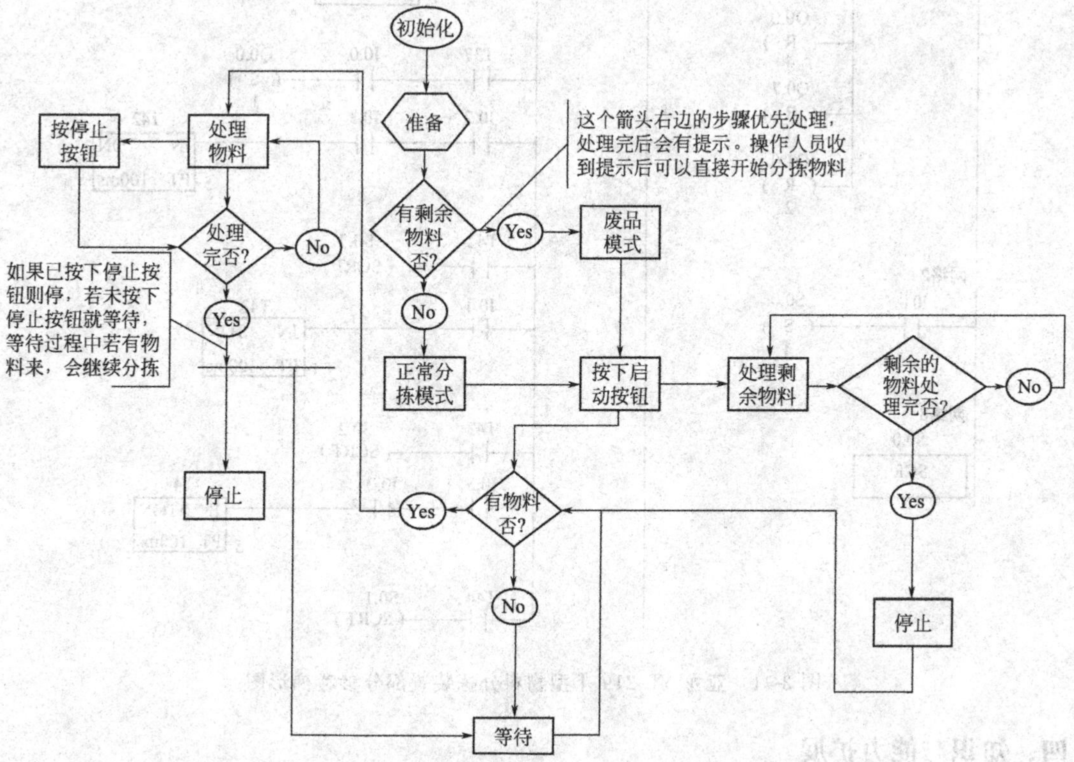

图 3-39　亚龙 YL-219-Ⅰ型物料分拣装置运行流程图

4. 根据流程图绘制顺序功能图（图 3-40）

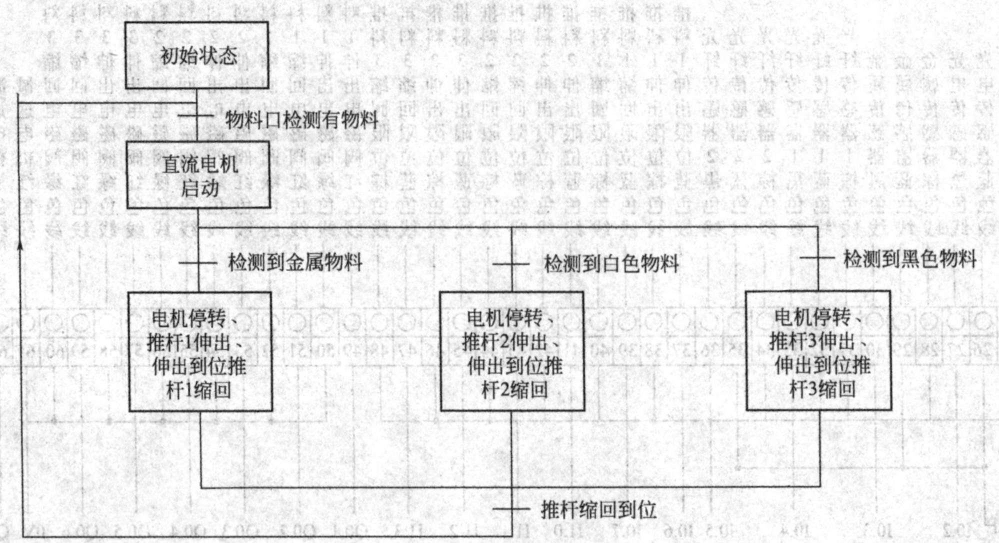

图 3-40　亚龙 YL-219-Ⅰ型物料分拣装置顺序功能图

5. 设计梯形图

分拣装置的部分参考梯形图如图 3-41 所示。

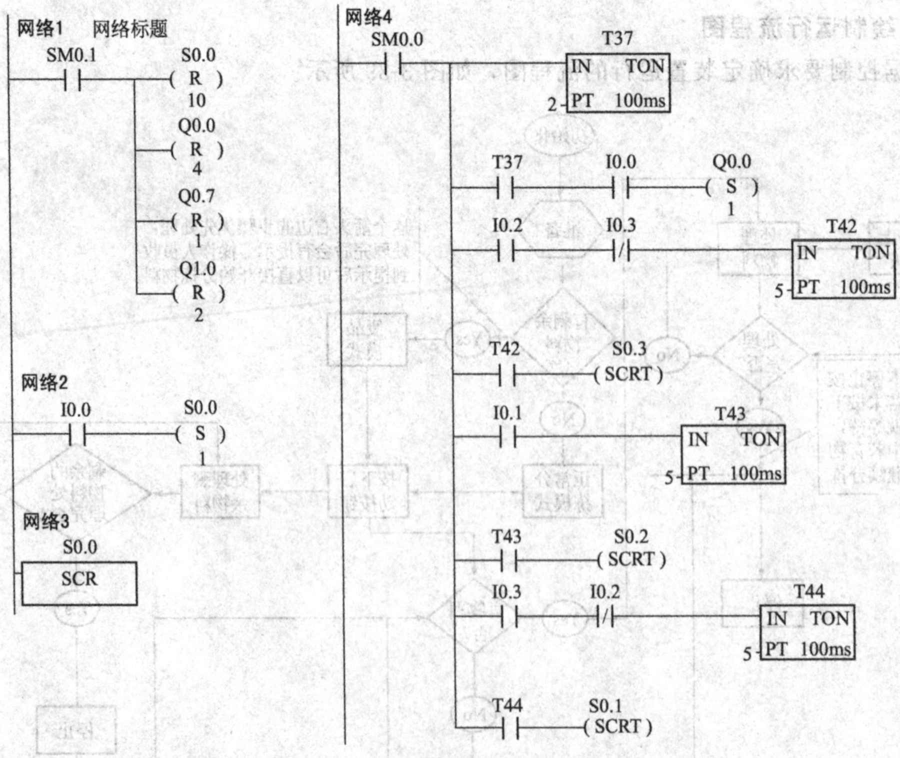

图 3-41　亚龙 YL-219-Ⅰ型物料分拣装置部分参考梯形图

四、知识与能力扩展

由两个或两个以上的分支流程组成，且需同时执行各分支的程序，称为并行性流程程序。下面以图 3-42 所示的十字路口红绿灯控制系统为例，介绍并行序列结构的状态转移图、并行序列结构程序的特点和并行序列结构程序的编制要点。

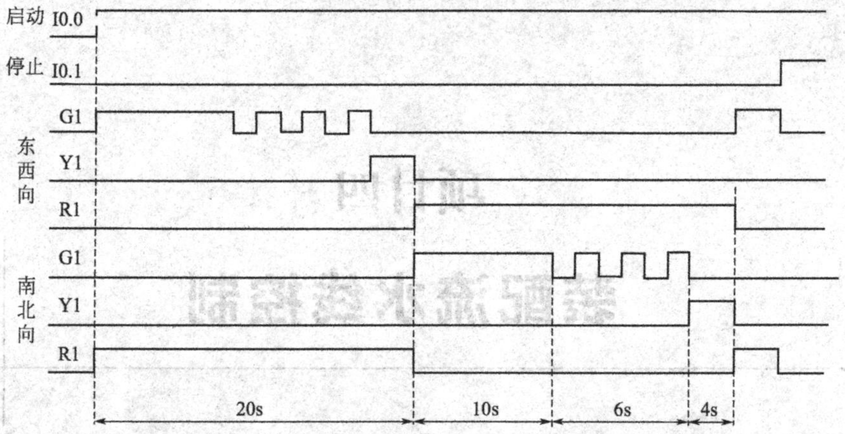

图 3-42　十字路口红绿灯自动控制系统动作时序图

1. 控制要求

① 南北向红灯亮 20s；同时启动东西向绿灯亮，绿灯亮 10s 后，连续闪烁 3 次（6s），东西向黄灯亮 4s。

② 东西向红灯亮 20s，同时启动南北向绿灯亮，绿灯亮 10s 后，连续闪烁 3 次（6s），南北向黄灯亮 4s。

③ 重复上述过程。

2. 顺序功能图绘制

在绘制顺序功能图前，首先需要按控制要求进行 I/O 口的分配、辅助继电器 M 的分配和状态继电器 S 的分配（用步进梯形指令编程），其次需要确定步、转换条件和驱动输出，最后绘制顺序功能图，并转换为梯形图。

读者可按照上述方法，对照控制要求，参考单序列和选择序列顺序功能图绘制方法，自行分析并绘制顺序功能图，再将顺序功能图转换为梯形图，在相应的实训设备上进行任务的实施。

思考与练习

1. 在分拣装置 3 个料仓的推料气缸上，每一个气缸都用到了 2 个磁性开关，分别检测气缸的伸出和缩回到位情况，问是否可以在每个推料气缸上只安装 1 个磁性开关，如果可以，则此传感器安装在推料气缸的什么位置，请编写程序进行设备的调试，并记录调试过的程序。如果不可以，请说明原因。

2. 在教师指导下练习并行序列结构的顺序功能图转化为梯形图的方法。

项目四

装配流水线控制

【教学目标】

1. 掌握常用数据处理功能指令的表示方法、使用要素及应用；
2. 能正确使用数据处理功能指令编写满足控制要求的程序；
3. 能够对装配流水线控制系统进行调试并运行。

一、任务要求

装配流水线是人和机器的有效组合，最充分体现设备的灵活性，它将输送系统、随行夹具和在线专机、检测设备有机组合，能满足多品种产品的装配要求。作为工业自动化系统的一部分，装配流水线能提高生产效率，降低工艺流程成本，最大限度地适应产品变化，提高产品质量，是现代生产控制系统中的重要组成部分。

本任务利用实训装置模拟实际装配流水线的工作过程，实验面板见图 4-1。图中下方中的 A～H 表示动作输出（用 LED 发光二极管模拟），上方中的 A～G 表示各个不同的操作工位。传送带共有 20 个工位。工件从 1 号位装入，依次经过 2 号位、3 号位、……、20 号位。

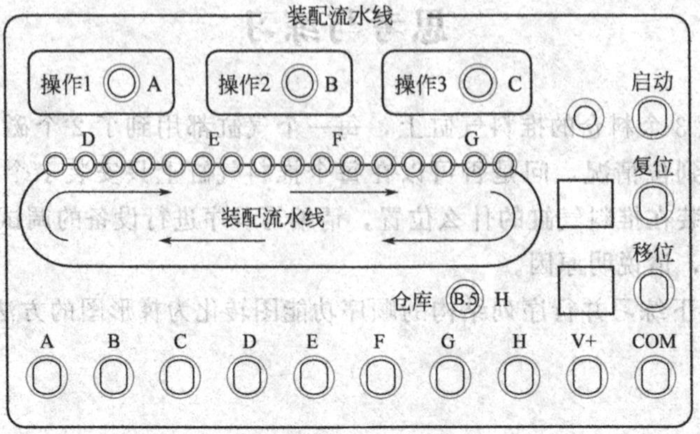

图 4-1　装配流水线模拟控制实验面板图

在这个过程中，工件分别在A（操作1）、B（操作2）、C（操作3）三个工位完成三种装配操作，经最后一个工位送入仓库（H）。按下启动按钮，程序按照D→A→E→B→F→C→G→H顺序自动循环执行；在任意状态下选择复位按钮程序都返回到初始状态；选择移位按钮，每按动一次，完成一次操作。

本任务要求学生熟悉并掌握传送、比较、移位等功能指令的表示方法、使用要素及应用，完成装配流水线的硬件接线和程序编写，能够对所装接的控制系统进行调试运行。

二、相关知识

PLC的基本指令主要用于逻辑功能处理，顺控指令用于顺序逻辑控制系统。但在工业自动化控制领域中，许多场合需要进行数据运算和特殊处理。因此，现代PLC中引入了功能指令。PLC的数据处理类功能指令主要包括数据的传送、比较、移位、转换、运算及各种数据表格处理等。PLC通过这些数据处理功能可方便地对生产现场的数据进行采集、分析和处理，进而实现对具有数据处理要求的各种生产过程的自动控制。

（一）功能指令说明

1. 功能指令的分类

S7-200功能类指令依据其功能大体可分为数据处理类、程序控制类、特种功能类和外部设备类等类型。数据处理类指令的功能主要包括数据传送、数据转换、比较、循环移位、移位和算术与逻辑运算等，用于数据的各种运算；程序控制类指令主要包括子程序、中断、跳转以及循环等指令，主要用于程序结构和流程的控制；特种功能类指令主要包括时钟、高速计数、脉冲输出、表功能和PID调节等指令，用于实现某些特殊的专用功能；外部设备类指令主要包括输入/输出口指令和通信指令等，用于主机内外设备之间的数据交换。

2. 功能指令的表达形式

功能指令和基本指令相类似，也具有梯形图和语句表等表达方式。由于功能指令主要是完成指令的功能，不表达梯形图符号间的相互关系，因此功能指令的梯形图符号多为功能框，见图4-2，在SIMATIC指令系统中将这些方框成为“盒子”。功能框的输入端均在左边，输出端均在右边。功能框中“EN”表示的输入为指令执行条件，只要有能流进入EN端，则指令就执行。在梯形图中，EN端常连接各类触点的组合，只要这些触点的动作使能流到达EN端，指令就会执行。需要注意的是：只要指令执行条件存在，该指令会在每个扫描周期执行一次，称为连续执行。但大多数情况下，只需要指令执行一次，即执行条件只在一个扫描周期内有效，这时需要用一个扫描周期的脉冲作为其执行条件，称为脉冲执行。一个扫描周期的脉冲可以使用正负跳变指令或定时器指令实现。某些指令的指令功能框右侧设有ENO使能输出，它是LAD及FBD功能框的布尔输出。若使能输入EN端有能流且指令被正常执行，则ENO端会将能流输出，传送到下一个程序单元。如果指令运行出错，ENO端状态为0。

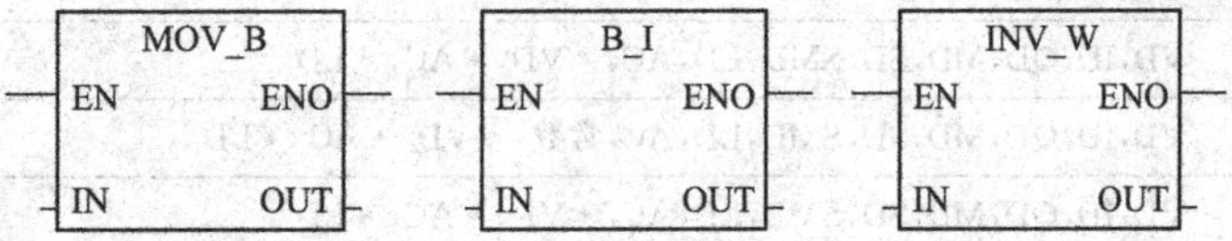

图4-2　功能指令梯形图符号

另外，还可以将 ENO 输出端连接到下一个功能块的 EN 输入端，使得几个功能块串联在一行，只有前一个功能块被正确执行，后面的功能块才能被执行。EN 和 ENO 的操作数均为能流，其数据类型为 BOOL（布尔）型。功能块的串联使梯形图更加紧凑，它能在指令出错时及时停止执行后续的指令，防止错误的蔓延和扩大。S7-200 手册的指令部分给出了指令的描述、使 ENO=0 的错误条件、受影响的 SM 位、该指令支持的 CPU 型号以及每个操作数允许的存储器区、寻址方式和数据类型等。选中某条指令后，按计算机的 F1 键启动在线帮助功能，可以获得该指令的详细信息。

（二）数据传送指令及应用

传送指令主要作用是将常数或某存储器中的数据传送到另一存储器中。它包括单一数据传送及成组数据传送两大类。通常用于设定参数、协助处理有关数据以及建立数据或参数表格等。传送指令根据数据类型不同又分为字节、字、双字及实数传送指令。

1. 数据传送指令

指令格式及功能见表 4-1。

表 4-1 数据传送指令格式及功能

梯形图 LAD	语句表 STL		功能
	操作码	操作数	
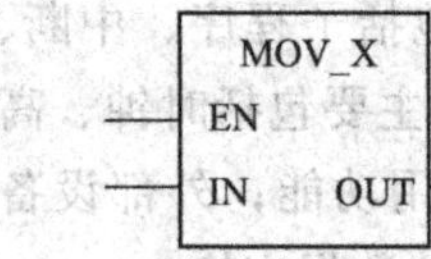	MOV_X	IN,OUT	当使能位 EN 为 1 时，把输入 IN 的数据传送到输出 OUT。在传送过程中不改变数据的大小。传送后，输入存储器 IN 中的内容不变。

说明：

① 操作码中的 X 代表被传送数据的长度，它包括四种数据长度，即字节（B）、字（W）、双字（D）和实数（R）；

② 操作数的寻址范围要与指令码中的 X 一致，进行字节传送时不能寻址专用的字及双字存储器，如 T、C、HC 等；OUT 寻址不能寻址常数。

表 4-2 列出了数据传送指令的可用操作数。

表 4-2 数据传送指令的可用操作数

指令	IN/OUT	操作数	数据类型
MOVB	IN	VB,QB,IB,MB,SB,SMB,LB,AC,常数,*VD,*AC,*LD	BYTE
	OUT	VB,QB,IB,MB,SB,SMB,LB,AC,*VD,*AC,*LD	BYTE
MOVW	IN	VW,IW,QW,MW,SW,SMW,LW,T,C,AIW 常数,AC,*VD,*AC,*LD	WORD,INT
	OUT	VW,IW,QW,MW,SW,SMW,LW,T,C,AQW,AC,*VD,*AC,*LD	WORD,INT
MOVD	IN	VD,ID,QD,MD,SD,SMD,LD,HC,&VB,&IB,&QB,&MB,&SB,&T,&C,AC,常数,*VD,*AC,*LD	DWORD,INT
	OUT	VD,ID,QD,MD,SD,SMD,LD,AC,*VD,*AC,*LD	DWORD,INT
MOVR	IN	VD,ID,QD,MD,SD,SMD,LD,AC,常数,*VD,*AC,*LD	REAL
	OUT	VD,ID,QD,MD,SD,SMD,LD,AC,*VD,*AC,*LD	REAL

假定 I0.0 闭合，将 VW2 中的数据传送到 VW10 中，则对应的梯形图程序及传送结果

如图 4-3 所示。

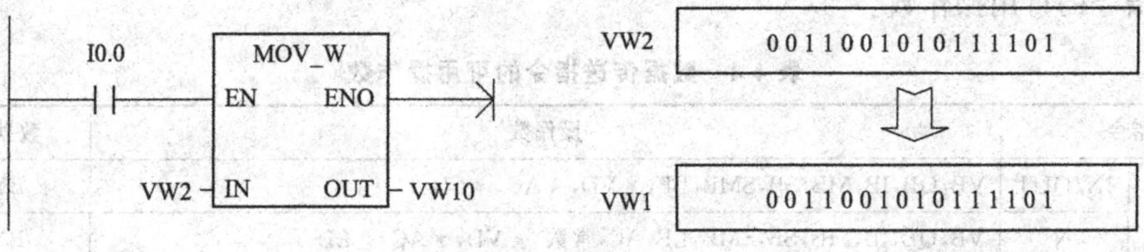

(a) 梯形图 (b) 传送结果

图 4-3 MOV _ X 编程举例

程序说明：

① 当 I0.0 闭合时，将 VW2（包括 2 个字节：VB2～VB3）中的数据传送到 VW10 中；

② 在 I0.0 闭合期间，MOV _ W 指令每个扫描周期运行一次，若希望其只在 I0.0 闭合时运行一个扫描周期，则需要在 I0.0 后串联一个正跳变指令。

设有三台电动机分别由 Q0.0、Q0.1、Q0.2 驱动，I0.0 为启动信号，I0.1 为停止信号，则对应梯形图如图 4-4 所示。

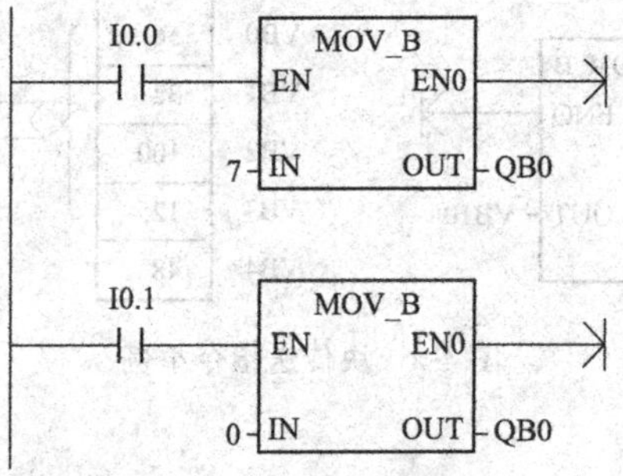

图 4-4 多台电动机同时启停控制程序

2. 数据块传送指令

指令格式及功能见表 4-3。

表 4-3 数据块传送指令的格式及功能

梯形图 LAD	语句表 STL		功能
	操作码	操作数	
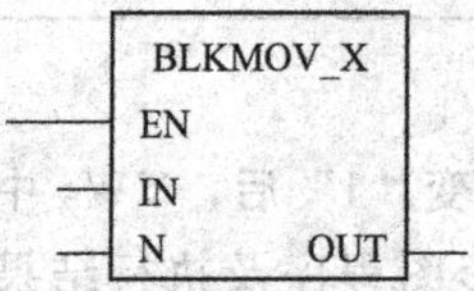	BMX	IN,OUT,N	当使能位 EN 为 1 时，把从 IN 存储单元开始的连续的 N 个数据传送到从 OUT 开始的连续的 N 个存储单元中

说明：

① BLKMOV 为块传送指令符号，X 表示数据类型，分为字节（B）、字（W）、双字（D）三种；

② 操作数 N 指定被传送数据块的长度，可寻址常数，也可寻址存储器的字节地址，不能寻址专用字及双字存储器，如 T、C 及 HC 等，可取范围为 1～255；

③ 操作数 IN、OUT 不能寻址常数，它们的寻址范围要与指令码中的 X 一致。其中字

节块和双字块传送时不能寻址专用的字及双字存储器，如 T、C 及 HC 等。表 4-4 列出了数据传送指令的可用操作数。

表 4-4 数据传送指令的可用操作数

指令		操作数	数据类型
BMB	IN/OUT	VB,QB,IB,MB,SB,SMB,LB,＊VD,＊AC,＊LD	BYTE
	N	VB,QB,IB,MB,SB,SMB,LB,AC,常数,＊VD,＊AC,＊LD	BYTE
BMW	IN	VW,IW,QW,MW,SW,SMW,LW,T,C,AIW,＊VD,＊AC,＊LD	WORD
	OUT	VW,IW,QW,MW,SW,SMW,LW,T,C,AQW,＊VD,＊AC,＊LD	WORD
	N	VB,QB,IB,MB,SB,SMB,LB,AC,常数,＊VD,＊AC,＊LD	BYTE
BMD	IN/OUT	VD,ID,QD,MD,SD,SMD,LD,＊VD,＊AC,＊LD	DWORD
	N	VB,QB,IB,MB,SB,SMB,LB,AC,常数,＊VD,＊AC,＊LD	BYTE

例当 I0.1 闭合时，将从 VB0 开始的连续 4 个字节传送到 VB10～VB13 中。对应的梯形图程序及传送结果如图 4-5 所示。

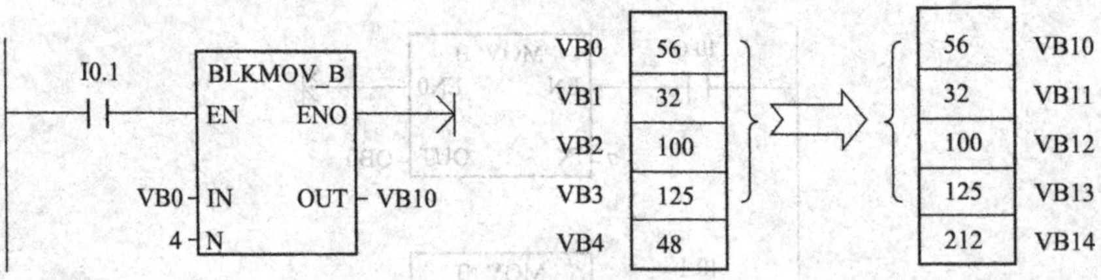

图 4-5 块传送指令举例

3. 高低字节交换指令

指令格式及功能见表 4-5。

表 4-5 高低字节交换指令的格式及功能

梯形图 LAD	语句表 STL		功能
	操作码	操作数	
SWAP（EN ENO IN）	SWAP	IN	当使能位 EN 为 1 时，将输入字 IN 中的高字节与低字节交换

说明：操作数 IN 不能寻址常数，只能对字地址寻址。

假定变量存储器 VW4 单元中存放一数据 0A06。当 I0.0 由“0”变“1”后，VW4 中的高字节与低字节交换，其结果使 VW4 中的内容变为 060A，其梯形图程序及执行结果如图 4-6所示。

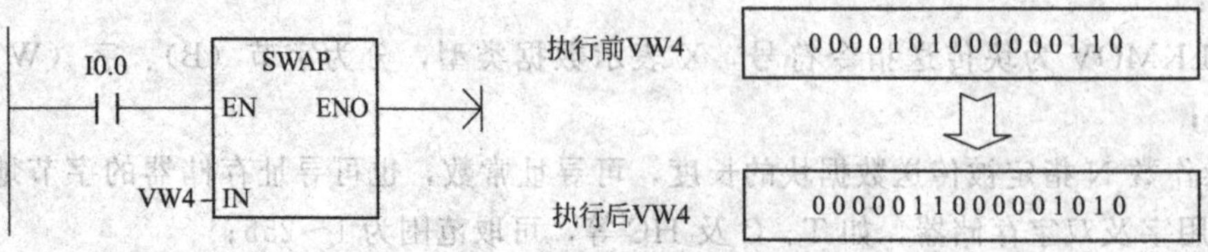

图 4-6 字节交换指令编程

说明：SWAP 指令使用时，若不使用正跳变指令，则在 I0.0 闭合的每一个扫描周期执行一次高低字节交换，不能保证结果正确。

4. 数据传送指令的应用

(1) 存储器初始化

存储器初始化是开机运行时对某些存储器清 0 或置数的一种操作。通常采用传送指令来编程。若开机运行时将 VB10 清 0、将 VW100 置数 1800，则对应的梯形图程序如图 4-7 所示。

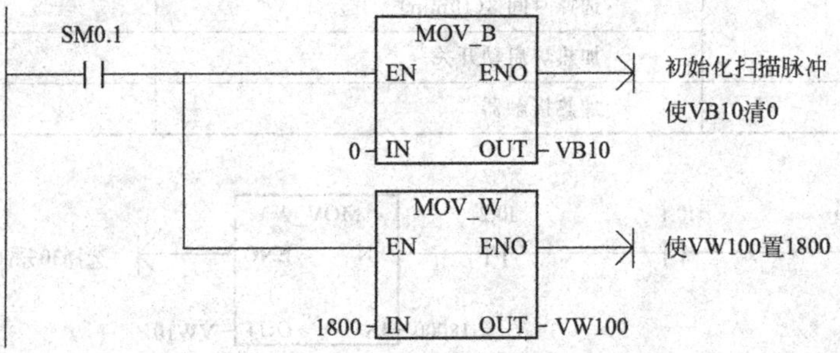

图 4-7 存储器的设置与清 0

① 启动 STEP7-Micro/MIN32 软件，将程序录入到梯形图编辑器中，将数据 VB1010、VW100100 录入数据编辑器中；

② 下载梯形图程序及数据，使 PLC 进入梯形图监控状态，观察 VB10 和 VW100 的值；

③ 单击运行按钮使 PLC 进入运行状态，观察 VB10 和 VW100 的值。

(2) 多台电动机的同时启停控制

设三台电动机分别由 Q0.0、Q0.1、Q0.2 驱动，I0.0 为启动输入信号，I0.1 为停止信号。则对应的梯形图程序如图 4-8 所示。

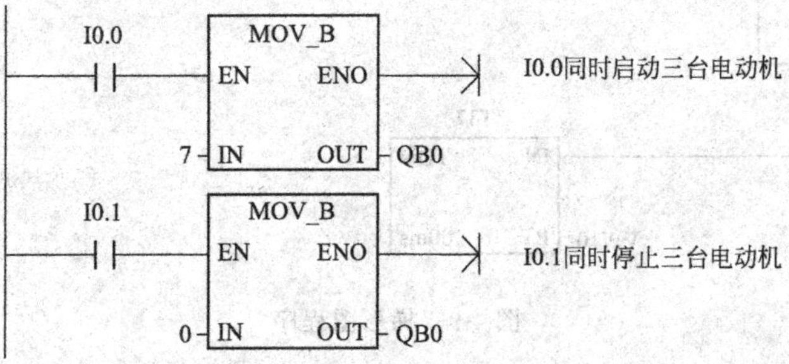

图 4-8 多台电动机的同时启停控制程序

① 根据题目要求连接 PLC 输入输出接线；

② 启动 STEP7-Micro/MIN32，将程序录入，下载到 PLC 中，并使 PLC 进入运行状态；

③ 使 PLC 进入梯形图监控状态，在未进行任何操作的前提下，观察 QB0 的值；交替按下启动、停止按钮，观察输入输出状态指示灯的状态及 QB0 的值。

(3) 多种预选值的选择控制

设某厂生产的三种型号的产品所需加热时间分别为 30min、20min、10min，为方便操作，设置一个选择手柄来设定定时器的预置值，选择手柄分三个挡位，每一挡位对应一个预置值；另设一个启动开关用于启动加热炉；加热炉由接触器控制通断。系统所用 PLC 的输入输出端子分配如表 4-6 所示，梯形图程序如图 4-9 所示。

表 4-6　I/O 分配表

类别	元件名称	端子号
输入	选择时间 1(30min)	I0.0
	选择时间 2(20min)	I0.1
	选择时间 3(10min)	I0.2
	加热炉启动开关	I0.3
输出	加热接触器	Q0.0

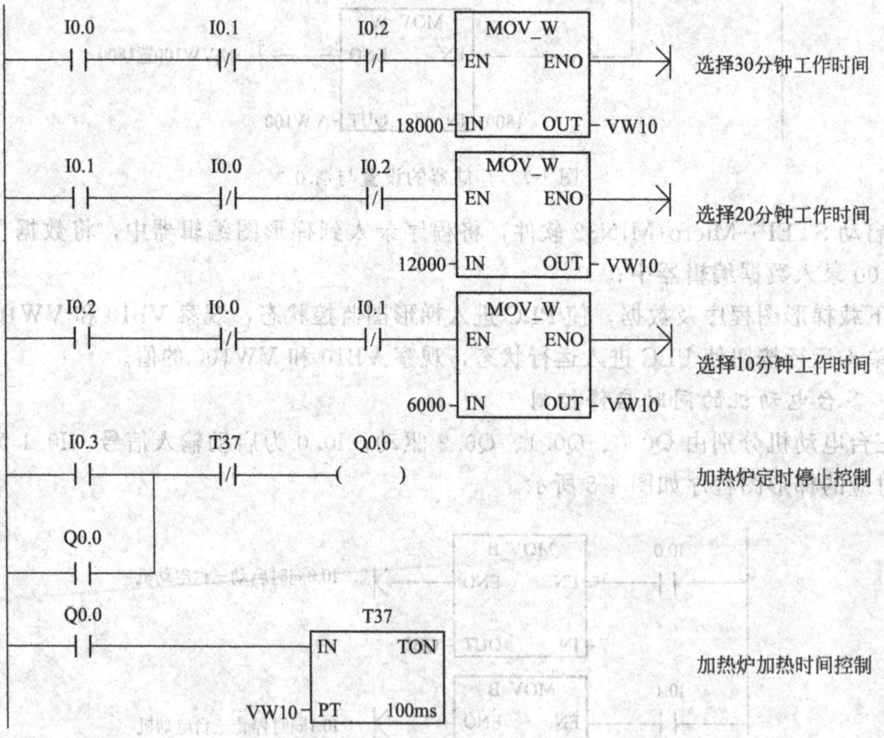

图 4-9　梯形图程序

① 根据题目要求，连接 PLC 输入输出接线，启动 STEP7-Micro/MIN32，将程序录入并下载到 PLC 中，并使 PLC 进入运行状态；

② 使 PLC 进入梯形图监控状态，观察 VW10 的值；交替操作 I0.0、I0.1、I0.2，观察 VW10 的值；

③ 上机时为缩短观察时间，可将上述时间分别改为 30s、20s、10s。

(4) 开机时间的保存

为记录机器每次运行的开机时间，需在 PLC 程序设计时通过数据传送指令将其当前时间保存在某个指定的存储器中。假定机器启动按钮为 I0.0，开机时间保存在 VW1000 开始的存储单元中，其对应的梯形图程序如图 4-10 所示。

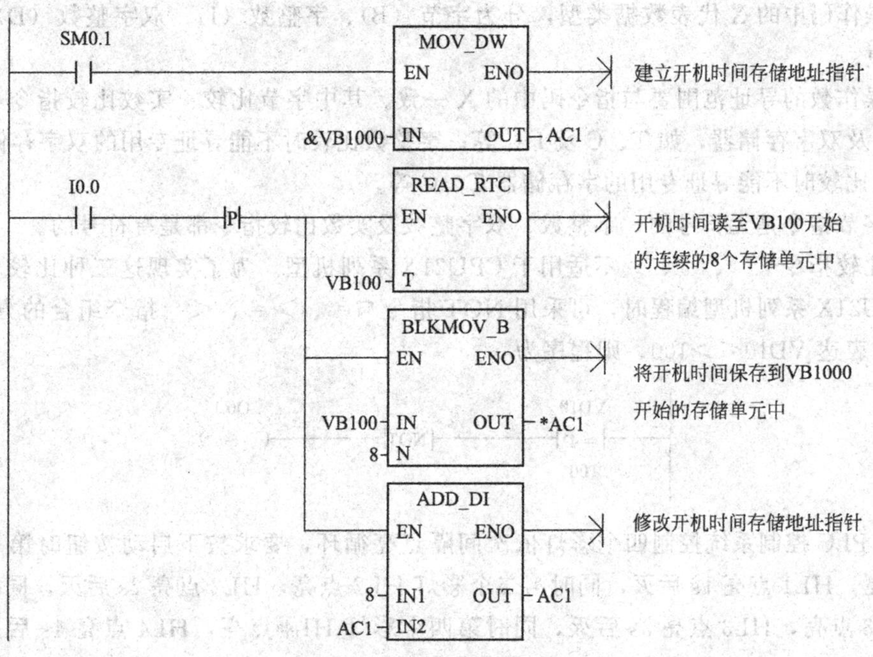

图 4-10 保存开机时间梯形图程序

① 启动 STEP7-Micro/MIN32，将程序录入并下载到 PLC 中，并使 PLC 进入运行状态；

② 在 PLC 菜单中启动实时时钟；

③ 打开数据表监控器，按顺序输入 VB100～VB107、VW1000～VW1007、VW1008～VW1015 及 I0.0；

④ 进入数据表监控状态，交替强制 I0.0 得失电，观察 VB00～VB107、VW1000～VW1007、VW1008～VW1015 的值。

（三）数据比较指令及应用

1. 数据比较指令

数据比较指令用于比较两个数据的大小，并根据比较的结果使触点闭合，进而实现某种控制要求。比较指令也是一种位控制指令，对其可以进行与、或编程。它包括字节比较、字整数比较、双字整数比较及实数比较四种。

指令格式及功能见表 4-7。

表 4-7 数据比较指令的格式及功能

梯形图 LAD	语句表 STL		功能
	操作码	操作数	
IN1 —┤FX├— IN2	LDXF AXF OXF	IN1,IN2 IN1,IN2 IN1,IN2	比较两个数 IN1 和 IN2 的大小，若比较式为真，则该触点闭合

说明：

① 操作码中的 F 代表比较符号，包括“＝”、“<>”、“>＝”、“<＝”、“>”及“<”六种。

② 操作码中的 X 代表数据类型，分为字节（B）、字整数（I）、双字整数（D）和实数（R）四种。

③ 操作数的寻址范围要与指令码中的 X 一致。其中字节比较、实数比较指令不能寻址专用的字及双字存储器，如 T、C 及 HC 等；字整数比较时不能寻址专用的双字存储器 HC；双字整数比较时不能寻址专用的字存储器 T、C 等。

④ 字节指令是无符号的，字整数、双字整数及实数比较指令都是有符号的。

⑤ 比较指令＜＞、＜、＞不适用于 CPU21X 系列机型。为了实现这三种比较功能，在针对 CPU21X 系列机型编程时，可采用 NOT 指令与＝、＞＝、＜＝指令组合的方法实现，例如要想表达 VD10＜＞100，则程序为

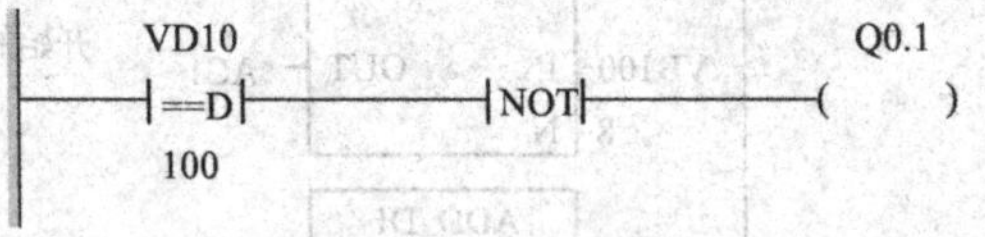

例：PLC 控制系统控制四个彩灯依次间隔点亮循环，要求按下启动按钮时第一个彩灯 HL1 点亮，HL1 点亮 1s 后灭，同时第二个彩灯 HL2 点亮，HL2 点亮 2s 后灭，同时第三个彩灯 HL3 点亮，HL3 点亮 3s 后灭，同时第四个彩灯 HL4 点亮，HL4 点亮 4s 后灭，同时第一个彩灯 HL1 又点亮，重复刚才的动作进行循环，中途按停止按钮时，点亮的彩灯立即熄灭，用比较指令设计的这个控制系统的梯形图程序如图 4-11 所示。

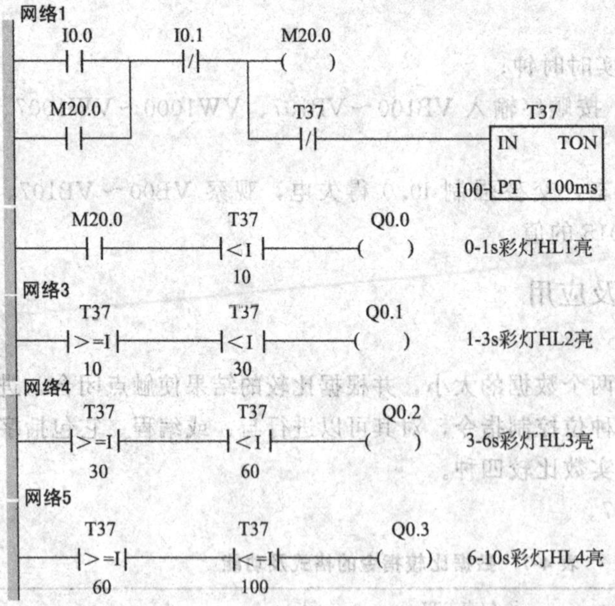

图 4-11　四个彩灯依次间隔点亮循环的 PLC 控制梯形图

2. 比较指令应用

（1）电机分时启动

设启动按钮按下后，3 台电动机每隔 3s 分别依次启动，按下停止按钮，三台电动机同时停止。设 PLC 的输入端子 I0.0 为启动按钮输入端，I0.1 为停止按钮输入端，Q0.0、Q0.1、Q0.2 分别为驱动三台电动机的电源接触器输出端子。其对应的梯形图程序如图 4-12 所示。

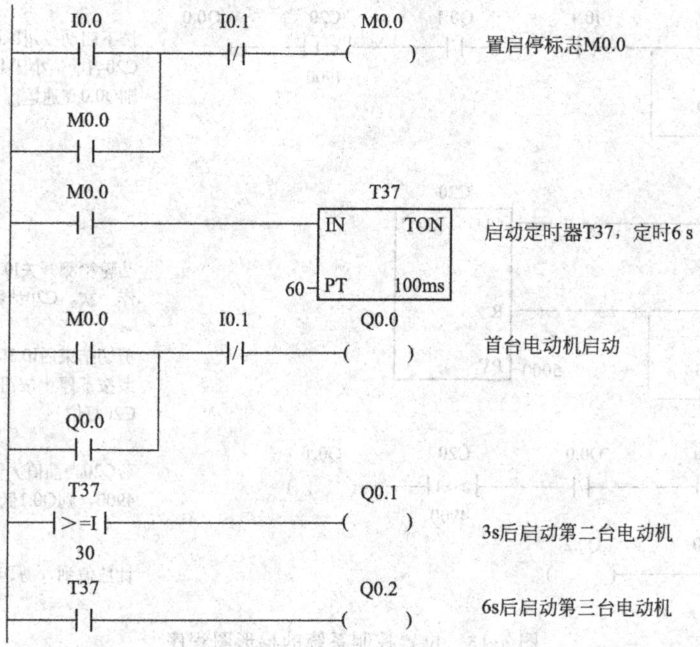

图 4-12　三台电动机分时启动梯形图程序

启动 STEP7-Micro/WIN32，将程序录入并下载到 PLC 中，并使 PLC 进入运行状态；使 PLC 进入梯形图监控状态，观察定时器 T37 的当前值；按下启动按钮 I0.0，观察 T37 当前值的变化情况及输出 Q0.0～Q0.2 的工作情况；按下停止按钮 I0.1，观察输出 Q0.0～Q0.2 的工作情况。

（2）位置控制系统

在材料的定尺裁剪中，可采用对脉冲计数的方式进行控制。在电动机轴上装一个多齿凸轮，用接近开关检测多齿凸轮，产生的脉冲输入至 PLC 的计数器。脉冲数的多少反映了电动机转过的角度，进而间接地反映了材料前进的距离。电动机启动后计数器开始计数，计数至 4900 个脉冲时，电动机开始减速，计数到 5000 个脉冲时，电动机停止，同时剪切机构动作，将材料切断，并使脉冲计数器复位。

根据控制要求列出 PLC 输入输出端子分配表，如表 4-8 所示。

表 4-8　I/O 端子分配表

输入				输出			
元件名称	端子号	元件名称	端子号	元件名称	端子号	元件名称	端子号
启动按钮	I0.0	接近开关	I0.2	电动机高速运转	Q0.0	剪切机	Q0.2
停止按钮	I0.1	剪切结束	I0.3	电动机低速运转	Q0.1		

根据控制要求及 PLC 端子分配情况编写的梯形图程序如图 4-13 所示。

（3）上机操作步骤及要求

启动 STEP7-Micro/WIN32，将程序录入并下载到 PLC 中，并使 PLC 进入运行状态，用 PLC 时钟脉冲 SM0.5 作为凸轮检测开关信号，若要节省实验时间，可使 C20 预设值减小，如减小为 1000；还可设小于 800 时高速运行，高于 800 时低速运行。使 PLC 进入梯形

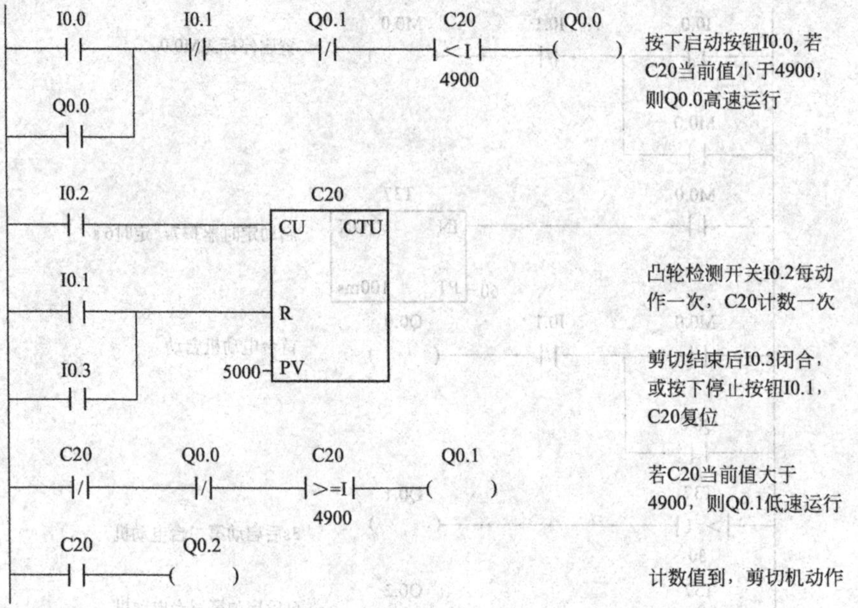

图 4-13　位置控制系统的梯形图程序

图监控状态，观察计数器 C20 的当前值；按下启动按钮 I0.0，观察计数器 C20 当前值的变化情况及 Q0.0～Q0.2 的输出情况。

（四）数据移位指令及应用

移位指令分为左右移位和循环左右移位及寄存器移位指令三大类。移位指令的作用是将存储器中的数据按要求进行某种移位操作。在控制系统中可用于数据的处理、跟踪、步进控制等。

1. 数据左右移位指令

指令格式及功能见表 4-9。

表 4-9　数据左右移位指令的格式及功能

梯形图 LAD		语句表 STL		功能
		操作码	操作数	
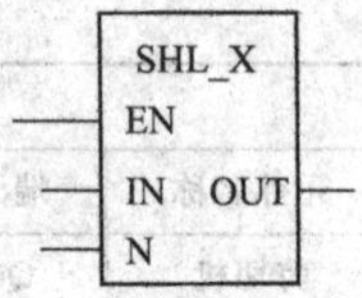	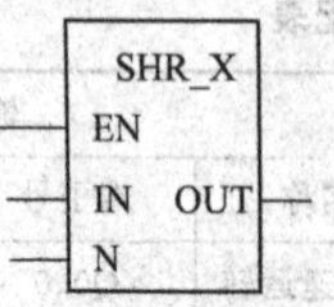	SLX SRX	OUT，N OUT，N	当使能位 EN 为 1 时，把输入数据 IN 左移或右移 N 位后，再把结果输出到 OUT

说明：

① SHL 是左移位指令，SHR 是右移位指令，X 为移位数据长度，分为字节（B）、字（W）、双字（D）；

② N 为数据移位位数，对字节、字、双字的最大移位位数分别为 8、16、32，字节寻址时，不能寻址专用的字及双字存储器，如 T、C 及 HC 等；

③ IN、OUT 的寻址范围要与指令码中的 X 一致。不能对 T、C 等专用存储器寻址；

OUT 不能寻址常数；

④ 左右移位指令影响特殊存储器的 SM1.0 和 SM1.1 位。

左右移位指令可用的操作数见表 4-10。

表 4-10　左右移位指令可用的操作数

指令	IN/OUT	操作数	数据类型
SRB SLB	IN	VB,QB,IB,MB,SB,SMB,LB,AC,常数,＊VD,＊AC,＊LD	BYTE
	N	VB,QB,IB,MB,SB,SMB,LB,AC,常数,＊VD,＊AC,＊LD	BYTE
	OUT	VB,QB,IB,MB,SB,SMB,LB,AC,＊VD,＊AC,＊LD	BYTE
SRW SLW	IN	VW,IW,QW,MW,SW,SMW,LW,T,C,AIW,AC,常数,＊VD,＊AC,＊LD	WORD
	OUT	VW,IW,QW,MW,SW,SMW,LW,T,C,AIW,AC,＊VD,＊AC,＊LD	WORD
	N	VB,QB,IB,MB,SB,SMB,LB,AC,常数,＊VD,＊AC,＊LD	BYTE
SRD SLD	IN	VD,ID,QD,MD,SD,SMD,LD,HC,AC,常数,＊VD,＊AC,＊LD	DWORD
	N	VB,QB,IB,MB,SB,SMB,LB,AC,常数,＊VD,＊AC,＊LD	BYTE
	OUT	VD,ID,QD,MD,SD,SMD,LD,HC,AC,＊VD,＊AC,＊LD	DWORD

假定 VW0 中存有 16 进制数 E2AD，现将其左移 3 位，I0.1 为移位控制信号。对应的梯形图程序及移位过程如图 4-14 所示。

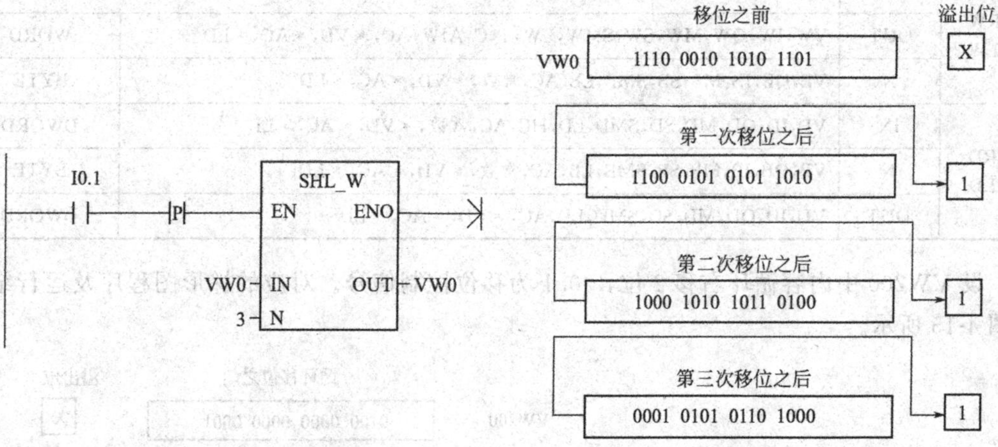

(a) 梯形图程序　　(b) 移位过程

图 4-14　左右移位指令编程举例

2. 数据循环左右移位指令

表 4-11 列出了数据循环左右移位指令的格式及功能。

表 4-11　数据循环左右移位指令的格式及功能

梯形图 LAD	语句表 STL		功能
	操作码	操作数	
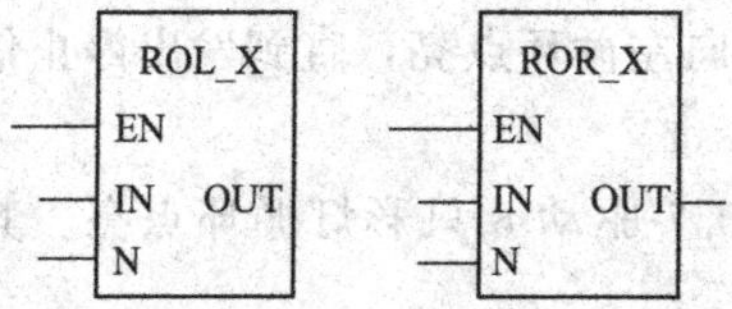	RLX RRX	OUT,N OUT,N	当使能位 EN 为 1 时，把输入数据 IN 循环左移或右移 N 位后，再把结果输出到 OUT 中

说明：

① ROL 是循环左移位指令，ROR 是循环右移位指令，X 代表被移位的数据长度，分为字节（B）、字（W）、双字（D）；

② N 指定数据被移位的位数，对字节、字、双字的最大移位位数分别为 8、16、32。通过字节寻址方式设置，不能对专用存储器 T、C 及 HC 寻址；

③ IN、OUT 的寻址范围要与指令码中的 X 一致。不能对 T、C、HC 等专用存储器寻址；OUT 不能寻址常数；

④ 循环移位将移位数据存储单元的首尾相连，同时又与溢出标志 SM1.1 连接，SM1.1 用来存放被移出的位。

数据循环左右移位指令可用操作数见表 4-12。

表 4-12　数据循环左右移位指令可用操作数

指令	IN/OUT	操作数	数据类型
RRB RLB	IN	VB,QB,IB,MB,SB,SMB,LB,AC,常数,＊VD,＊AC,＊LD	BYTE
	N	VB,QB,IB,MB,SB,SMB,LB,AC,常数,＊VD,＊AC,＊LD	BYTE
	OUT	VB,QB,IB,MB,SB,SMB,LB,AC,＊VD,＊AC,＊LD	BYTE
RRW RLW	IN	VW,IW,QW,MW,SW,SMW,LW,T,C,AIW,AC,＊VD,＊AC,＊LD,常数	WORD
	OUT	VW,IW,QW,MW,SW,SMW,LW,T,C,AIW,AC,＊VD,＊AC,＊LD	WORD
	N	VB,QB,IB,MB,SB,SMB,LB,AC,常数,＊VD,＊AC,＊LD	BYTE
RRD RLD	IN	VD,ID,QD,MD,SD,SMD,LD,HC,AC,常数,＊VD,＊AC,＊LD	DWORD
	N	VB,QB,IB,MB,SB,SMB,LB,AC,常数,＊VD,＊AC,＊LD	BYTE
	OUT	VD,ID,QD,MD,SD,SMD,LD,AC,＊VD,＊AC,＊LD	DWORD

设 VW200 中内容循环右移 2 位，I0.1 为移位控制信号。对应的梯形图程序及运行结果如图 4-15 所示。

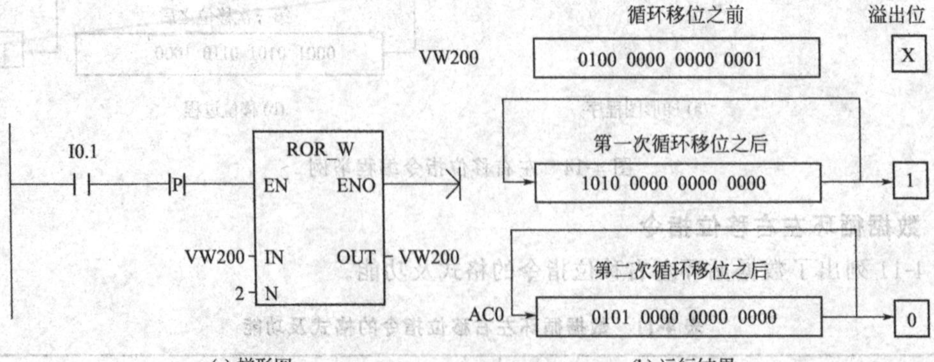

(a) 梯形图　　(b) 运行结果

图 4-15　梯形图程序及运行结果

按下启动按钮，8 只彩灯自 Q0.0 开始每隔 1s 依次向左循环点亮，直到发出停止信号后熄灭。

设 I0.0 为启动按钮，I0.1 为停止按钮，Q0.0～Q0.7 驱动 8 只彩灯循环点亮。其梯形图程序如图 4-16 所示。

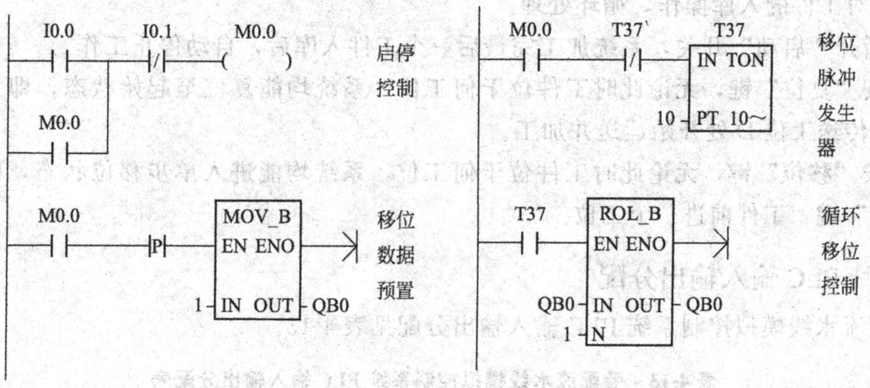

图 4-16　8 只彩灯依次向左循环点亮控制程序

按下启动按钮 I0.0，观察八只彩灯的亮灭情况；按下停止按钮 I0.1，观察八只彩灯的工作情况；进入 PLC 状态表监控状态，通过强制、取消强制操作，观察 QB0 的移位过程。

本程序在停止操作时，可能会出现某只彩灯不能熄灭的现象，读者可试着采取措施改进程序，以保证在停止时不会有彩灯继续点亮。

三、任务实施

（一）设备工具

① HRPL10S7-200 可编程逻辑控制器实训装置；

② 安装了 STEP7-Micro/WIN32 编程软件的计算机；

③ PC/PPI 编程电缆；

④ 连接导线。

（二）控制要求

① 如图 4-17 所示，系统中的操作工位 A、B、C，运料工位 D、E、F、G，仓库操作工位 H，通过这些工位对工件进行循环处理。

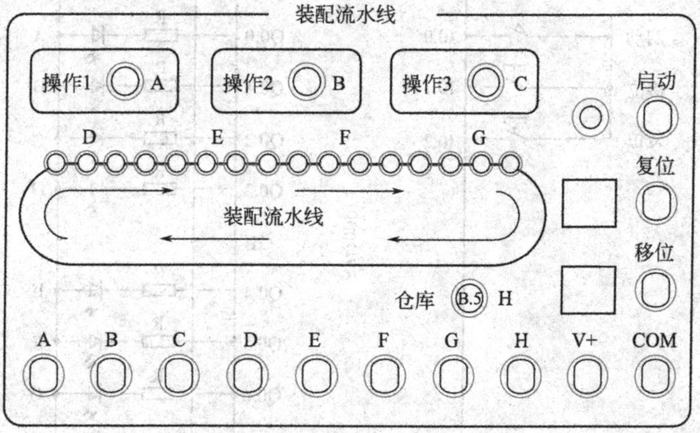

图 4-17　装配流水线模拟控制实验面板图

② 闭合“启动”开关，工件经过传送工位 D 送至操作工位 A，在此工位完成加工后再由传送工位 E 送至操作工位 B……依次传送及加工，直至工件被送至仓库操作工位 H，由该

工位完成对工件的入库操作，循环处理。

③ 断开“启动”开关，系统加工完最后一个工件入库后，自动停止工作。

④ 按“复位”键，无论此时工件位于何工位，系统均能复位至起始状态，即工件又重新开始从传送工位D处开始运送并加工。

⑤ 按“移位”键，无论此时工件位于何工位，系统均能进入单步移位状态，即每按一次“移位”键，工件前进一个工位。

(三) PLC输入输出分配

装配流水线模拟控制系统PLC输入输出分配见表4-13。

表4-13 装配流水线模拟控制系统PLC输入输出分配表

输入	功能说明	电气符号（面板端子）	输出	功能说明	电气符号（面板端子）
I0.0	启动(SD)	SD	Q0.0	工位A动作	A
I0.1	复位(RS)	RS	Q0.1	工位B动作	B
I0.2	移位(ME)	ME	Q0.2	工位C动作	C
			Q0.3	运料工位D动作	D
			Q0.4	运料工位E动作	E
			Q0.5	运料工位F动作	F
			Q0.6	运料工位G动作	G
			Q0.7	仓库操作工位H动作	H

(四) PLC硬件接线

根据PLC的输入输出分配表，绘制PLC硬件接线图，如图4-18所示，并连接硬件电路。

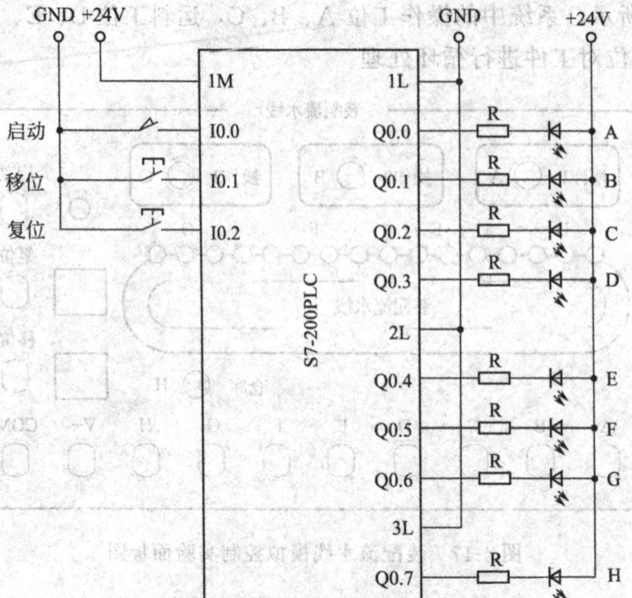

图4-18 装配流水线PLC硬件接线

（五）程序设计

根据控制要求，设计装配流水线模拟控制系统梯形图程序，如图 4-19 所示。

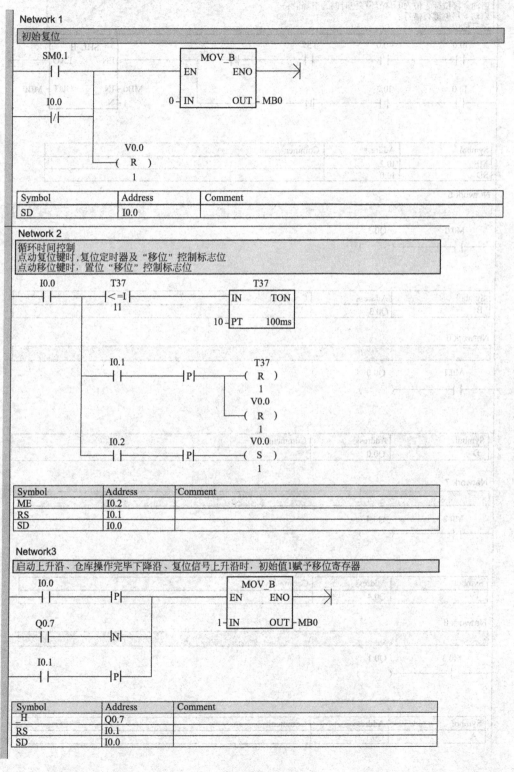

Network 1

初始复位

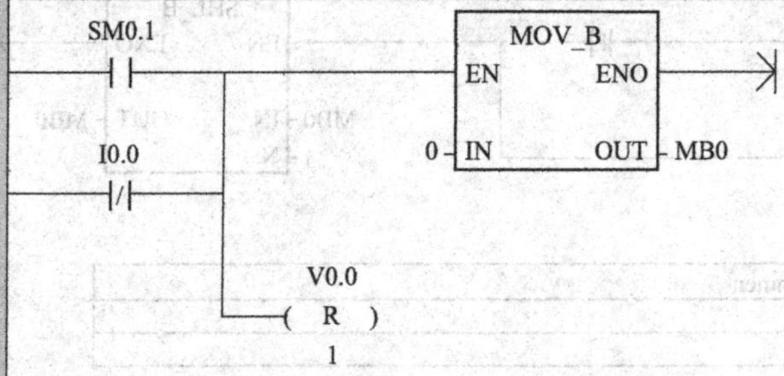

Symbol	Address	Comment
SD	I0.0	

Network 2

循环时间控制
点动复位键时，复位定时器及“移位”控制标志位
点动移位键时，置位“移位”控制标志位

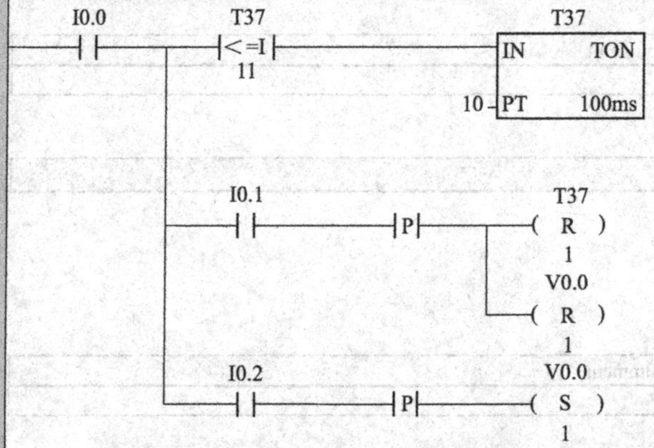

Symbol	Address	Comment
ME	I0.2	
RS	I0.1	
SD	I0.0	

Network3

启动上升沿、仓库操作完毕下降沿、复位信号上升沿时，初始值1赋予移位寄存器

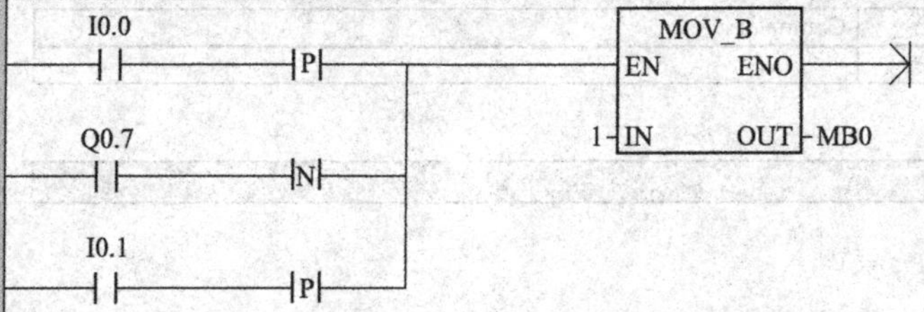

Symbol	Address	Comment
_H	Q0.7	
RS	I0.1	
SD	I0.0	

图 4-19

Network 4

启动、移位标志位为0、循环移位时间的下降沿；
启动、移位键有信号；
循环移位

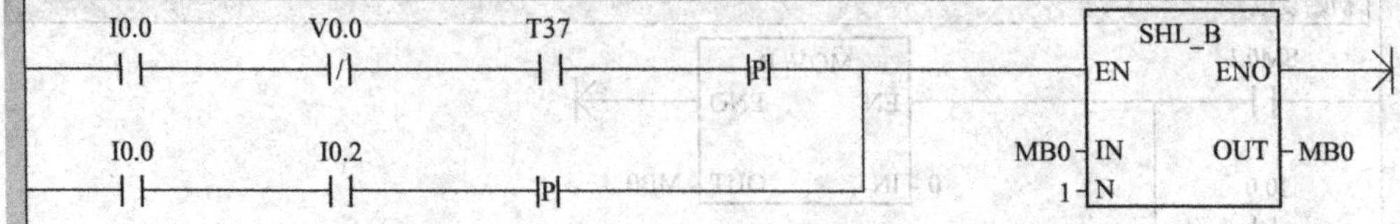

Symbol	Address	Comment
ME	I0.2	
SD	I0.0	

Network 5

Symbol	Address	Comment
_B	Q0.3	

Network 6

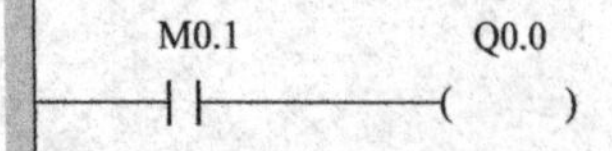

Symbol	Address	Comment
_D	Q0.0	

Network 7

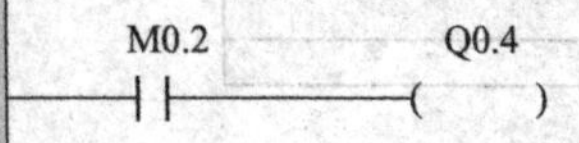

Symbol	Address	Comment
_F	Q0.4	

Network 8

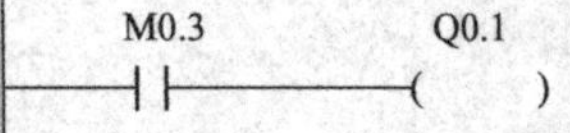

Symbol	Address	Comment
_A	Q0.1	

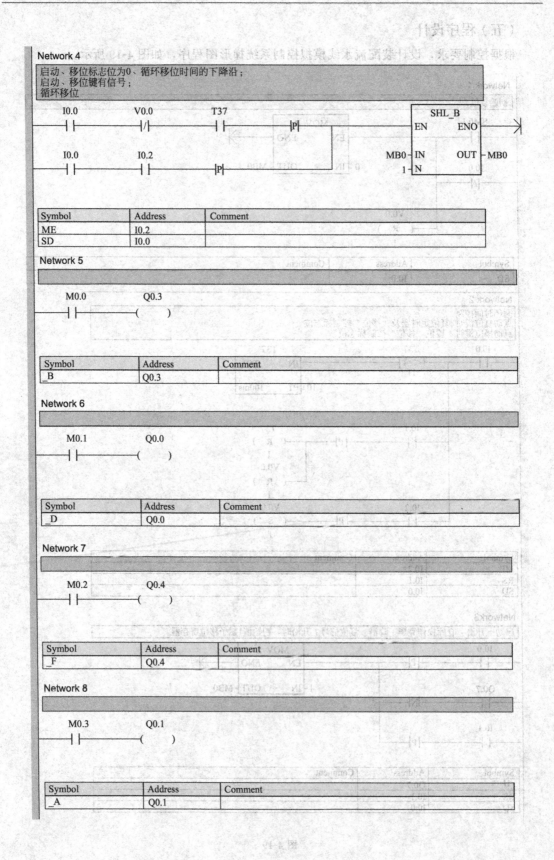

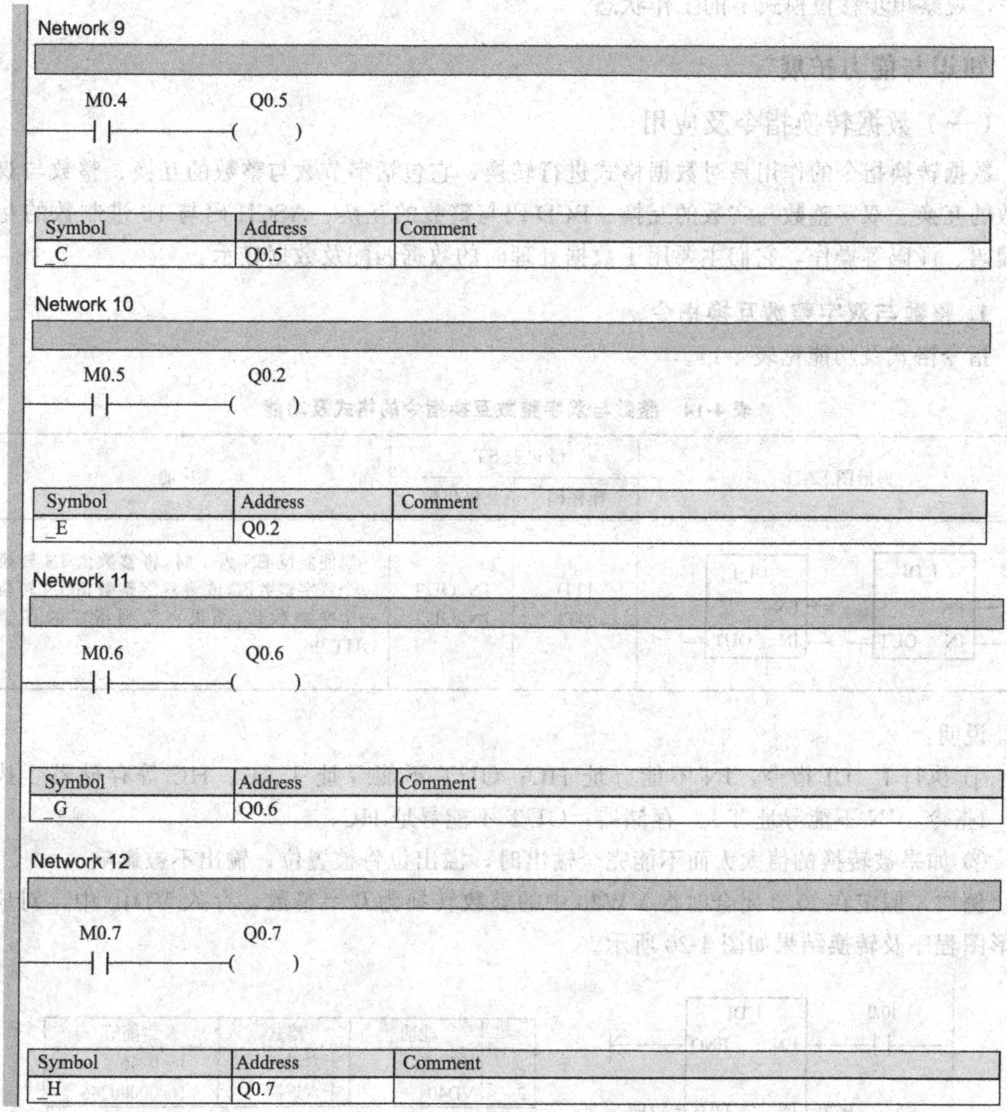

图 4-19 装配流水线模拟控制系统梯形图

（六）操作及调试

① 检查设备器材，调试程序。

② 按照 I/O 端口分配表以及接线图完成 PLC 与实训模块之间的接线，认真检查，确保正确无误。

③ 打开控制程序，进行编译，有错误时根据提示信息修改，直至无误，用 USB/PPI 编程电缆连接计算机与 PLC，打开 PLC 主机电源开关，下载程序至 PLC 中，下载完毕后将 PLC 的“RUN/STOP”开关拨至“RUN”状态。

④ 打开“启动”按钮，系统进入自动运行状态，调试装配流水线控制程序，观察自动运行模式下的工作状态。

⑤ 按“复位”键，观察系统响应情况。

⑥ 按“移位”键，系统进入单步运行状态，连续按“移位”键，调试装配流水线控制

程序，观察单步移位模式下的工作状态。

四、知识与能力扩展

（一）数据转换指令及应用

数据转换指令的作用是对数据格式进行转换，它包括字节数与整数的互换、整数与双字整数的互换、双字整数与实数的互换、BCD 码与整数的互换、ASCII 码与 16 进制数的互换及编码、译码等操作，它们主要用于数据处理时的数据匹配及数据显示。

1. 整数与双字整数互换指令

指令格式及功能见表 4-14。

表 4-14　整数与双字整数互换指令的格式及功能

梯形图 LAD	语句表 STL		功能
	操作码	操作数	
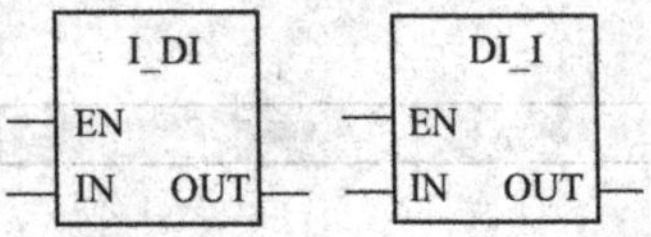	ITD DTI	IN,OUT IN,OUT	当使能位 EN 为 1 时，将整数值 IN 转换为一个双字整数值，或将双字整数值 IN 转换为一个字整数值，结果存放到指定的存储器 OUT 中

说明：

① 执行 I_DI 指令，IN 不能寻址 HC；OUT 不能寻址 T、C、HC 等存储器。执行 DI_I指令，IN 不能寻址 T、C 存储器；OUT 不能寻址 HC；

② 如果被转换的值太大而不能完全输出时，溢出位将被置位，输出不被影响。

例如，假定在 I0.0 闭合时将 VW20 中的整数转换为双字整数，存入 VD40 中，对应的梯形图程序及转换结果如图 4-20 所示。

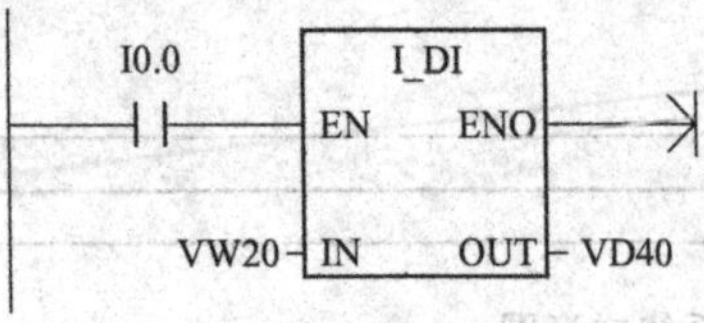

(a) 梯形图程序

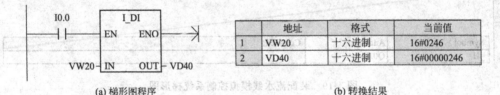

	地址	格式	当前值
1	VW20	十六进制	16#0246
2	VD40	十六进制	16#00000246

(b) 转换结果

图 4-20　I_DI 指令编程举例

2. 双字整数与实数互换指令

指令格式及功能见表 4-15。

表 4-15　双字整数与实数互换指令的格式及功能

梯形图 LAD	语句表 STL		功能
	操作码	操作数	
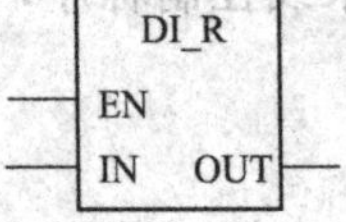	DTR	IN,OUT	当使能位 EN 为 1 时，把 32 位有符号整数 IN 转换为 32 位实数 OUT

续表

梯形图 LAD	语句表 STL		功能
	操作码	操作数	
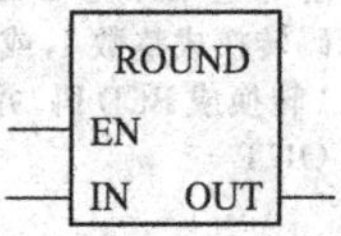	ROUND	IN,OUT	当使能位 EN 为 1 时，把 32 位实数 IN 转换成一个双字整数值，实数的小数点部分四舍五入，结果存入 OUT 中
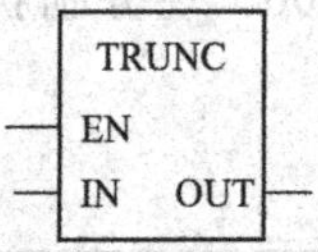	TRUNC	IN,OUT	当使能位 EN 为 1 时，把 32 位实数 IN 转换成一个双字整数值，仅实数的整数部分被转换，小数部分则被舍去，结果存入 OUT 中

说明：

① 操作数不能寻址一些专用的字及双字存储器，如 T、C、HC 等。OUT 不能寻址常数；

② 这些指令影响特殊存储器位 SM1.1 的状态。

例：求直径为 9876mm 圆的周长，并将求得结果转换为整数，程序见图 4-21。

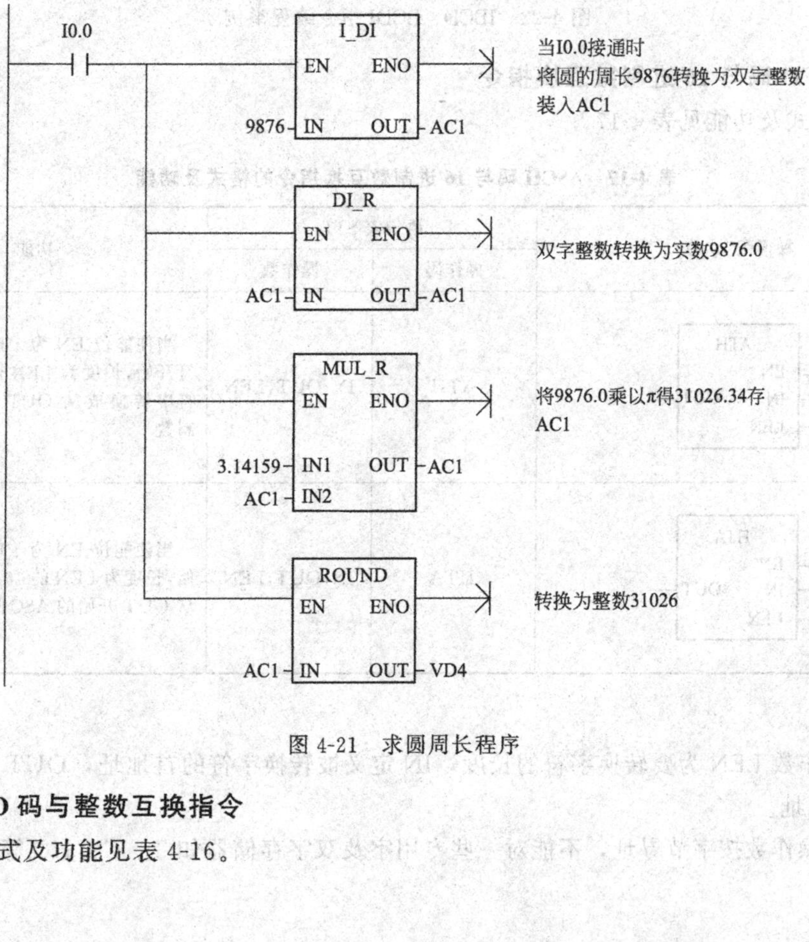

图 4-21　求圆周长程序

3. BCD 码与整数互换指令

指令格式及功能见表 4-16。

表 4-16　BCD 码与整数互换指令的格式及功能

梯形图 LAD	语句表 STL		功能
	操作码	操作数	
BCD_I（EN、IN、OUT）　I_BCD（EN、IN、OUT）	BCDI IBCD	IN,OUT IN,OUT	当使能位 EN 为 1 时，把输入的 BCD 码转换成整数 I，或是把输入的整数 I 转换成 BCD 码，并将转换结果存入 OUT

说明：操作数要按字寻址，其中 OUT 不能寻址 AIW 及常数。

例：设 VW10 中存有数据 256，VW30 中存有 BCD 码数据 100，现分别执行 IBCD、BCDI 指令。对应的梯形图程序及执行结果如图 4-22 所示。

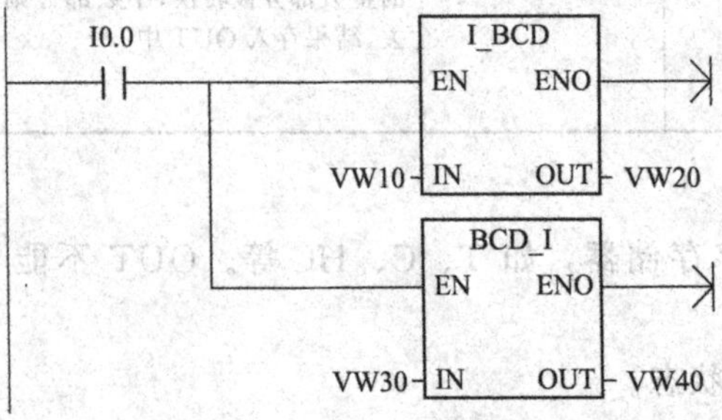

(a) 梯形图程序

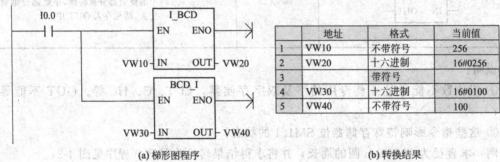

	地址	格式	当前值
1	VW10	不带符号	256
2	VW20	十六进制	16#0256
3		带符号	
4	VW30	十六进制	16#0100
5	VW40	不带符号	100

(b) 转换结果

图 4-22　IBCD、BCDI 指令编程举例

4. ASCII 码与 16 进制数互换指令

指令格式及功能见表 4-17。

表 4-17　ASCII 码与 16 进制数互换指令的格式及功能

梯形图 LAD	语句表 STL		功能
	操作码	操作数	
ATH（EN、IN、LEN、OUT）	ATH	IN,OUT,LEN	当使能位 EN 为 1 时，把从 IN 字符开始，长度为 LEN 的 ASCⅡ码字符串转换成从 OUT 开始的 16 进制数
HTA（EN、IN、LEN、OUT）	HTA	IN,OUT,LEN	当使能位 EN 为 1 时，把从 IN 开始，长度为 LEN 的 16 进制数转换为从 OUT 开始的 ASCⅡ码字符串

说明：

① 操作数 LEN 为要转换字符的长度，IN 定义被转换字符的首地址，OUT 定义转换结果的存放地址。

② 各操作数按字节寻址，不能对一些专用字及双字存储器如 T、C、HC 等寻址，LEN

还可寻址常数。

③ ATH 指令中，ASCII 码字符串的最大长度为 255 个字符；HTA 指令中，可转换的 16 进制数的最大个数也为 255。合法的 ASCII 码字符的 16 进制值在 30～39 和 41～46 之间。

例：将 VB10 开始的 4 个 ASCII 码转换为 VB20 开始的 16 进制数据。其梯形图及转换结果如图 4-23 所示。

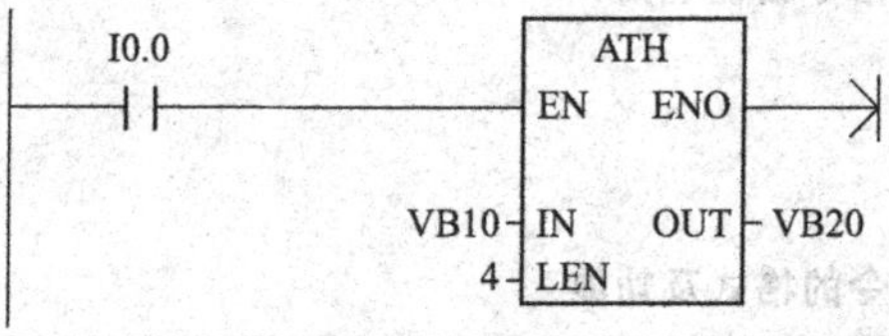

(a) 梯形图程序

	地址	格式	当前值
1	VB10	ASCII	'A'
2	VB11	ASCII	'B'
3	VB12	ASCII	'C'
4	VB13	ASCII	'D'
5		带符号	
6	VB20	十六进制	16#AB
7	VB21	十六进制	16#CD

(b) 转换结果

图 4-23　ATH 指令编程举例

又如，将 VB30 开始的 2 个 16 进制数转换为 VB40 开始的 ASCII 码。其梯形图及转换结果如图 4-24 所示。

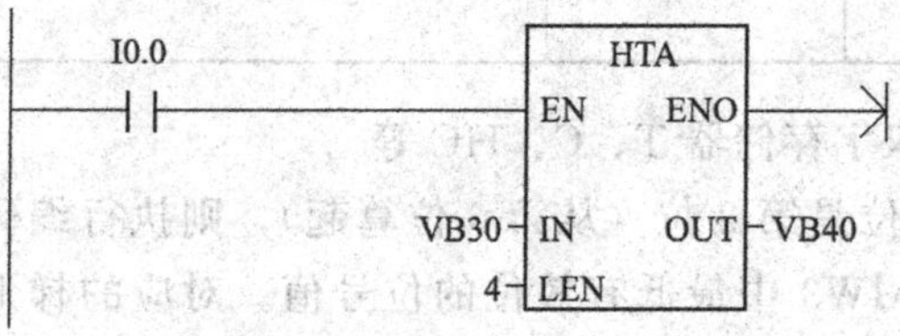

(a) 梯形图程序

	地址	格式	当前值
1	VB30	十六进制	16#2A
2	VB31	十六进制	16#54
3		带符号	
4	VB40	ASCII	'2'
5	VB41	ASCII	'A'
6	VB42	ASCII	'5'
7	VB43	ASCII	'4'

(b) 转换结果

图 4-24　HTA 指令编程举例

5. 译码指令

指令格式及功能见表 4-18。

表 4-18　译码指令的格式及功能

梯形图 LAD	语句表 STL		功能
	操作码	操作数	
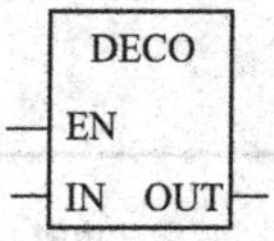	DECO	IN,OUT	当使能位 EN 为 1 时，根据输入字节 IN 的低 4 位所表示的位号（十进制数）值，将输出字 OUT 相应位置 1，其他位置 0

说明：操作数 IN 不能寻址专用的字及双字存储器 T、C、HC 等；OUT 不能对 HC 及常数寻址。

例：如果 VB2 中存有一数据为 16＃08，即低 8 位数据为 8，则执行 DECO 译码指令，将使 MW2 中的第 8 位数据位置 1，而其他数据位置 0。对应的梯形图程序及执行结果如图 4-25所示。

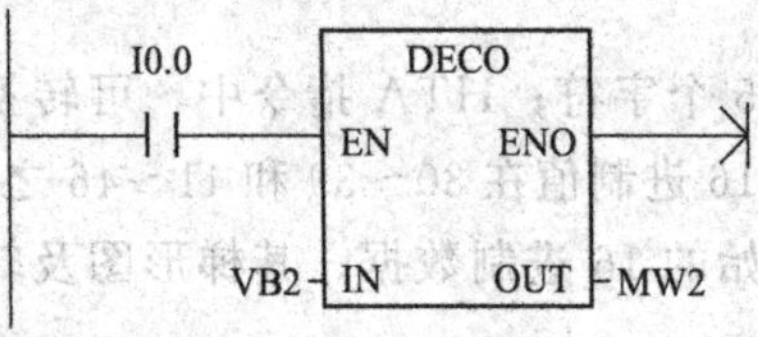

(a) 梯形图程序

	地址	格式	当前值
1	VB2	十六进制	16#08
2	MW2	二进制	2#0000_0001_0000_0000

(b) 转换结果

图 4-25　译码指令编程举例

6. 编码指令

编码指令格式及功能见表 4-19。

表 4-19　编码指令的格式及功能

梯形图 LAD	语句表 STL		功能
	操作码	操作数	
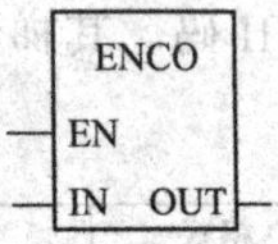	ENCO	IN,OUT	当使能位 EN 为 1 时，将输入字 IN 中最低有效位的位号，转换为输出字节 OUT 中的低 4 位数据

说明：OUT 不能寻址常数及专用的字、双字存储器 T、C、HC 等。

例：如果 MW3 中有一个数据的最低有效位是第 2 位（从第 0 位算起），则执行编码指令后，VB3 中的数据为 16＃02，其低字节为 MW3 中最低有效位的位号值。对应的梯形图程序及执行结果如图 4-26 所示。

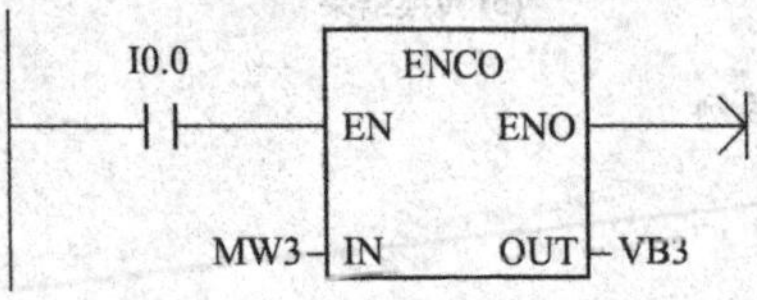

(a) 梯形图程序

	地址	格式	当前值
1	MW3	二进制	2#0000_0000_0000_1100
2	VB3	十六进制	16#02

(b) 转换结果

图 4-26　编码指令编程举例

7. 段码指令

段码指令格式及功能见表 4-20。

表 4-20　段码指令格式及功能

梯形图 LAD	语句表 STL		功能
	操作码	操作数	
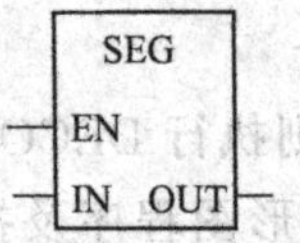	SEG	IN,OUT	当使能位 EN 为 1 时，将输入字节 IN 的低四位有效数字值转换为七段显示码，并输出到字节 OUT

说明：

① 操作数 IN、OUT 寻址范围不包括专用的字及双字存储器，如 T、C、HC 等，其中 OUT 不能寻址常数。

② 七段显示码的编码规则如图 4-27 所示。

IN	OUT	段码显示	IN	OUT
	.gfe dcba			.gfe dcba
0	0011 1111		8	0111 1111
1	0000 0110		9	0110 0111
2	0101 1011		A	0111 0111
3	0100 1111		B	0111 1100
4	0110 0110		C	0011 1001
5	0110 1101		D	0101 1110
6	0111 1101		E	0111 1001
7	000 00111		F	0111 0001

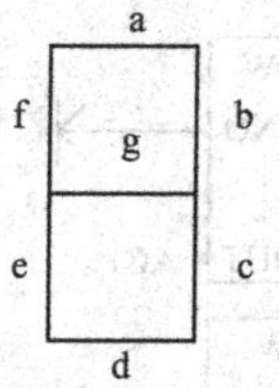

图 4-27 七段显示码的编码规则

例：设 VB2 字节中存有十进制数 9，当 I0.0 得电时对其进行段码转换，以便进行段码显示。其梯形图程序及执行结果如图 4-28 所示。

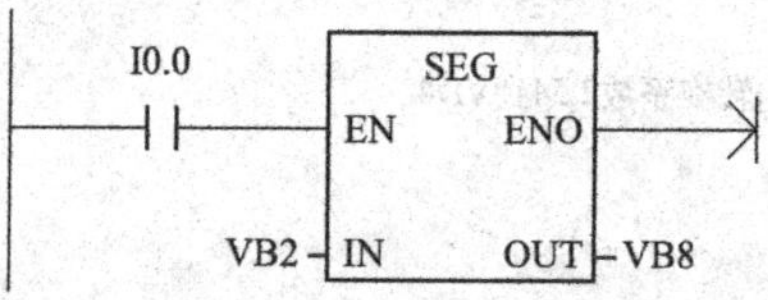

(a) 梯形图程序

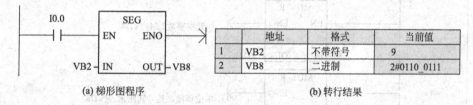

	地址	格式	当前值
1	VB2	不带符号	9
2	VB8	二进制	2#0110_0111

(b) 转行结果

图 4-28 段码指令举例

8. 数据转换指令应用

(1) 双字整数转实数并取整

假定计数器 C20 对英寸值进行计数，现值为 101，现将其转换为厘米并取整，运算结果及梯形图如图 4-29 所示。

上机操作步骤及要求为：

① 启动 STEP7-Micro/WIN32，将程序录入并下载到 PLC，使 PLC 进入运行状态；

② 使 PLC 进入梯形图监控状态，观察 C20、AC1 和 VD0 的值；

③ 按下按钮 I0.0，再次观察 AC1、VD0、VD4、VD8、VD12 的值；

④ 将程序中的 TRUNC 指令换成 ROUND 指令，重复上述步骤，观察 VD12 中的内容有何变化；

⑤ 在程序中增加一段 C20 的计数程序，使 C20 对秒脉冲进行计数，按下按钮 I0.0 时，应使计数器停止计数，同时进行数据转换。

(2) 编码、译码及段码指令应用

设 VB10 字节存有十进制数 8，当 I0.4 得电时依次进行译码、编码及段码处理。其对应的程序及处理结果如图 4-30 所示。

	地址	格式	当前值	
1	C20	带符号	+101	计数值等于101英寸
2	VD0	浮点	101.0	转为实数
3	VD4	浮点	2.54	单位转换系数
4	VD8	浮点	256.54	转换结果256.54
5	VD12	带符号	+256	取整结果256

(a) 运算结果

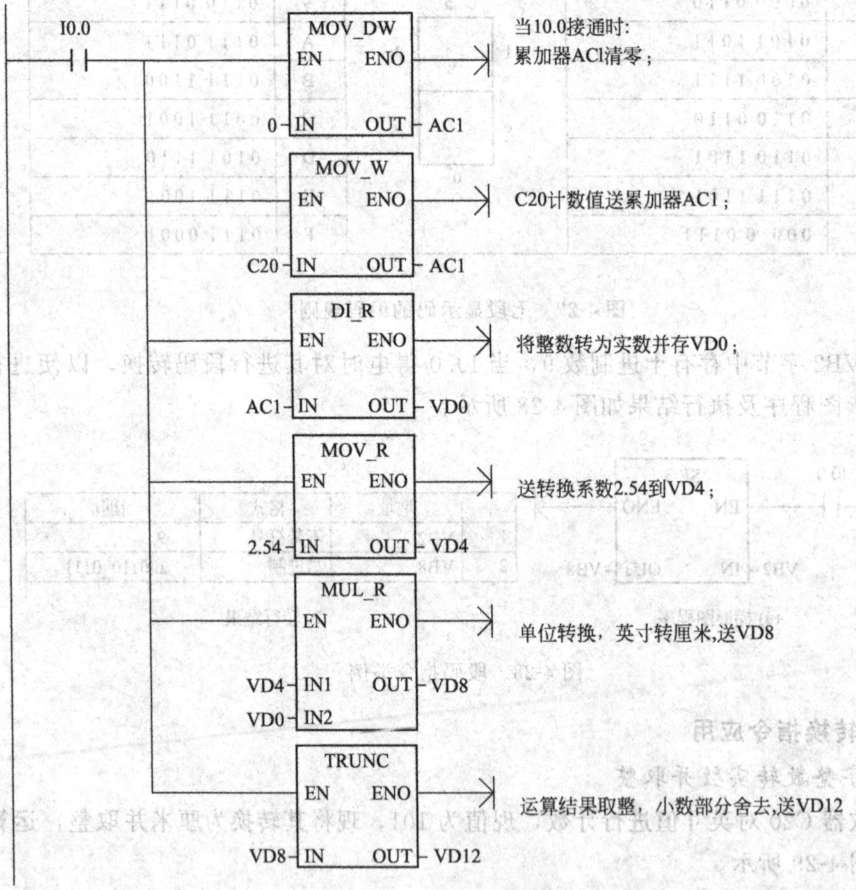

(b) 英寸转厘米单位换算梯形图程序

图 4-29 双字整数转实数编程举例

上机操作步骤及要求：

① 启动 STEP 7-Micro/WIN 32，打开梯形图编辑录入程序，打开数据块编辑器，输入 VB108，下载程序块及数据块，并使 PLC 进入运行状态；

② 使 PLC 进入梯形图监控状态，观察 VB10、VW20、VB30、VB40 的值；

③ 打开状态表编辑器，输入 I0.4、VB10、VW20、VB30、VB40，进入状态表监控状态，强制 I0.4 得电，观察 VW20、VB30、VB40 中的值；

④ 打开计算机，监控 PLC 模拟实验系统，通过监控界面观察七段数码管的显示字样(监控界面中的启动复位按钮使用 M0.4、M0.5)。

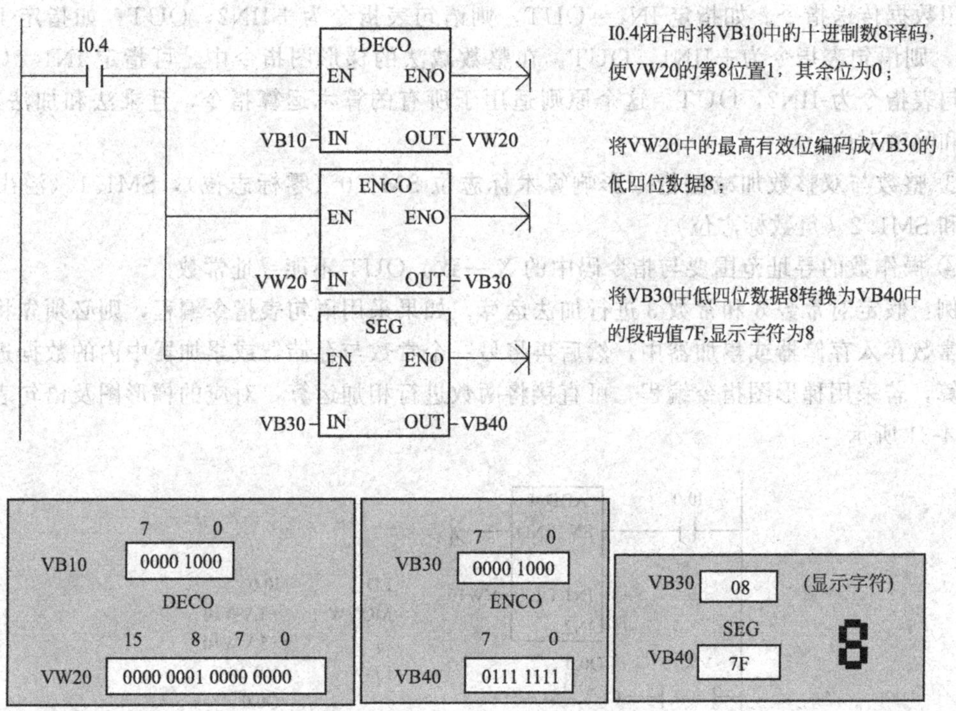

图 4-30　编码、译码及段码指令应用

（二）数据运算指令及应用

数据运算指令主要实现对数值类数据的四则运算、函数运算及逻辑运算，多用于实现按数据的运算结果进行控制的场合，如自动配料系统、工程量的标准化处理、自动修改指针等。

1. 整数、双字整数加/减指令

指令格式及功能见表 4-21。

表 4-21　整数、双字整数加/减指令的格式及功能

梯形图 LAD	语句表 STL		功能
	操作码	操作数	
ADD_X（EN、IN1、IN2、OUT）　SUB_X（EN、IN1、IN2、OUT）	+X −X	IN1，OUT IN1，OUT	当使能位 EN 为 1 时，执行 IN1＋IN2 或 IN1－IN2 操作，并将结果存入 OUT 对语句表指令，则执行 IN1＋OUT 或 OUT－IN1 操作，并将结果存入 OUT

说明：

① 操作码中的 X 指定数据的类型包括整数（I）、双字整数（DI）两种。

② 当 IN1、IN2 和 OUT 操作数的地址不同时，在 STL 指令中首先用数据传送指令将 IN1 中的数值送入 OUT，然后再执行加、减运算，即 OUT＋IN2＝OUT，OUT-IN2＝OUT。为了节省内存，在整数加法的梯形图指令中，可以指定 IN1 或 IN2＝OUT，这样可

以不用数据传送指令。如指定 IN1＝OUT，则语句表指令为＋IIN2，OUT；如指定 IN2＝OUT，则语句表指令为＋IIN1，OUT。在整数减法的梯形图指令中，可指定 IN1＝OUT，则语句表指令为-IIN2，OUT。这个原则适用于所有的算术运算指令，且乘法和加法对应，减法和除法对应。

③ 整数与双整数加减法指令影响算术标志位 SM1.0（零标志位），SM1.1（溢出标志位）和 SM1.2（负数标志位）。

④ 操作数的寻址范围要与指令码中的 X 一致。OUT 不能寻址常数。

例：假定对常数 5 和常数 3 进行加法运算。如果采用语句表指令编程，则必须先将其中一个常数存入存储器或累加器中，然后再将另一个常数与存储器或累加器中内的数据进行加法运算，若采用梯形图指令编程，可直接将两数进行相加运算，对应的梯形图及语句表程序如图 4-31 所示。

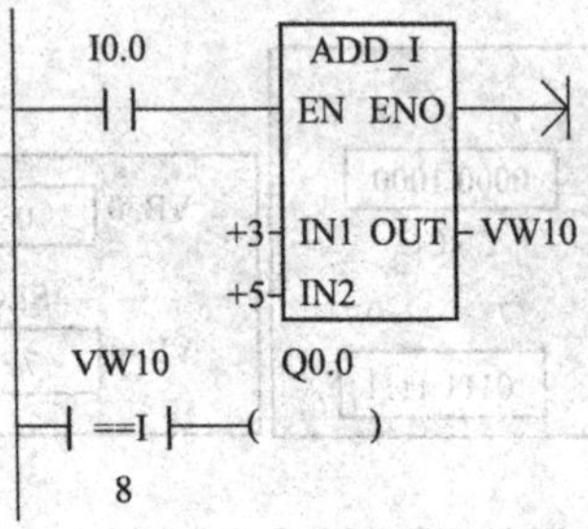

(a) 梯形图程序

```
LD      I0.0
MOVW    +3,VW10
+I      +5,VW10
LDW=    VW10,8
=       Q0.0
```

(b) 语句表程序

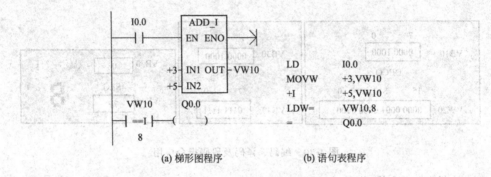

图 4-31 整数加法指令举例

2. 整数、双字整数乘/除指令

指令格式及功能见表 4-22。

表 4-22 整数、双字整数乘/除指令的格式及功能

梯形图 LAD	语句表 STL		功能
	操作码	操作数	
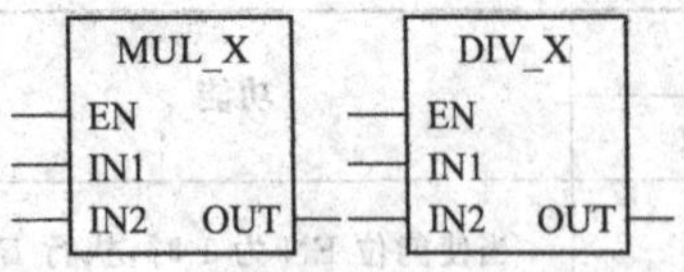	*X /X	IN1,OUT IN1,OUT	当使能位 EN 为 1 时，执行 IN1 * IN2 或 IN1/IN2 操作，并将结果保存到 OUT，除法运算不保留余数，对语句表指令则执行 IN1 * OUT＝OUT 或 OUT/IN1＝OUT 的操作

说明：

① 整数、双整数乘/除指令操作数及数据类型和加减运算的相同；

② 操作数的寻址范围要与指令码中的一致，OUT 不能寻址常数；

③ 如果结果大于一个字输出，则设定溢出位；

④ 该指令影响下列特殊内存位：SM1.0（零）；SM1.1（溢出）；SM1.2（负）；SM1.3（除数为 0）。

例：假定 I0.0 得电时执行 VW10 乘以 VW20、VD40 除以 VD50 操作，并分别将结果存入 VW30 和 VD60 中。则对应的梯形图程序及运算过程如图 4-32 所示。

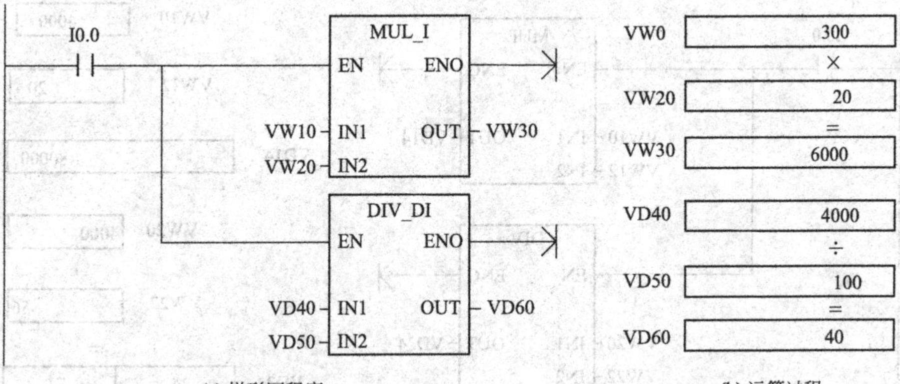

(a) 梯形图程序　　(b) 运算过程

图 4-32 整数乘除指令编程举例

3. 整数乘/除到双字整数指令

指令格式及功能见表 4-23。

表 4-23 整数乘/除到双字整数指令的格式及功能

梯形图 LAD	语句表 STL		功能
	操作码	操作数	
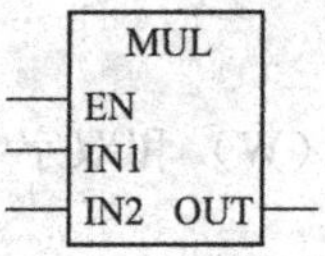	MUL	IN1,OUT	当使能位 EN 为 1 时,把两个 16 位整数相乘,得到一个 32 位积(OUT) 对语句表指令则执行 IN1 * OUT=OUT 操作
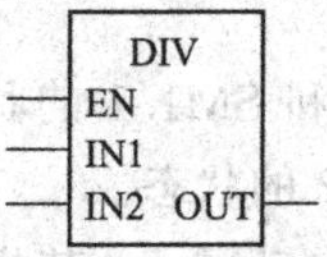	DIV	IN1,OUT	当使能位 EN 为 1 时,把两个 16 位整数相除,得到 32 位结果(OUT),该结果的低 16 位是商,高 16 位是余数 对语句表指令则执行 OUT/IN1=OUT 操作

说明：

① IN1 指定乘数（除数），IN2 指定被乘数（被除数），要按字寻址；OUT 按双字寻址，不能寻址常数及专用字、双字存储器 T、C、HC 等；

② 该指令影响下列特殊内存位：SM1.0（零），SM1.1（溢出），SM1.2（负），SM1.3（除数为 0）。

例：采用整数乘/除到双字整数指令计算 4000＊20 及 4000/56 的值。梯形图程序及运算过程如图 4-33 所示。

4. 字节、字、双字加 1/减 1 指令

指令格式及功能见表 4-24。

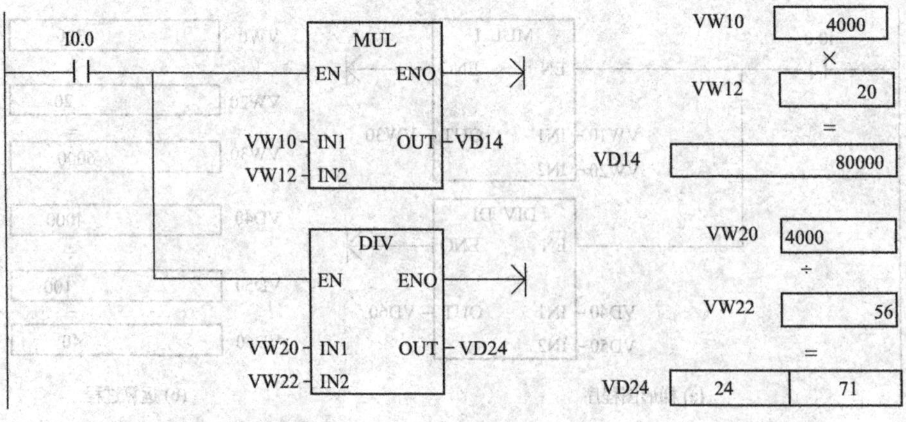

(a) 梯形图程序　　　　(b) 运算过程

图 4-33　整数乘除到双字整数指令举例

表 4-24　字节、字、双字加 1/减 1 指令的格式及功能

梯形图 LAD	语句表 STL		功能
	操作码	操作数	
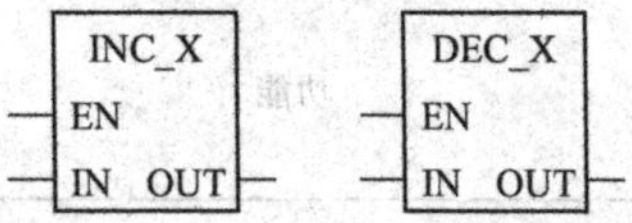	INCX DECX	OUT OUT	当使能位 EN 为 1 时，INC_X 对输入 IN 执行加 1 操作，DEC_X 对输入 IN 执行减 1 操作

说明：

① 操作码中的 X 指定输入数据的类型，分别有字节（B）、字（W）和双字（DW）三种形式；

② 操作数的寻址范围要与指令码中的 X 一致，其中对字节操作时不能寻址专用的字及双字存储器，如 T、C 及 HC 等；对字操作时不能寻址专用的双字存储器 HC；OUT 不能寻址常数；

③ 字、双字增减指令是有符号的，影响特殊存储器位 SM1.0 和 SM1.1 的状态；字节增减指令是无符号的，影响特殊存储器位 SM1.0、SM1.1 和 SM1.2 的状态。

例：I0.2 每接通一次，AC0 的内容自动加 1，VW100 的内容自动减 1。其梯形图程序及语句表程序如图 4-34 所示。

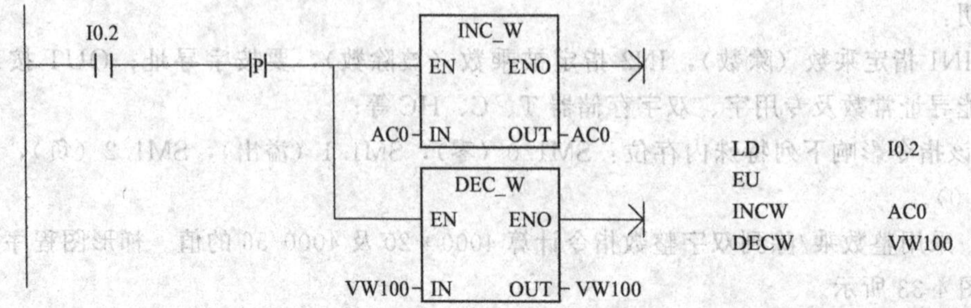

(a) 梯形图程序　　　　(b) 语句表程序

图 4-34　增 1 减 1 指令编程举例

5. 实数加/减指令

指令格式及功能见表 4-25。

表 4-25　实数加/减指令的格式及功能

梯形图 LAD	语句表 STL		功能
	操作码	操作数	
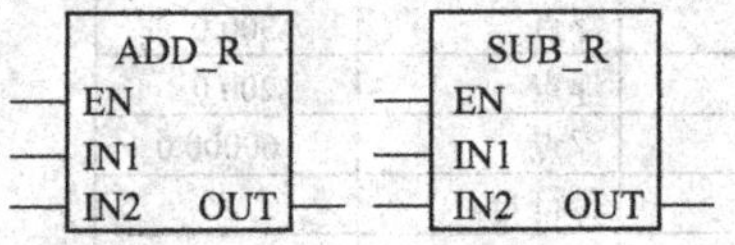	+R −R	IN1,OUT IN1,OUT	当使能位 EN 为 1 时,执行实数 IN1+IN2 或 IN1-IN2 操作,并将结果保存到 OUT 对语句表指令,则执行 IN1＋OUT＝OUT 或 OUT-IN1＝OUT 操作

说明：

① IN1 指定加数（减数），IN2 指定被加数（被减数）。各操作数要按双字寻址，不能寻址专用的字及双字存储器，如 T、C 及 HC 等；OUT 不能寻址常数；

② 该指令影响下列特殊内部寄存器位：SM1.0（零）；SM1.1（溢出）；SM1.2（负）。

例：将 VD0 和 VD4 存储单元中的实数相加后存入 VD8 单元中。对应的梯形图程序及运算结果如图 4-35 所示。

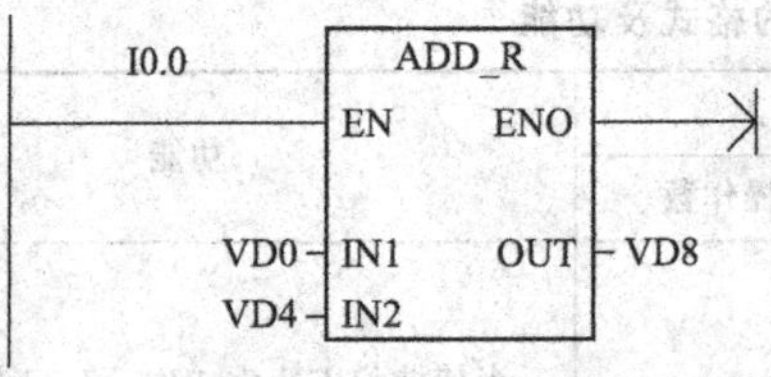

(a) 梯形图程序

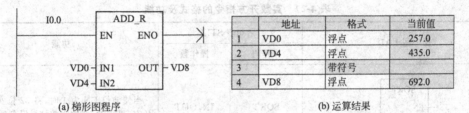

	地址	格式	当前值
1	VD0	浮点	257.0
2	VD4	浮点	435.0
3		带符号	
4	VD8	浮点	692.0

(b) 运算结果

图 4-35　实数加减指令举例

6. 实数乘/除指令

指令格式及功能见表 4-26。

表 4-26　实数乘/除指令的格式及功能

梯形图 LAD	语句表 STL		功能
	操作码	操作数	
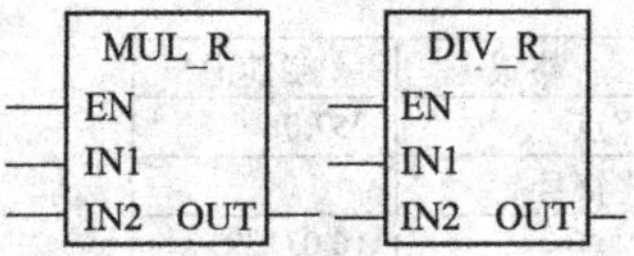	*R /R	IN1,OUT IN1,OUT	当使能位 EN 为 1 时,执行实数 IN1 * IN2 或 IN1/IN2 运算,并将结果保存到 OUT 对语句表指令,则执行 IN1 * OUT＝OUT 或 OUT/IN1＝OUT 操作

说明：

① IN1 指定乘数（除数），IN2 指定被乘数（被除数）。各操作数要按双字寻址，不能寻址专用的字及双字存储器，如 T、C 及 HC 等；OUT 不能寻址常数。

② 该指令影响下列特殊内存位：SM1.0（零）；SM1.1（溢出或操作过程中生成非法数

值或发现非法输入参数)；SM1.2（负)；SM1.3（除数为 0)。

例：对 VD0、VD4 中的实数进行乘法运算，对 VD30、VD34 中的实数进行除法运算，其结果分别保存到 VD10 和 VD40 中。梯形图程序及运算结果如图 4-36 所示。

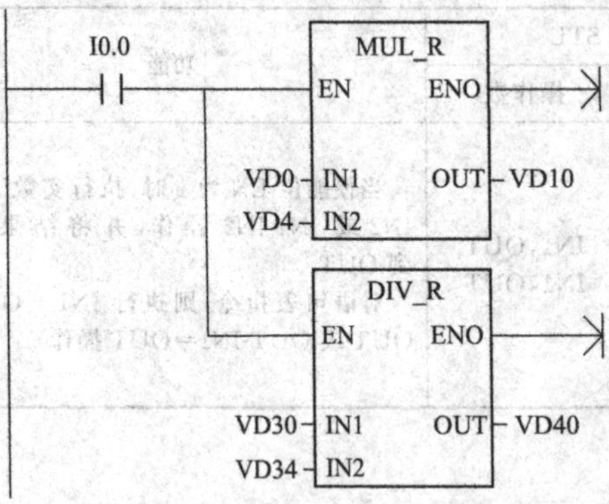

(a) 梯形图程序

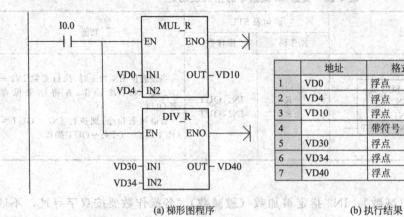

	地址	格式	当前值
1	VD0	浮点	300.0
2	VD4	浮点	200.0
3	VD10	浮点	60000.0
4		带符号	
5	VD30	浮点	400.0
6	VD34	浮点	41.0
7	VD40	浮点	9.756098

(b) 执行结果

图 4-36　实数乘/除指令编程举例

7. 实数的开方指令

指令格式及功能见表 4-27。

表 4-27　实数开方指令的格式及功能

梯形图 LAD	语句表 STL		功能
	操作码	操作数	
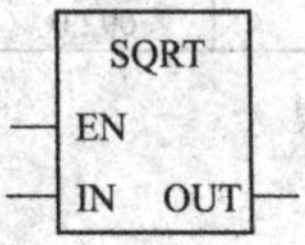 SQRT EN IN OUT	SQRT	IN, OUT	当使能位 EN 为 1 时，将 32 位实数 IN 开方，得到的 32 位实数结果保存到 OUT

说明：

① 操作数要按双字寻址，不能寻址某些专用的字及双字存储器 T、C、HC 等，OUT 不能对常数寻址；

② 此指令影响下列特殊内存位：SM1.0（零)；SM1.1（溢出)；SM1.2（负)。

例：将 VD0 存储单元中的实数数据进行开方操作，结果存入 VD10 存储单元中。对应的梯形图程序及运行结果如图 4-37 所示。

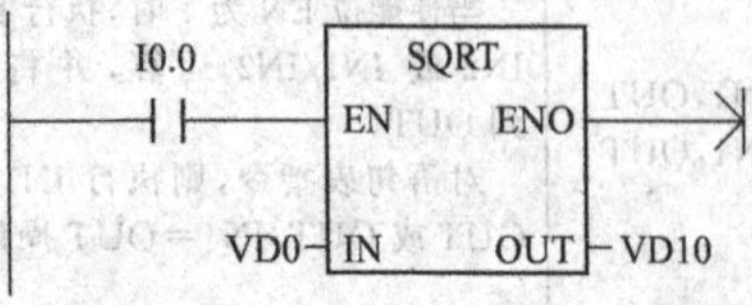

(a) 梯形图程序

	地址	格式	当前值
1	VD0	浮点	257.0
2		带符号	
3	VD10	浮点	16.03122

(b) 执行结果

图 4-37　实数开方指令举例

8. 三角运算指令

指令格式及功能见表 4-28。

表 4-28　三角运算指令的格式及功能

梯形图 LAD	语句表 STL		功能
	操作码	操作数	
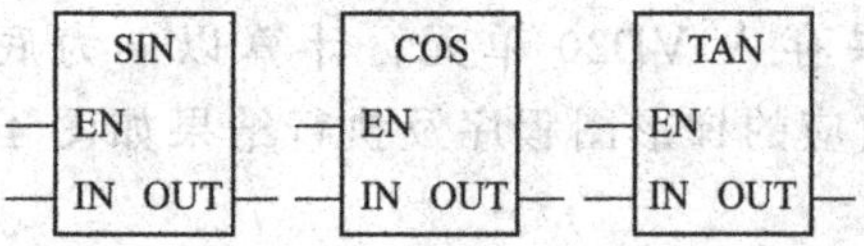	SIN COS TAN	IN1,OUT IN1,OUT IN1,OUT	当使能位 EN 为 1 时，分别对角度的弧度值 IN 进行正弦、余弦、正切运算，并将结果放置在 OUT 中

说明：

① IN 指定角度值，单位为弧度。欲将输入角度转换成弧度，需将角度值乘以 1.745329E-2（约等于 π/180）；

② IN 和 OUT 按双字寻址，不能寻址专用的字及双字存储器 T、C、HC 等，OUT 不能寻址常数；

③ 此指令影响下列特殊内存位：SM1.0（零）；SM1.1（溢出）；SM1.2（负）。

例：求角度 63.5°的正弦值，并将其结果存储在 VD22 存储单元中。对应的梯形图程序及运行结果如图 4-38 所示。

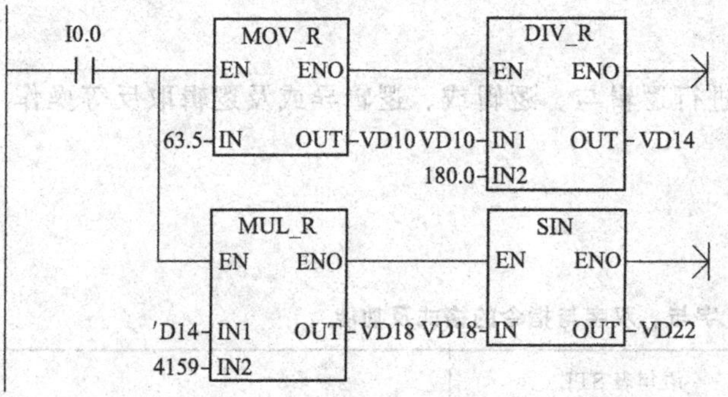

(a) 梯形图程序

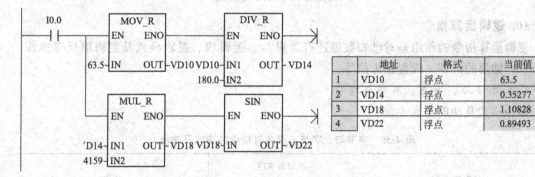

	地址	格式	当前值
1	VD10	浮点	63.5
2	VD14	浮点	0.35277
3	VD18	浮点	1.10828
4	VD22	浮点	0.89493

(b) 执行结果

图 4-38　求角度正弦值的梯形图程序及运行结果

9. 自然对数/指数指令

指令格式及功能见表 4-29。

表 4-29　自然对数/指数指令的格式及功能

梯形图 LAD	语句表 STL		功能
	操作码	操作数	
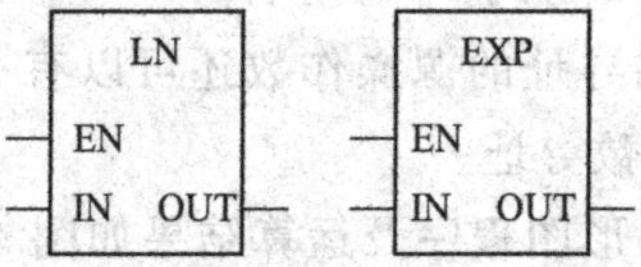	LN EXP	IN1,OUT IN1,OUT	当使能位 EN 为 1 时，LN 指令计算输入数据 IN 的自然对数，EXP 指令计算 e 的 IN 次方，结果都置于 OUT

说明：

① 操作数按双字寻址，但不能对专用字及双字存储器 T、C、HC 等寻址，OUT 不能

寻址常数；

② 欲从自然对数值获得以 10 为底的对数值，需将自然对数值除以 2.302585（约等于 10 的自然对数值）；

③ 此组指令影响下列特殊内存位：SM1.0（零）；SM1.1（溢出）；SM1.2（负）。

例：计算 VD10 中数据的自然对数值，结果存入 VD20 单元；计算以 e 为底的 VD30 中数据的指数值，结果存入 VD40 单元。对应的梯形图程序及执行结果如图 4-39 所示。

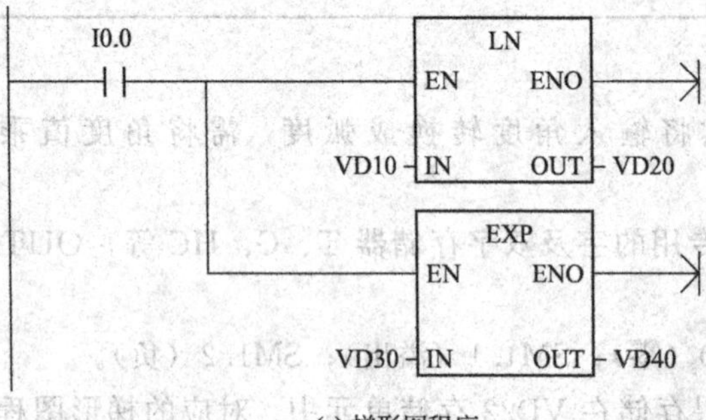

(a) 梯形图程序

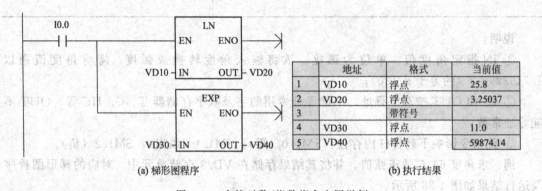

	地址	格式	当前值
1	VD10	浮点	25.8
2	VD20	浮点	3.25037
3		带符号	
4	VD30	浮点	11.0
5	VD40	浮点	59874.14

(b) 执行结果

图 4-39　自然对数/指数指令应用举例

10. 逻辑运算指令

逻辑运算指令的作用是对已知数据进行逻辑与、逻辑或、逻辑异或及逻辑取反等操作，可用于存储器的清零、设置标志位等。

（1）字节与、字与、双字与指令

指令格式及功能见表 4-30。

表 4-30　字节与、字与、双字与指令的格式及功能

梯形图 LAD	语句表 STL		功能
	操作码	操作数	
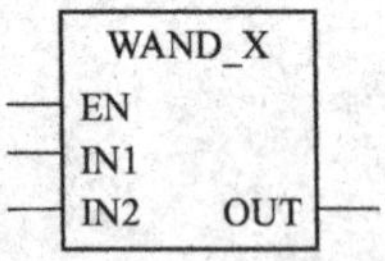	ANDX	IN1,OUT	当使能位 EN 为 1 时，将输入数据 IN1 与 IN2(对语句表为 OUT)进行按位相与运算，并将结果保存到 OUT

说明：

① X 为该逻辑操作的数据长度，包含字节（B）、字（W）、双字（D）三种；

② 操作数的寻址范围要与操作码中的 X 一致，其中对字寻址的源操作数还可以有 AI，双字寻址的源操作数可以有 HC，目的操作数 OUT 不能对常数寻址。

例：保留 VB2 的高四位，屏蔽 VB2 的低四位。对应的梯形图程序及运算结果如图 4-40 所示。

（2）字节或、字或、双字或指令

指令格式及功能见表 4-31。

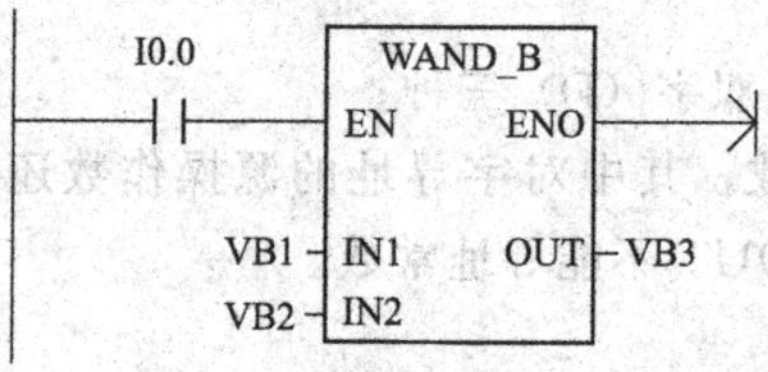

(a) 梯形图程序

	地址	格式	当前值
1	VB1	二进制	2#1111_0000
2	VB2	二进制	2#0100_1110
3		带符号	
4	VB3	二进制	2#0100_0000

(b) 执行结果

图 4-40　逻辑与运算指令编程及结果

表 4-31　字节或、字或、双字或指令的格式及功能

梯形图 LAD	语句表 STL		功能
	操作码	操作数	
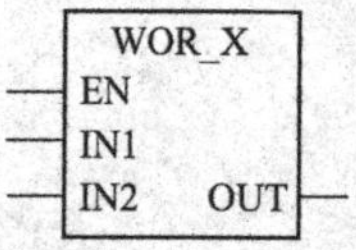	ORX	IN1,OUT	当使能位 EN 为 1 时，将输入数据 IN1 与 IN2(对语句表为 OUT)进行按位相或运算，并将结果保存到 OUT

说明：

① X 代表数据长度，包含字节（B）、字（W）、双字（D）三种；

② 各操作数的寻址范围要与操作码中的 X 一致，其中对字寻址的源操作数还可以有 AI，双字寻址的源操作数可以有 HC，目的操作数 OUT 不能对常数寻址。

例：如图 4-41 所示，变量 VB1 的各位与 16 进制常数 16＃0A 相“或”，因为 16＃0A 的第 3 位和第 1 位为 1，所以不论 VB1 这两位为 1 还是为 0，运算结果 VB1 的这两位都被置为 1，其余各位不变。

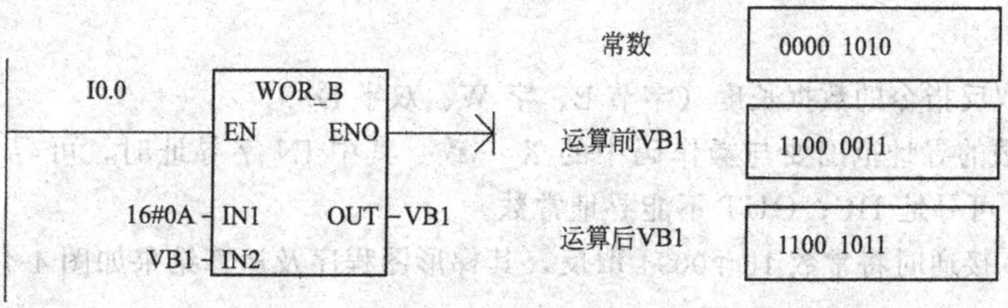

(a) 梯形图程序　　(b) 运算结果

图 4-41　逻辑或运算指令编程及结果

（3）字节异或、字异或、双字异或指令

指令格式及功能见表 4-32。

表 4-32　字节异或、字异或、双字异或指令的格式及功能

梯形图 LAD	语句表 STL		功能
	操作码	操作数	
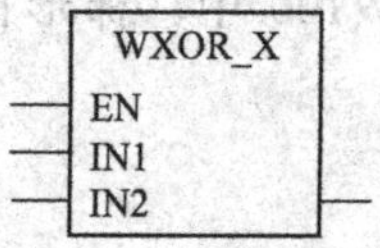	XORX	IN1,OUT	当使能位 EN 为 1 时，将输入数据 IN1 与 IN2(对语句表为 OUT)进行按位异或操作，并将结果保存到 OUT

说明：

① X代表数据长度，包含字节（B）、字（W）、双字（D）三种；

② 各操作数的寻址范围要与操作码中的X一致，其中对字寻址的源操作数还可以有AI，双字寻址的源操作数可以有HC，目的操作数OUT不能寻址常数。

图4-42所示为异或运算指令编程及运算结果。

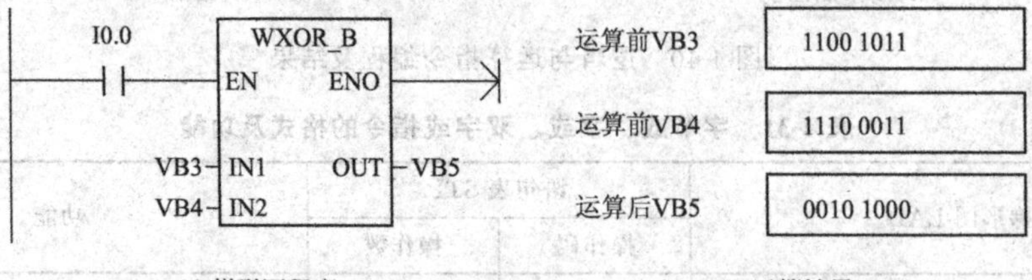

(a) 梯形图程序　　(b) 运算结果

图4-42　异或运算指令编程及运算结果

(4) 字节取反、字取反、双字取反指令

指令格式及功能见表4-33。

表4-33　字节取反、字取反、双字取反指令的格式及功能

梯形图 LAD	语句表 STL		功能
	操作码	操作数	
INV_X EN IN　OUT	INVX	OUT	当使能位EN为1时，把输入数据IN按位取反后保存到OUT

说明：

① X为取反指令的数据长度（字节B、字W、双字D）；

② 操作数的寻址范围要与操作码中的X一致。其中IN字寻址时，可寻T、C及AI；双字寻址时，可寻址HC；OUT不能寻址常数。

例：I0.0接通时将常数16#0094取反，其梯形图程序及运算结果如图4-43所示。

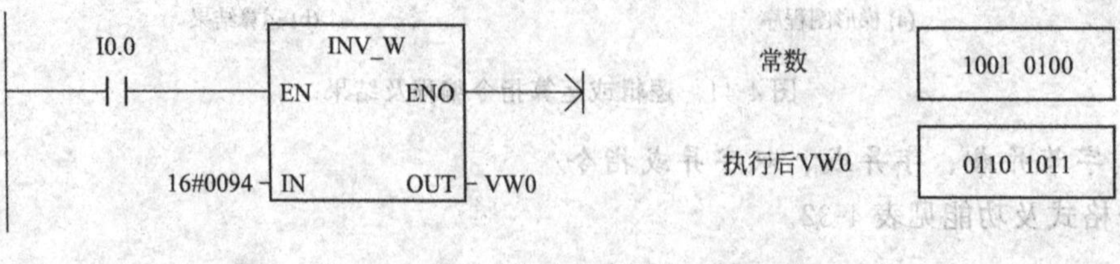

图4-43　字取反指令的编程及运行结果

11. 数据运算指令应用

(1) 计算绝对值

求VW100中负整数的绝对值，并将求得的结果存放在VW100中，梯形图程序如图4-44所示。

上机操作步骤：

①启动STEP 7-Micro/WIN 32，将程序录入到梯形图编辑器中；

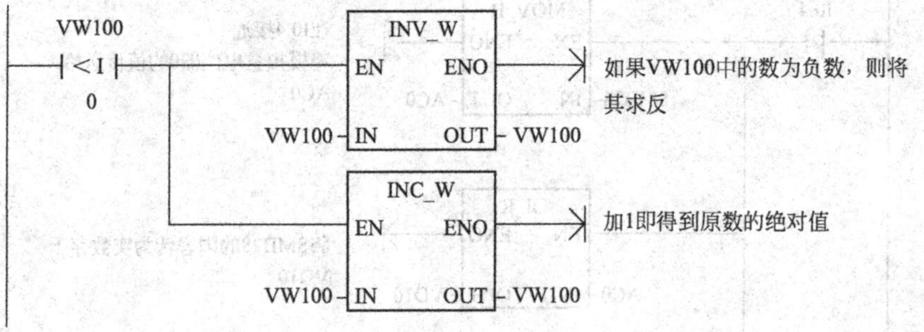

图 4-44　求绝对值编程举例

② 打开数据编辑器，键入 VB100　-34；

③ 下载梯形图程序及数据块；

④ 打开状态表编辑器，输入要观察的数据，使 PLC 处于运行状态，观察 VW100 中数值的变化情况。

(2) 用模拟电位器调节定时器设定值

用模拟电位器调节定时器 T37 的设定值，要求定时范围为 5～20s。CPU221 和 CPU222 只有一个模拟电位器，其他的 CPU 都有两个模拟电位器。CPU 将电位器 0 和电位器 1 的位置转换为 0～255 的数字值，然后分别存入特殊存储器字节 SMB28 和 SMB29 中。调整电位器的位置，即可改变 SMB28 和 SMB29 中的值。

要求在输入 I0.4 得电的情况下，用模拟量电位器 0 来设置定时器 T37 的设定值，设定的范围为 5～20s，即从电位器读出的数字 0～255 对应于定时器 5～20s 的定时值。设从电位器读出的数字为 N，则 100ms 定时器的设定值为：

$$[(200-50)*N/255]+50=[150*N/255]+50$$

为保证运算精度，采用实数运算指令作乘除运算，运算的结果取整后再加 50 存入 VW50 中。对应的梯形图程序如图 4-45 所示。

上机操作步骤：

① 启动 STEP 7-Micro/MIN 32，将程序录入并下载到 PLC 中，使 PLC 进入运行状态；

② 打开状态表编辑器，输入 SMB28、VD10、VD20、VD30、VD40、VW50，进入状态表监控状态，观察各变量的状态值；

③ 强制 I0.4 得电，调整模拟量电位器 0 的位置，观察 SMB28、VW50 的值；

④ 采用其他运算指令重新编程，监控运行结果。

(3) 触摸屏或组态软件数据显示 PLC 程序设计

通过 VW10～VW28 将 VW1000～VW1099 中的 100 个数据分 10 页显示到触摸屏或监控软件中，其显示界面如图 4-46 所示。按一下“首页”按钮，数据显示第一页；按“下页”按钮，数据向下翻页显示，若翻到最后一页再按“下页”按钮时，数据将返回第一页；按“上页”按钮，数据向上翻页显示；若翻到第一页再按“上页”按钮时，数据将返回最后一页。设 M30.0 为首次显示按钮，M30.1 为上页显示按钮，M30.2 为下页显示按钮，则对应的首页数据显示梯形图如图 4-47 所示，向下翻页数据显示梯形图如图 4-48 所示，向上翻页数据显示梯形图如图 4-49 所示。

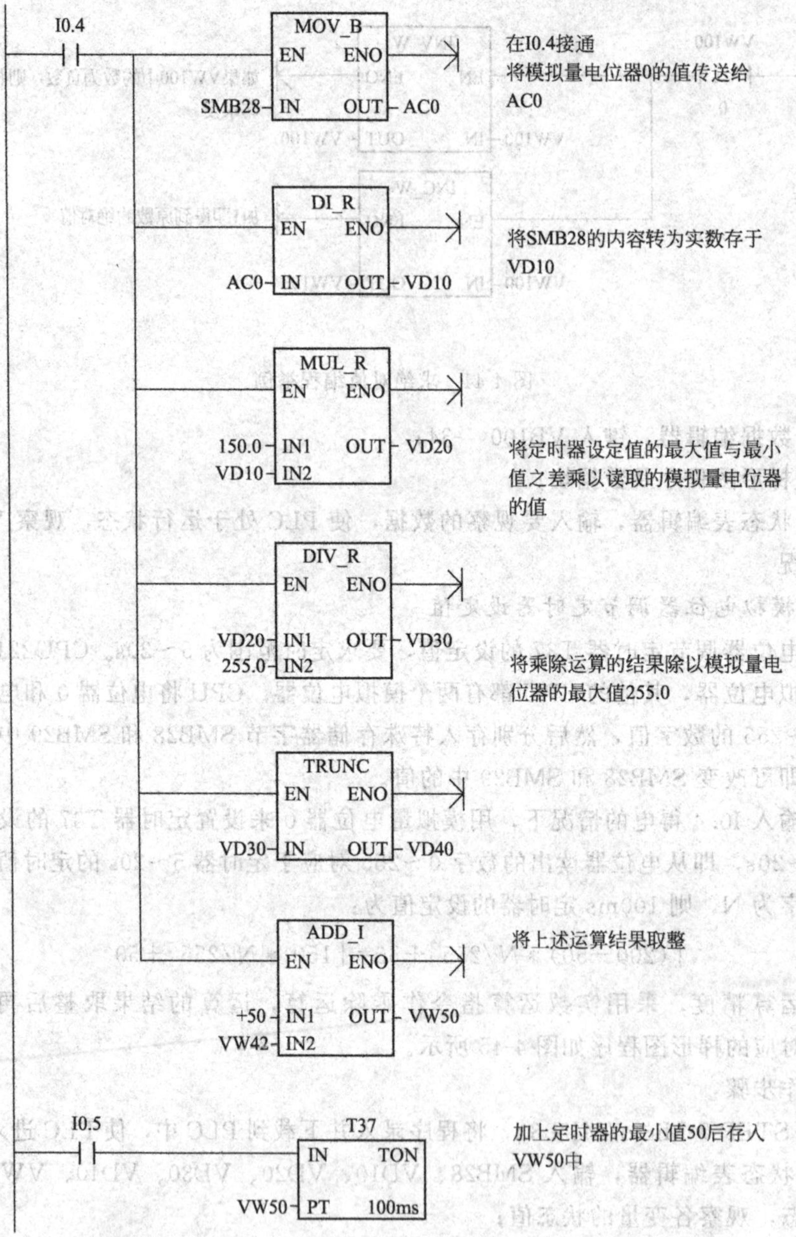

图 4-45 模拟电位器调节定时器设定值

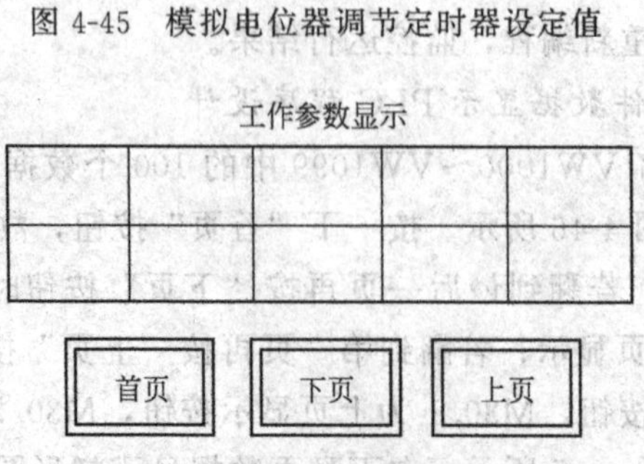

图 4-46 触摸屏中参数显示界面

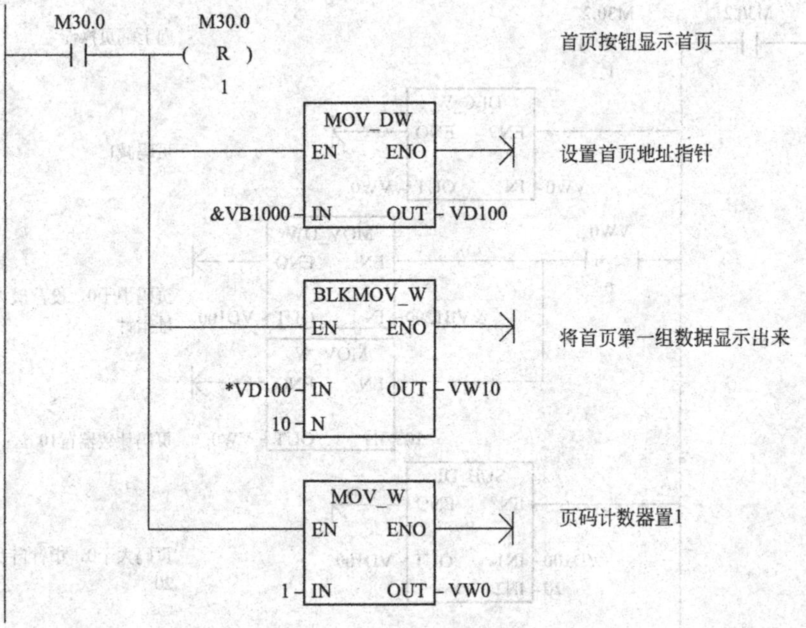

图 4-47 首页数据显示梯形图

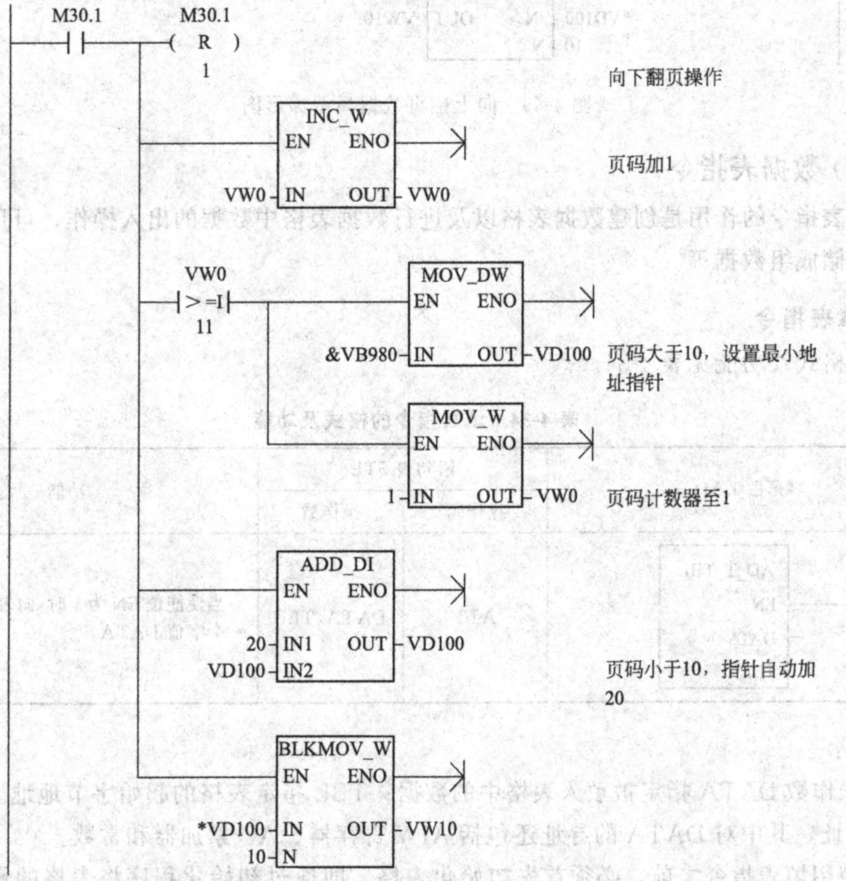

图 4-48 向下翻页数据显示梯形图

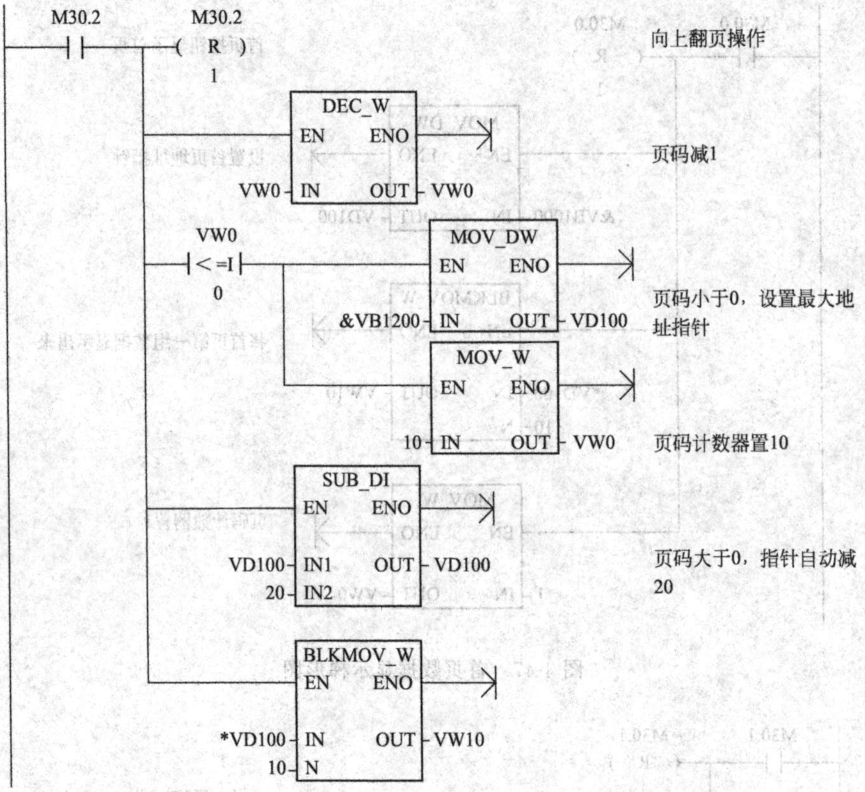

图 4-49　向上翻页数据显示梯形图

（三）数据表指令

数据表指令的作用是创建数据表格以及进行数据表格中数据的出入操作，可用于定义参数表及存储成组数据等。

1. 填表指令

指令格式及功能见表 4-34。

表 4-34　填表指令的格式及功能

梯形图 LAD	语句表 STL		功能
	操作码	操作数	
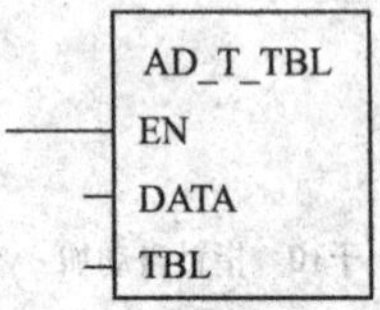	ATT	DATA，TBL	当使能位 EN 为 1 时，向表 TBL 中增加一个字值 DATA

说明：

① 操作数 DATA 指定被填入表格中的数据；TBL 指定表格的起始字节地址。两操作数均按字寻址，其中对 DATA 的寻址还包括 AIW 寄存器、AC 累加器和常数。

② 使用填表指令之前，必须首先初始化表格，即通过初始化程序将表格的最大填表数置入表中。

③ 表中第一个数是最大填表数（TL），第二个数是实际填表数（EC），指出已填入表的数据个数，新的数据填加在表中上一个数据的后面。

④ 每向表中填加一个新的数据，EC 会自动加 1。一张表除了 TL 和 EC 这两个参数外，还可以有最多 100 个填表数据。

例：设一表的起始地址为 VW20，表格的最大填表数为 6，已填入数据两个。现将 VW10 中的数据 1234 填入表中。对应的程序及运行结果如图 4-50 所示。

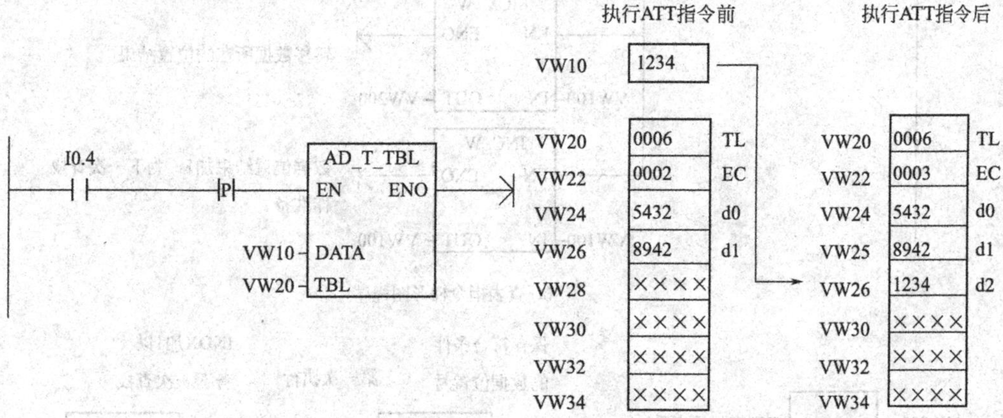

图 4-50　填表指令编程举例

2. 查表指令

指令格式及功能见表 4-35。

表 4-35　查表指令的格式及功能

梯形图 LAD	语句表 STL		功能
	操作码	操作数	
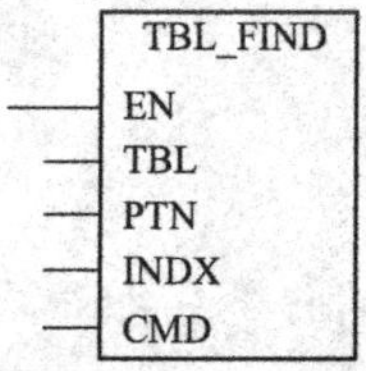	FND= FND<> FND< FND>	CRS,PATRN,INDX CRS,PATRN,INDX CRS,PATRN,INDX CRS,PATRN,INDX	当使能位 EN 为 1 时，从表 TBL 中的第一个数据开始搜索符合参考数据 PTN 和条件=、<>、<或>的数据。如果发现一个符合条件的数据，则将该数据的位置号存入 INDX 中

说明：

① 操作数 TBL 指定表的起始地址，直接指向表中的实际填表数；PTN 指定要查找的参考数据；INDX 存放所查数据的所在位置；CMD 指定被查数据与参考数据之间的关系：1 为=、2 为<>、3 为<、4 为>；

② 除 CMD 外其余操作数均按字寻址。其中 PTN 还可以寻址常数；

③ 找到一个符合条件的数据后，为了查找下一个符合条件的数据，在激活查表指令前，必须先对 INDX 加 1。如果没有发现符合条件的数据，那么 INDX 等于最大填表数 EC；如果再次查表，需将 INDX 置 0。

例：设表格为 VW200，表格中已填入数据 6 个，现从表格中查找 16 进制数据 3130，对应的查表程序及查表过程如图 4-51 所示。

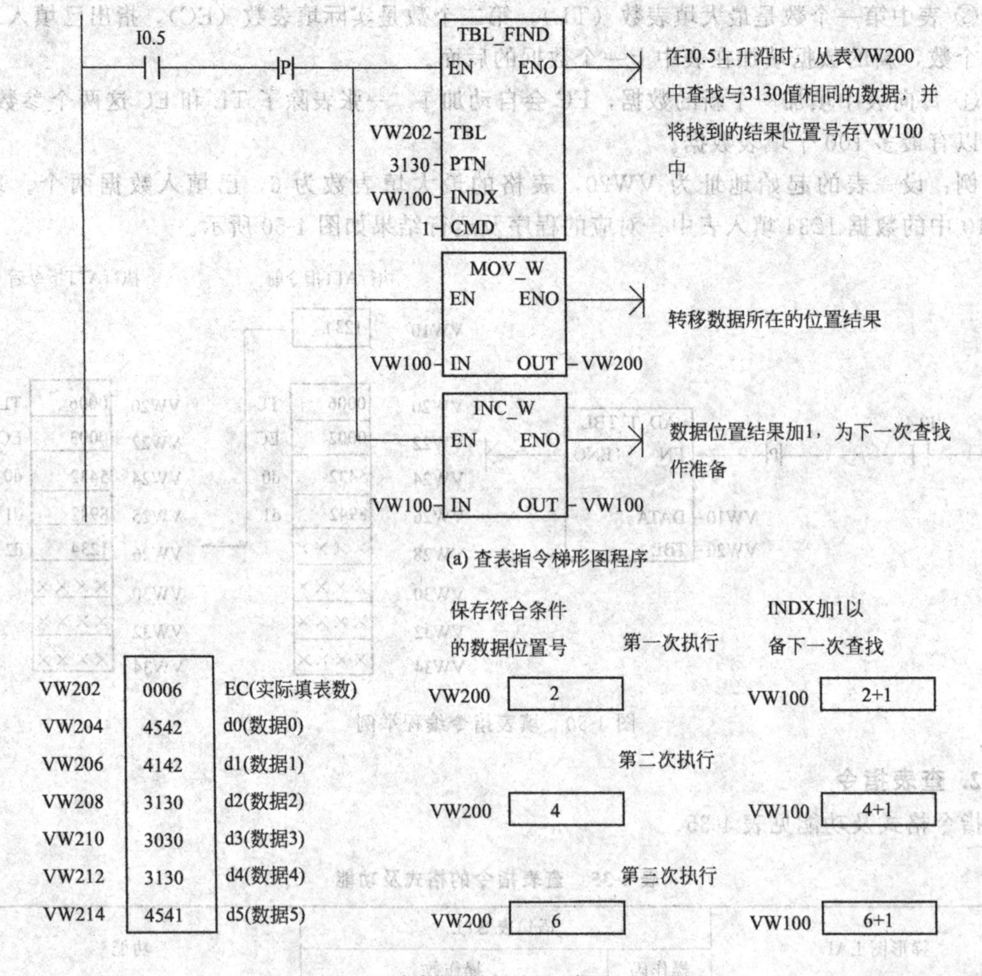

(a) 查表指令梯形图程序

(b) 查表指令执行过程示意图

图 4-51　查表指令编程及执行过程

3. 存储器填充指令

指令格式及功能见表 4-36。

表 4-36　存储器填充指令的格式及功能

梯形图 LAD	语句表 STL		功能
	操作码	操作数	
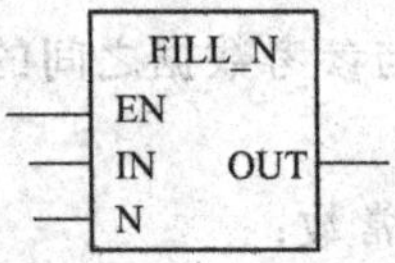	FILL	IN,OUT,N	当使能位 EN 为 1 时，将指定的 N 个字(IN)填充到从输出字(OUT)开始的存储器中

说明：操作数 N 采用字节寻址，也可寻址常数，其范围为 1～255；OUT 不能寻址常数。

例：将 25 填入 VW10 开始的连续的 5 个存储单元中，其对应的梯形图程序如图 4-52 所示。

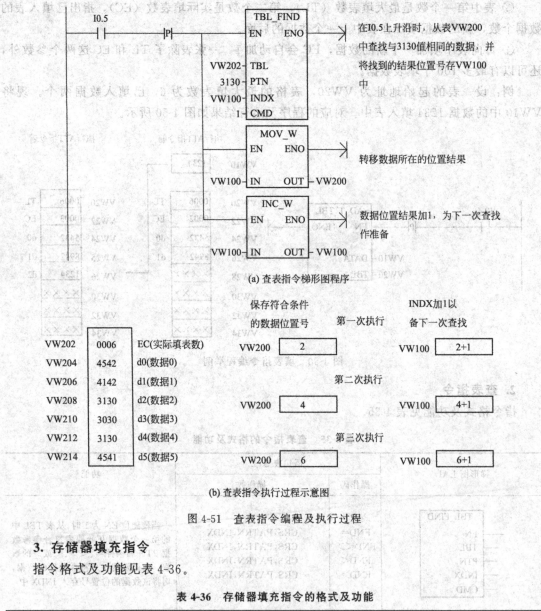

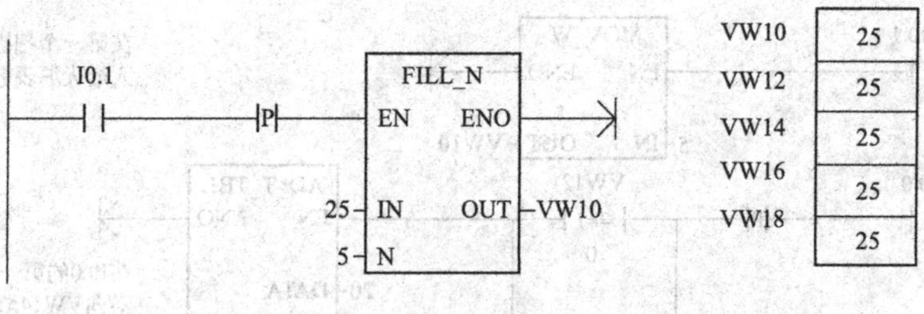

(a) 梯形图程序　　(b) 运行结果示意图

图 4-52　填充指令举例

4. 先进先出/后进先出指令

指令格式及功能见表 4-37。

表 4-37　先进先出/后进先出指令的格式及功能

梯形图 LAD	语句表 STL		功能
	操作码	操作数	
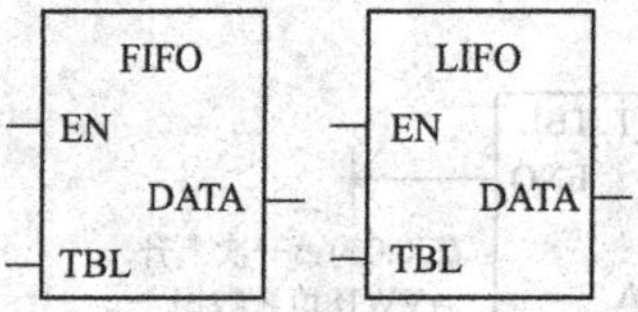	FIFO LIFO	TBL,DATA TBL,DATA	当使能位 EN 为 1 时，FIFO 指令从表 TBL 中移走第一个数据，剩余数据依次上移一个位置；LIFO 指令从表 TBL 中移走最后一个数据

说明：操作数 DATA、TBL 的寻址范围及方式同填表指令；

每执行一次 FIFO 或 LIFO 指令，表中的实际填表数（EC）减 1。

例：设表格 VW200 和 VW100 中均有三个数据，现分别采用 LIFO 和 FIFO 指令取一个数据到 VW300 和 VW400 中，对应的程序及运行结果如图 4-53 所示。

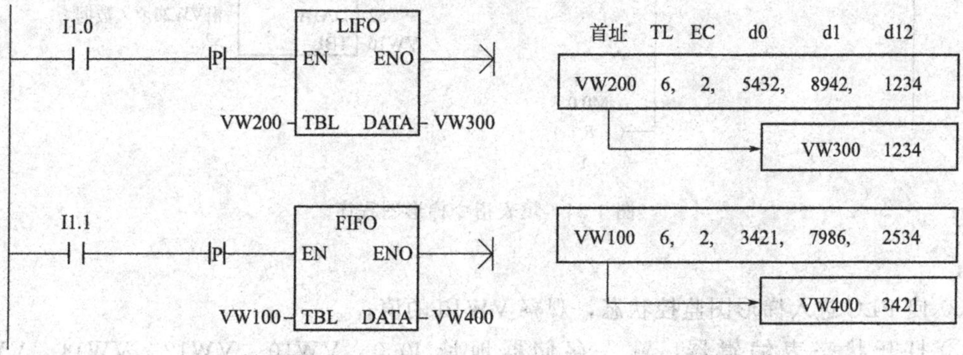

(a) 梯形图程序　　(b) 操作示意图

图 4-53　先进先出/后进先出指令编程举例

5. 表处理指令应用

使用填表指令将数字 20、23、43、52 填入表格 VW10 中，且 I0.0 每得电一次只填一个数。梯形图程序如图 4-54 所示。

上机操作步骤：

① 启动 STEP 7-Micro/MIN 32，将程序录入并下载到 PLC 中，并使 PLC 进入运行

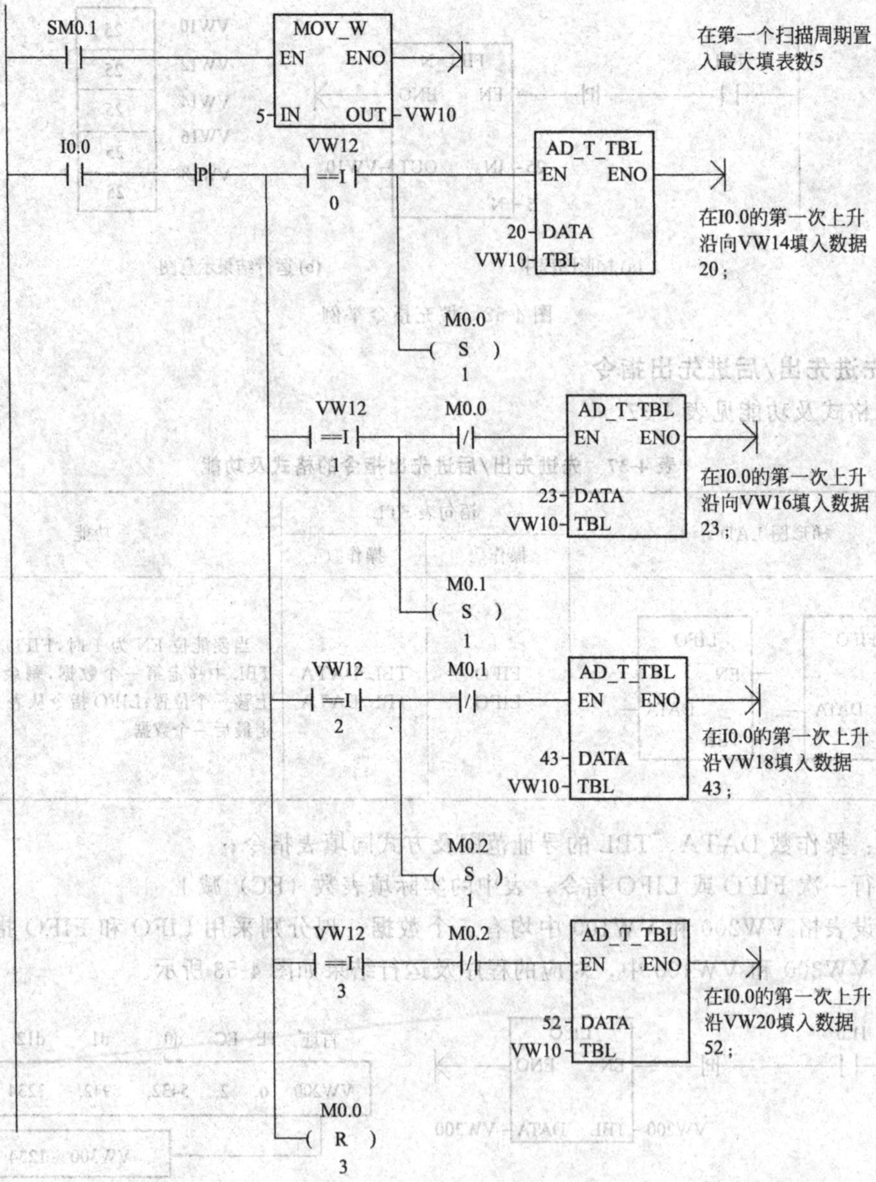

图 4-54　填表指令梯形图程序

状态；

② 使 PLC 进入梯形图监控状态，观察 VW10 的值；

③ 打开状态表编辑器，输入存储器地址 I0.0、VW10、VW12、VW14、VW16、VW18、VW20，观察它们的当前值；顺序强制 I0.0 得电，观察填表结果。

思考与练习

1. 设 Q0.0、Q0.1、Q0.2 分别驱动三台电动机的电源接触器，I0.6 为三台电动机依次启动的启动按钮，I0.7 为三台电动机同时停车的按钮，要求三台电动机依次启动的时间间隔为 10 秒钟，试采用定时器指令、比较指令、计数器指令编写程序。

2. 有电动机四台，希望能够同时启动同时停车。试用传送指令编程实现。

3. 若 I0.1、I0.2、I0.3、I0.4 分别对应着 3、4、5、6 个数字。试用数据传送指令与段码指令、译码指令将其通过 QB0 显示出来。

4. 一圆的半径值（<10000 的整数）存放在 VW100 中，取 $\pi=3.1416$，用实数运算指令计算圆周长，结果转为整数后存放在 VW200 中。

5. 要求同题 4，试用整数运算指令求周长。

6. 在 M0.0 的上升沿，用 3 个拨码开关来设置定时器的时间，每个拨码开关的输出占用 PLC 的 4 位数字量输入点，个位拨码开关接 I1.0～I1.3，I1.0 为最低位；十位和百位拨码开关分别接 I1.4～I1.7 和 I0.0～I0.3。设计语句表程序，读入拨码开关输出的 BCD 码，转换为二进制数后存放在 VW10 中，作为通电延时定时器 T33 的时间设定值。T33 在 I0.1 为 ON 时开始定时。

7. 在 I0.1 的上升沿，用 CPU 模块上的模拟电位器 1 来设置 10ms 定时器 T33 的设定值，设置的范围为 4.5～13.5s，I0.0 为 ON 时 T33 开始定时，设计语句表程序。

8. 某频率变送器的量程为 45～55Hz，输出信号为 DC0～10V，模拟量输入模块输入的 0～10V 电压被转换为 0～32000 的整数。在 I0.0 的上升沿，根据 AIW0 中 A/D 转换后的数据 N，用整数运算指令计算出以 0.01Hz 为单位的频率值。当频率大于 52Hz 或小于 48Hz 时，通过 Q0.0 发出报警信号，试编写程序。

9. 彩灯循环移位的时间间隔为 1s，用 I0.1 作为移位方向控制开关，I0.1 为 OFF 时循环右移一位，为 ON 时循环左移一位，试编写程序。

10. 设定时器的预设值为 30s、40s、50s，现分别通过开关 I0.0、I0.1、I0.2 对预设值进行预设，试用数据传送指令通过编程来实现。

11. 由定时器和比较指令组成占空比可调的脉冲发生器。

12. 某程序如图 4-55 所示，已知 VW20 中内容为：1110001010101101，分析程序执行后 VW20 中的内容如何变化。

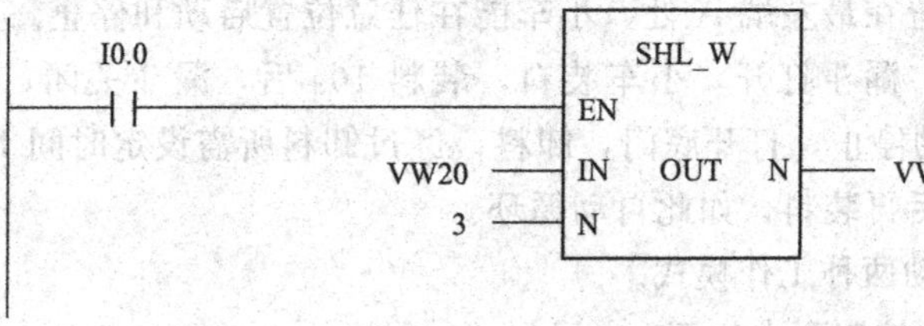

图 4-55　习题 12 图

项目五 运料小车控制

【教学目标】

1. 理解程序控制类指令的功能；
2. 能正确使用跳转、循环等指令编写满足控制要求的程序；
3. 能应用子程序实现控制功能；
4. 能对控制电路进行安装和调试。

一、任务要求

使用程序控制类指令，包括跳转指令、循环指令、子程序指令等，按要求完成运料小车控制电路的安装、程序调试，能够对所装接电路进行调试运行。

图 5-1 是运料小车的工作示意图，控制要求如下。

① 小车的初始位置在最左端 A 处，小车能在任意位置启动和停止。

② 按下启动按钮，漏斗打开，小车装料，装料 10s 后，漏斗关闭，小车开始前进。到达卸料 B 处，小车自动停止，打开底门，卸料，经过卸料所需设定时间 15s 延时后，小车自动返回装料 A 处。然后再装料，如此自动循环。

③ 要求手动及自动两种工作模式。

手动工作方式下的控制要求如下。

① 单一操作，即可用相应按钮来接通或断开各负载。在这种工作方式下，选择开关置于手动挡。

② 返回原位。按下返回原位按钮，小车自动返回初始位置。在这种工作方式下，选择开关置于返回原位挡。

自动工作方式下的控制要求如下。

① 连续。小车处于原位，按下启动按钮，小车按前述工作过程连续循环工作。按下停止按钮，小车返回原位后，停止工作。在这种工作方式下，选择开关置于连续工作挡。

② 单周期。小车处于原位，按下启动按钮后，小车系统开始工作，工作一个周期后，小车回到初始位置停止。

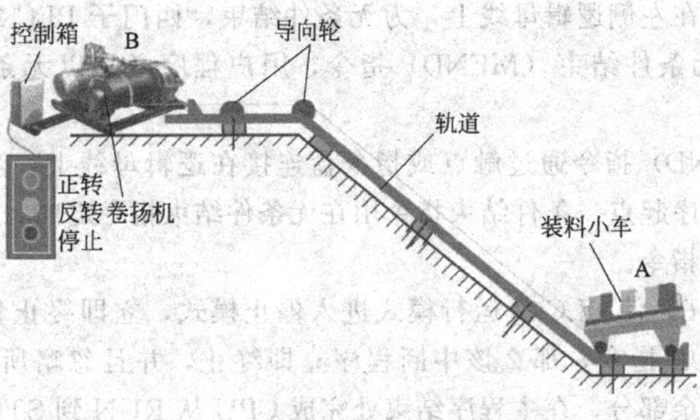

图 5-1 运料小车工作示意图

二、相关知识

程序控制类指令主要用于程序执行流程的控制，合理使用该类指令可以优化程序结构，增强程序功能。S7 系列 PLC 程序控制类指令主要包括结束、暂停、监视计时器复位、跳转与标号、循环与循环结束、子程序和顺序控制等指令。顺序控制指令在前面的任务中已经详细介绍过，这里主要介绍其他常用程序控制类指令。

（一）主要程序控制指令

1. 结束指令（END）、暂停指令（STOP）

结束指令（END）和暂停指令（STOP）通常在程序中用来对突发紧急事件进行处理，以避免实际生产中的重大损失。指令格式及功能如表 5-1 所示。

表 5-1 程序控制指令的格式及功能

指令名称	LAD	STL	指令功能
结束指令	—(END)	END	有条件结束(END)指令通过触点或指令盒连接在逻辑母线上，根据前面的逻辑关系终止当前的扫描周期，返回主程序起点，只能在主程序中使用
暂停指令	—(STOP)	STOP	输入有效时，能够引起 CPU 工作方式发生变化。指令在中断程序中执行，该中断程序立即终止，并忽略所有挂起的中断，继续扫描主程序剩余部分，在本次扫描最后，完成 CPU 从 RUN 到 STOP 方式的转换
监视计时器复位指令	—(WDR)	WDR	输入有效时，可以把警戒时钟刷新，即延长扫描周期，从而有效地避免看门狗超时错误
跳转指令	n —(JMP)	JMPn	输入有效时，可使程序流程转到同一程序中的具体标号(n)处
跳转标号指令	n LBL	LBLn	标记跳转目的地的位置(n)，n 为常数，通常为 0～255
循环开始指令	FOR EN ENO INDX INIT FINAL	FOR INDX， INIT， FINAL	FOR 和 NEXT 之间的程序段称为循环体，输入 EN 有效时，开始执行循环体，每执行一次循环体，当前循环计数值增 1，并且将其结果同循环终值比较，如果大于终值则结束循环。循环结束指令的功能是结束循环体 INDX：当前循环计数 INIT：循环初值 FINAL：循环终值
循环结束指令	—(NEXT)	NEXT	

结束指令直接连在左侧逻辑母线上，为无条件结束，西门子PLC编程软件自动在主程序结束时加上一个无条件结束（MEND）指令，用户程序必须以无条件结束指令结束主程序。

有条件结束（END）指令通过触点或指令盒连接在逻辑母线上，当执行条件成立时结束主程序，返回主程序起点。条件结束指令用在无条件结束指令之前，不能在子程序或中断程序中使用条件结束指令。

暂停指令（STOP）使PLC从运行模式进入停止模式，立即终止程序的执行。如果在中断程序中执行STOP指令，那么该中断程序立即终止，并且忽略所有等待执行的中断，继续执行主程序的剩余部分，在主程序结束处完成CPU从RUN到STOP方式的转换。

结束指令（END）和暂停指令（STOP）在程序中的使用如图5-2所示。当I0.1动作时，Q0.0有输出，当前扫描周期结束，终止用户程序但是Q0.0仍保持接通，下面的程序不会执行，返回主程序起点；当I0.0动作时，CPU进入STOP模式，立即停止程序，Q0.0复位。

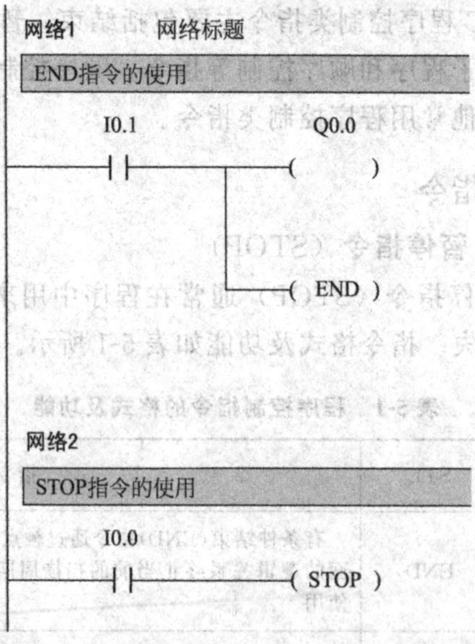

图5-2 结束指令和暂停指令在程序中的使用

2. 监视计时器复位指令（WDR）

PLC内部设置了系统监视计时器WDT，用于监视扫描周期是否超时，每当扫描到WDT计时器时，WDT计时器将复位。WDT计时器有一个设定值（100～300ms）。系统正常工作时，所需扫描时间小于WDT的设定值，WDT计时器被计时复位。系统故障情况下，扫描周期大于WDT计时器设定值，该计时器不能及时复位，则报警并停止CPU运行，同时复位输入、输出。这种故障称为WDT故障，以防止因系统故障或程序进入死循环而引起的扫描周期过长。

系统正常工作时，有时会因为用户程序过长或使用中断指令、循环指令使扫描时间过长，超过WDT计时器的设定值，为防止这种情况下监视计时器动作，可使用监视计时器复位指令，也称为看门狗复位指令，使WDT计时器复位。使用WDR计时器复位指令，在终止本次扫描之前，以下操作过程将被禁止：通信（自由端口方式除外）、I/O（立即I/O除外）、强制更新、SM位更新（SM0，SM5～SM29不能被更新）、运行时间诊断、在中断程序中的STOP指令。指令格式及功能如表5-1所示。

带数字量输出的扩展模块也有一个监控定时器，每次使用 WDR 指令时，应对每个扩展模块的某一个输出字节使用立即写（BIW）指令来复位每个扩展模块的监控定时器。

3. 跳转（JMP）和跳转标号（LBL）指令

跳转指令（JMP）和跳转标号指令（LBL），可以使 PLC 编程的灵活性大大提高，使主机可根据对不同条件的判断，选择不同的程序段执行。跳转指令和相应标号指令必须在同一程序段中配合使用。指令的格式及功能见表 5-1。

执行跳转后，被跳过程序段中的各器件状态为：

① Q、M、S、C 等元器件的位保持跳转前的状态；

② 计数器 C 停止计数，当前值存储器保持跳转前的计数值；

③ 对定时器来说，因刷新方式的不同而工作状态不同。在跳转期间，1ms 时基和 10ms 时基的定时器会一直保持跳转前的工作状态，当前值到达设定值后，其状态位也会改变，输出触点动作，当前值会一直累计到最大 32767 才停止。对时基为 100ms 的定时器来说，跳转期间停止工作，但不会复位，当前值为跳转时的值，跳转结束后，若输入允许，可继续计时，但已失去了准确计时的意义，所以跳转段中的定时器要慎用。

图 5-3 所示为跳转指令和标号指令的用法举例，当 I0.3 为 ON 时，I0.3 的常开触点接通，JMP1 条件满足，程序跳转到标号指令 LBL1 以后的指令，而在 JMP1 和 LBL1 之间的指令一概不执行；当 I0.3 为 OFF 时，I0.3 的常闭触点接通，JMP1 条件不满足，JMP2 条件满足，则程序跳转到标号指令 LBL2 以后的指令，而在 JMP2 和 LBL2 之间的指令一概不执行。如果把 I0.3 作为点动/连续控制选择信号，该程序可作为电动机的点动与连续运转控制程序。

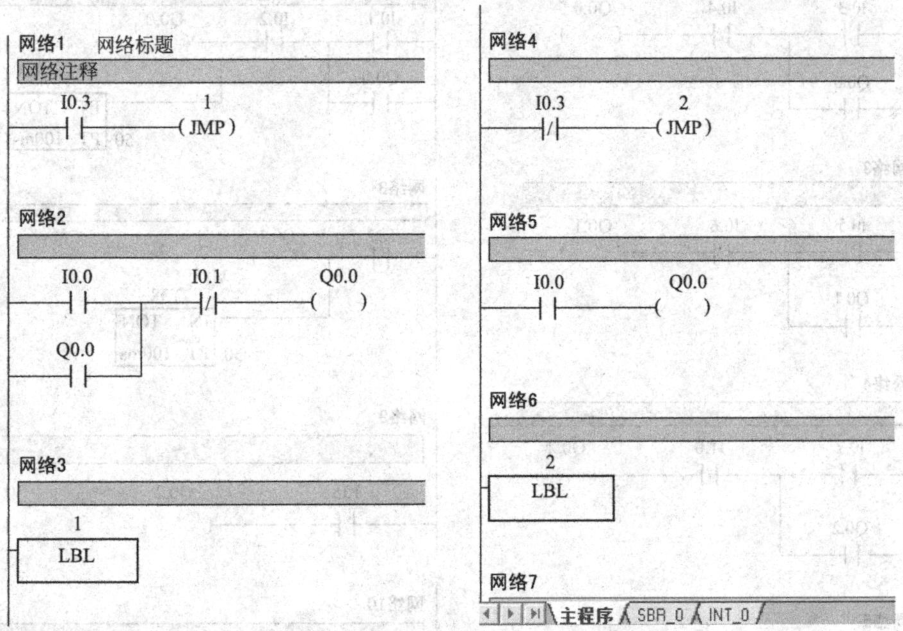

图 5-3　跳转指令和标号指令的用法举例

JMP 和 LBL 指令在工业现场控制中常用于工作方式的选择。例如，有 3 台电动机 M1、M2、M3，具有两种启停工作方式：手动操作方式，分别用每台电动机各自的启停按钮控制电动机的启停状态；自动操作方式，按下启动按钮，M1、M2、M3 每隔 5s 依次启动，按下停止按钮，3 台电动机同时停止。本例 PLC 控制的外部接线图和程序可参考图 5-4、图 5-5。

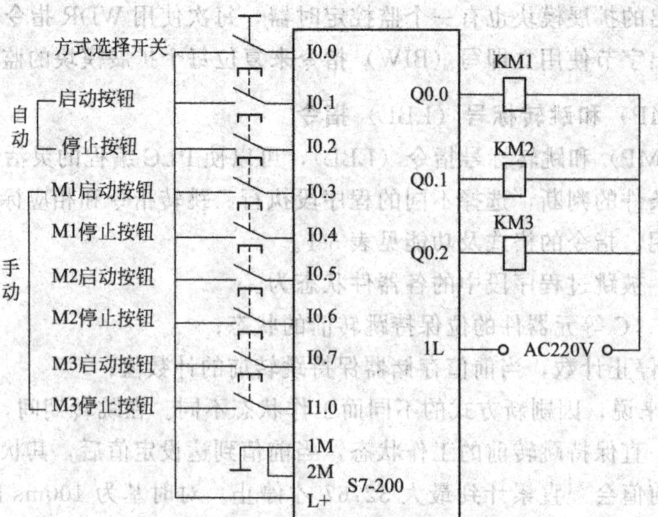

图 5-4　PLC 控制外部接线图

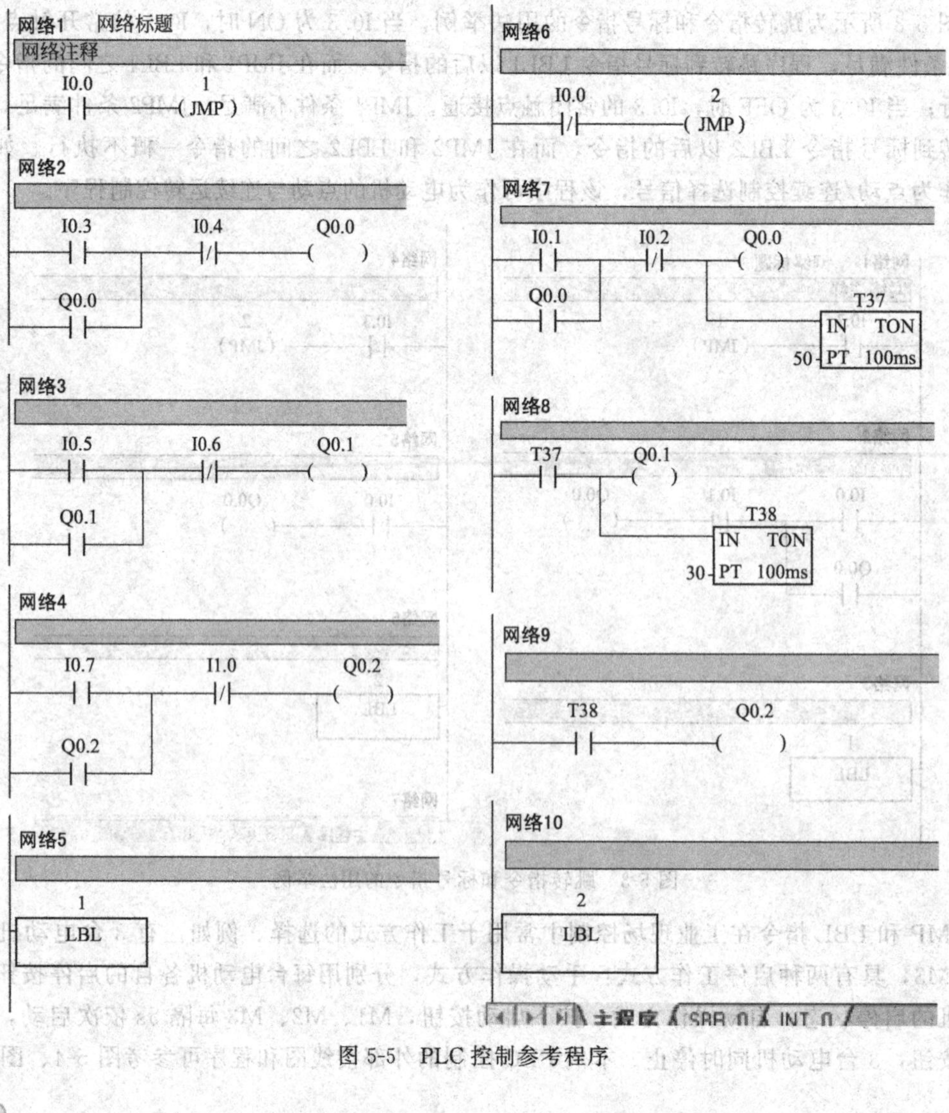

图 5-5　PLC 控制参考程序

4. 循环（FOR）指令和循环结束（NEXT）指令

循环指令为解决重复执行相同功能的程序段提供了极大的方便，特别是在进行大量相同功能的计算和逻辑处理时，循环指令非常有用。该指令有两个，分别为循环开始指令（FOR）和循环结束指令（NEXT）。指令的格式及功能见表 5-1。

循环开始指令有 3 个数据输入端，输入数据类型均为整数型。其中，当前循环计数 INDX，其操作数为 VW、IW、QW、MW、SW、SMW、LW、T、C、AC、*VD、*AC 和 *CD；循环初值 INIT，循环终值 FINAL，它们的操作数为：VW、IW、QW、MW、SW、SMW、LW、T、C、AC、常数、*VD、*AC 和 *CD。

执行循环指令时，FOR 和 NEXT 指令必须配合使用。循环指令可以嵌套使用，但最多不能超过 8 层，且循环体之间不可有交叉。使能有效时，循环指令各参数将自动复位。

图 5-6 所示为循环指令的用法举例。该程序为两重循环指令应用，当 I0.0 的状态为 ON 时，外循环执行 3 次，由 VW200 累计循环次数；当 I0.1 的状态为 ON 时，外循环每执行一次，内循环执行 3 次，由 VW210 累计循环次数。

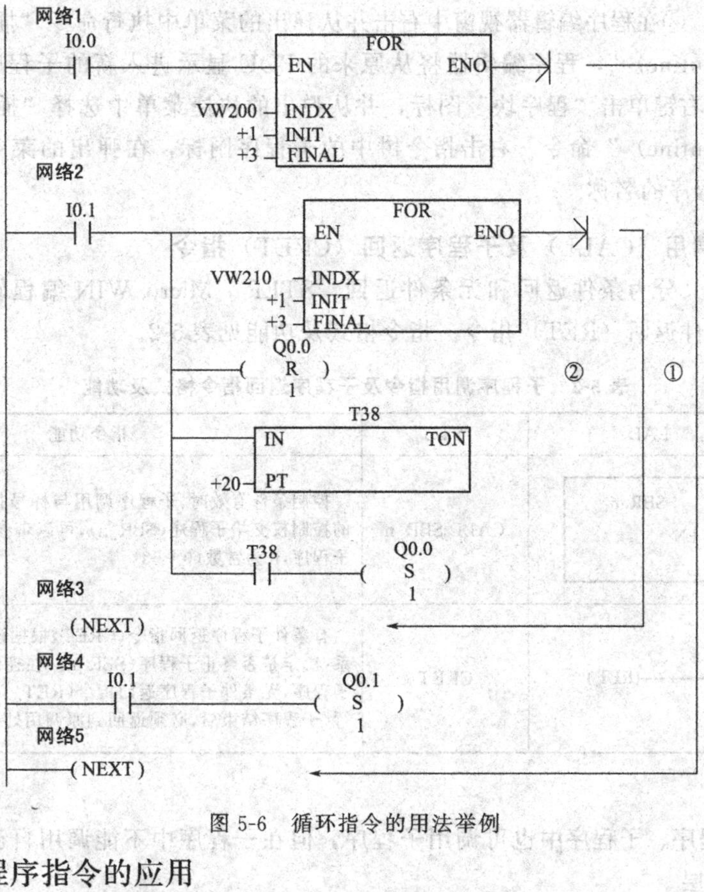

图 5-6 循环指令的用法举例

(二) 子程序指令的应用

S7-200 系列 PLC 的控制程序由主程序，子程序和中断程序组成。程序编辑器窗口里为每个 POU（Program Organizational Unit，程序组织单元）提供一个独立的页，主程序总是在第 1 页，后面是子程序或中断程序，各个程序在编辑器窗口被分开，编译时在程序结束的地方自动加入无条件结束指令或无条件返回指令。主程序的使用在前面的任务中已介绍过，中断程序不是由程序调用，而是在中断事件发生时由系统调用的，这里主要介绍子程序以及子程序指令。

1. 子程序的作用及创建方法

（1）子程序的作用

通常将具有特定功能、并被多次使用的程序段设置为子程序，只写一次子程序，其他的程序在需要的时候调用它。主程序中一般设置有子程序调用指令，由子程序调用指令来决定子程序是否被执行。当满足调用条件时，程序的执行将转移到指定编号的子程序处，执行完子程序，系统返回到主程序中的子程序调用处，继续扫描主程序，因此使用子程序可以减少扫描时间。

（2）子程序的创建方法

在程序中使用子程序，必须进行 3 项任务：①建立子程序；②在子程序局部变量表中定义参数（带参数的子程序调用中有该项）；③在主程序或另一个子程序中设置子程序调用指令。

可采用 3 种方法创建子程序：①在“编辑”菜单中执行命令“插入（Insert）”|“子程序（Subroutine）”；②在程序编辑器视窗中右击并从弹出的菜单中执行命令“插入（Insert）”|“子程序（Subroutine）”，程序编辑器将从原来的 POU 显示进入新的子程序；③在“指令树”中，用鼠标右键单击“程序块”图标，并从弹出的快捷菜单中选择“插入（Insert）”|“子程序（Subroutine）”命令。右击指令树中的子程序图标，在弹出的菜单中选择“重命名”，可修改子程序的名称。

2. 子程序调用（CALL）及子程序返回（CRET）指令

子程序返回又分为条件返回和无条件返回，STEP 7-Micro/WIN 编程软件为每个子程序自动加入无条件返回（RET）指令。指令格式及功能见表 5-2。

表 5-2 子程序调用指令及子程序返回指令格式及功能

指令名称	LAD	STL	指令功能
子程序调用指令	SBR_n EN	CALL SBR_n	控制条件有效时，子程序调用与标号指令（CALL）把程序的控制权交给子程序（SBR_n），可以带参数或不带参数调用子程序，n 为常数（0～63）
子程序返回指令	——(RET)	CRET	有条件子程序返回指令（CRET）根据该指令前面的逻辑关系，决定是否终止子程序（SBR_n），在控制条件有效时，终止子程序，无条件子程序返回指令（RET）立即终止子程序的执行，子程序结束后，必须返回到原调用处

指令说明：

① 在中断程序、子程序中也可调用子程序，但在子程序中不能调用自己，子程序的嵌套深度最多为 8 层。

② 子程序被调用时，系统会保存当前的逻辑堆栈。保存后再置栈顶值为 1，堆栈的其他值为零，把控制权交给被调用的子程序。子程序执行完毕，通过返回指令自动恢复逻辑堆栈原调用点的值，把控制权交还给调用程序。主程序和子程序共用累加器，调用子程序时无须对累加器作存储及重装操作。

③ 一个项目中最多可以创建 64 个子程序，CPU226 型 PLC 支持 128 个子程序。

3. 子程序调用指令示例

设计一抢答器控制电路，要求为：①系统初始上电后，主控人员在总控制台上单击“开始”按键后，允许各队人员开始抢答，即各队抢答按键有效；②抢答过程中，1～4 队中的任何一队抢先按下各自的抢答按键（S1、S2、S3、S4）后，该队指示灯（L1、L2、L3、L4）点亮，并且其他队的人员继续抢答无效；③主控人员对抢答状态确认后，单击“复位”按键，系统又继续允许各队人员开始抢答；直至又有一队抢先按下各自的抢答按键。

设计的主程序和子程序分别如图 5-7 和图 5-8 所示。

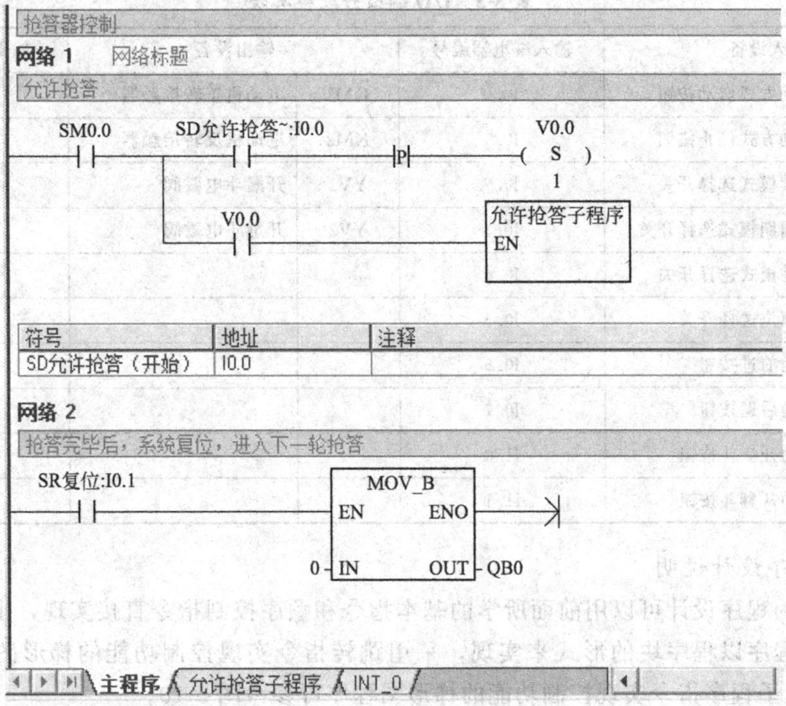

图 5-7 抢答器主程序

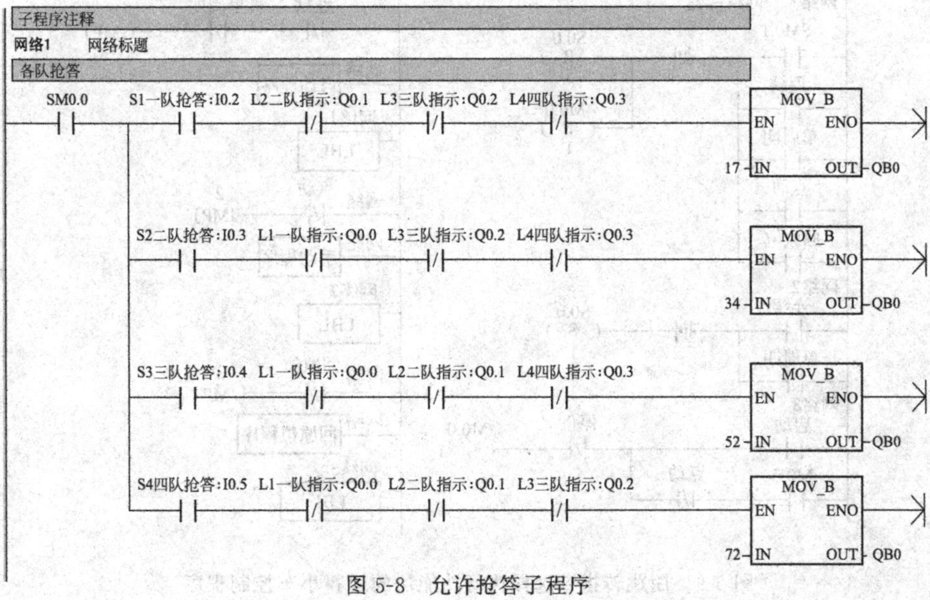

图 5-8 允许抢答子程序

三、任务实施

（一）任务准备

（1）I/O 端口分配

根据任务要求，完成控制需要 10 个 PLC 数字量输入点，4 个 PLC 数字量输出点，I/O 端口分配如表 5-3 所示。S7-200PLC 几种型号都可满足该控制要求，PLC 接线比较简单，可以参考前面任务中的接线图。

表 5-3 I/O 端口分配参考表

输入设备		输入继电器编号	输出设备		输出继电器编号
SB1	自动方式启动按钮	I0.0	KM1	电动机正转接触器	Q0.0
SB2	自动方式停止按钮	I0.1	KM2	电动机反转接触器	Q0.1
SA1-1	连续模式选择开关	I0.2	YV1	开漏斗电磁阀	Q0.2
SA1-2	单周期模式选择开关	I0.3	YV2	开翻斗电磁阀	Q0.3
SA1-3	点动模式选择开关	I0.4			
SA1-4	回原位选择开关	I0.5			
SB3	点动前进按钮	I0.6			
SB4	点动后退按钮	I0.7			
SB5	点动开漏斗按钮	I1.0			
SB6	点动开翻斗按钮	I1.1			

（2）程序设计说明

该任务的程序设计可以用前面所学的基本指令和顺序控制指令直接实现，也可以采用跳转指令或子程序以程序块的形式来实现，采用跳转指令实现控制功能的梯形图程序可参考图 5-9，采用子程序指令实现控制功能的梯形图程序可参考图 5-10。

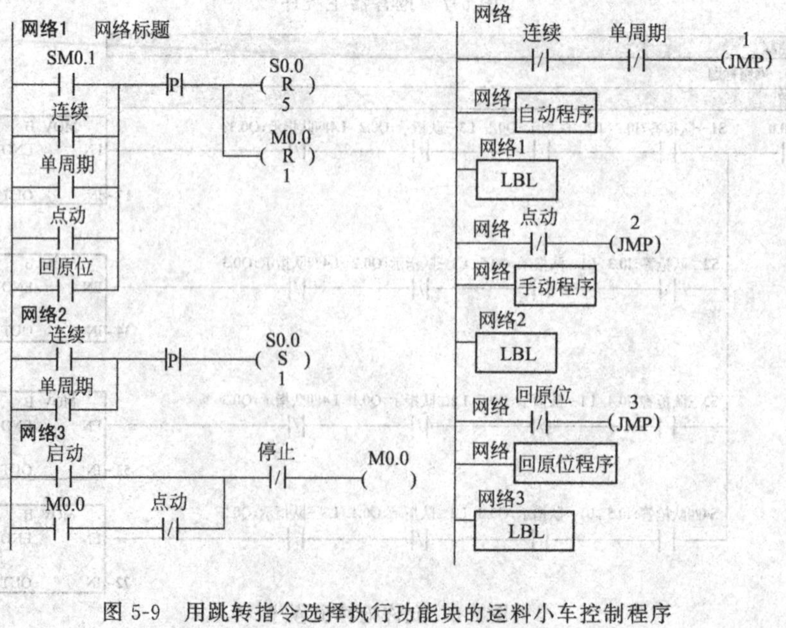

图 5-9 用跳转指令选择执行功能块的运料小车控制程序

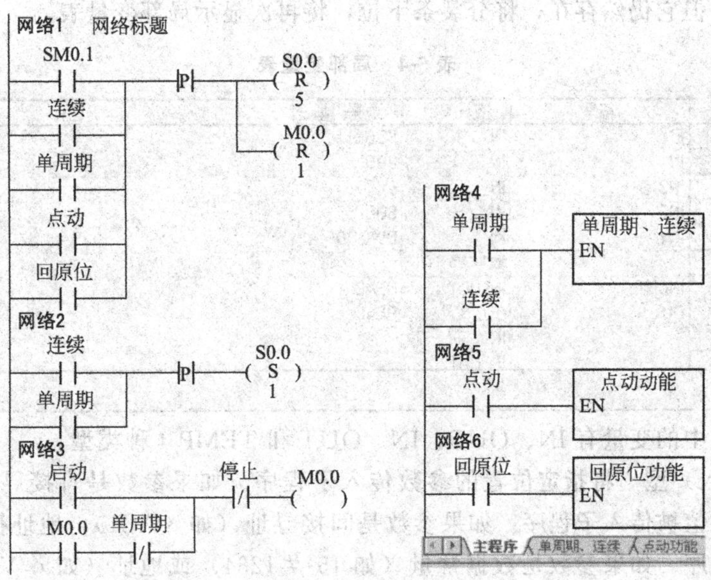

图 5-10 在子程序中编写各功能块的运料小车控制程序

这里省略了用基本指令或顺序控制指令编写的各子程序块。读者可根据实训室实际情况自己设计接线图，编写相应的程序。

（二）实施步骤

① 布线安装。按照布线工艺要求，根据控制接线图进行布线安装。

② 电路断电检查。在断电的情况下，从电源端开始，逐段核对接线及接线端子处是否正确，有无漏接、错接之处。并用万用表检查电路的通断情况。

③ 在 STEP 7-Micro/WIN 编程软件中输入、调试程序。

④ 在遵守安全规程的前提及指导教师现场监护下，通电试车。

四、知识与能力扩展

1. 局部变量与全局变量

如果子程序中只使用局部变量，因为与其他 POU 没有地址冲突，可以将子程序移植到其他项目。为了移植子程序，应避免使用全局符号和变量（I、Q、M、SM、AI、AQ、V、T、C、S、AC 内存中的绝对地址）。

在 SIMATIC 符号表或 IEC 的全局变量表中定义的变量为全局变量。程序中的每个程序 POU 均有自己的由 64 字节存储器组成的局部变量表，它们用来定义有范围限制的变量，局部变量只在它被创建的 POU 中有效。与之相反，全局符号在各 POU 中均有效，只能在符号表或全局变量表中定义。全局符号与局部变量名称相同时，在定义局部变量的 POU 中，该局部变量的定义优先，该全局定义则在其他 POU 中使用。在子程序中只用局部变量，不用绝对地址或全局符号，子程序可以移植到别的项目去。局部变量还用来在子程序和调用它的程序之间传递输入参数和输出参数。

带参数调用子程序时需要设置调用的参数，参数由地址、参数名称（最多 8 个字符）、变量类型和数据类型描述。子程序最多可以传递 16 个参数，传递的参数在子程序局部变量表中定义，见表 5-4。在编程软件中，将水平分裂条拉至程序编辑器视窗的顶部，则不再显示局部变量表，但它仍然存在；将分裂条下拉，将再次显示局部变量表。

表 5-4　局部变量表

	符号	变量类型	数据类型	注释
	EN	IN	BOOL	
L0.0	IN1	IN	BOOL	
LB1	IN2	IN	BYTE	
L2.0	IN3	IN	BOOL	
LD3	IN4	IN	DWORD	
		IN		
LD7	INOUT	IN_OUT	REAL	
LD11	OUT	OUT	REAL	
		IN		
		IN_OUT		

局部变量表中的变量有 IN、OUT、IN _ OUT 和 TEMP 4 种类型。

① IN（输入）型　将指定位置的参数传入子程序。如果参数是直接寻址（如 VB10），在指定位置的数值被传入子程序。如果参数是间接寻址（如 * AC1），地址指针指定地址的数值被传入子程序。如果参数是数据常量（如 16 # 1234）或地址（如 & VB100），常量或地址数值被传入子程序。

② IN _ OUT（输入-输出）型　将指定参数位置的数值传入子程序，并将子程序的执行结果的数值返回至相同的位置。常量（如 16 # 1234）和地址（如 & VB100）不允许用作输入/输出型参数。

③ OUT（输出）型　将子程序的结果数值返回至指定的参数位置。常量（如 16 # 1234）和地址（如 & VB100）不允许用作输出参数。

④ TEMP 型　是局部存储变量，只能用于子程序内部暂时存储中间运算结果，不能用来传递参数。局部变量表中的数据类型包括能流、布尔（位）、字节、字、双字、整数、双整数和实数型。

① 能流型　能流仅用于位（布尔）输入。能流输入必须用在局部变量表中其他类型输入之前。只有输入参数允许使用。在梯形图中表达形式为用触点（位输入）将左侧母线和子程序的指令盒连接起来。

② 布尔型　该数据类型用于位输入和输出。

③ 字节、字、双字型：这些数据类型分别用于 1、2 或 4 个字节不带符号的输入或输出参数。

④ 整数、双整数型　这些数据类型分别用于 2 或 4 个字节带符号的输入或输出参数。

⑤ 实数型　该数据类型用于单精度（4 个字节）浮点数值。

局部变量表隐藏在程序显示区，将梯形图显示区向下拖动，可以露出局部变量表，在局部变量表输入变量名称、变量类型、数据类型等参数以后，双击指令树中子程序（或选择单击方框快捷按钮 F9，在弹出的菜单中选择子程序项），在梯形图显示区显示出带参数的子程序调用指令盒。

局部变量表使用局部变量存储器，在局部变量表中加入一个参数时，系统自动给该参数分配局部变量存储空间。当给子程序传递值时，参数放在子程序的局部变量存储器中。在局部变量表中赋值时，只需指定局部变量的类型和数据类型，不用指定存储器地址（局部变量表最左列是系统指定的每个被传递参数的局部存储器地址），程序编辑器按照子程序指令的调用顺序将参数值分配给局部变量存储器，起始地址是 L0.0；8 个连续位的参数值分配一个字节，从 LX.0 到 LX.7。字节、字和双字值按照字节顺序分配在局部变量存储器中（LBx，LWx 或 LDx）。修改变量类型时，用光标选中变量类型区，单击鼠标右键弹出快捷菜单，选中的相应类型，在变量类型区光标所在处可以得到选中的类型。

2. 带参数的子程序调用

对于梯形图程序，在子程序局部变量表中为该子程序定义参数后，将生成客户化的调用指令块，指令块中自动包含子程序的输入参数和输出参数。

图 5-11 所示为模拟量计算子程序及局部变量表。在该子程序的局部变量表中定义了名为“转换值”、“系数 1”和“系数 2”的输入（IN）变量，名为“模拟值”的输出（OUT）变量，和名为“暂存 1”的临时（TEMP）变量。局部变量表最左边的一列是每个参数在局部存储器（L）中的地址。

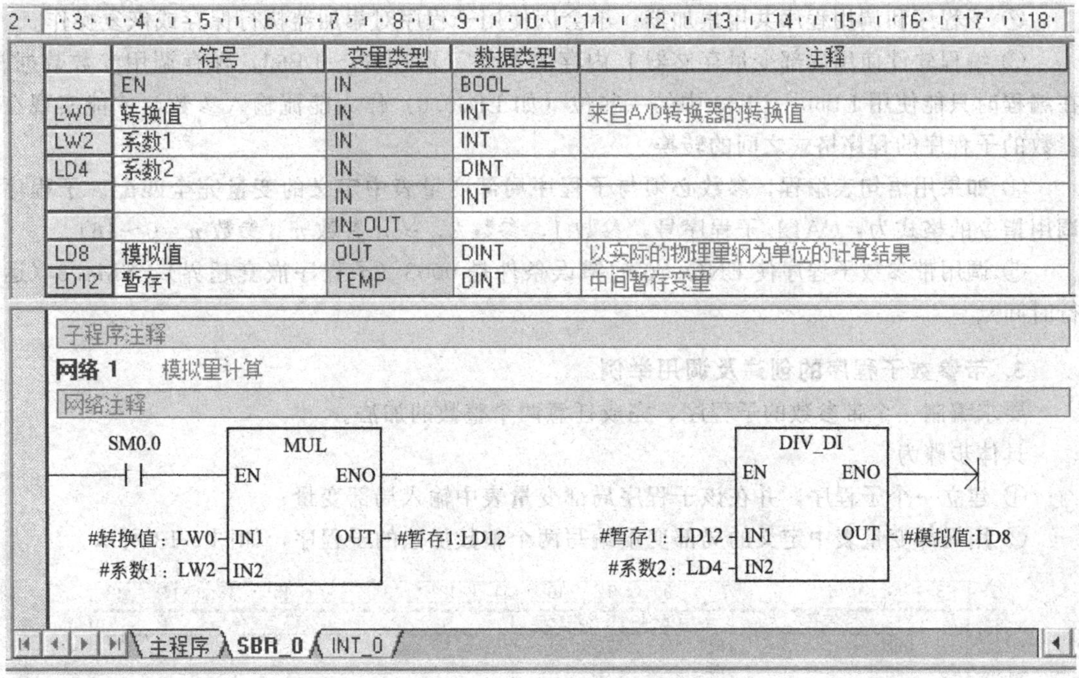

图 5-11　模拟量计算子程序与局部变量表

建立子程序后，STEP 7-Micro/WIN 在指令树最下面的“调用子程序”文件夹下面自动生成刚创建的子程序对应的图标，在子程序局部变量表中为该子程序定义参数后，将生成客户化调用指令块（见图 5-12），指令块中自动包含了子程序的输入参数和输出参数。

在梯形图程序中插入子程序调用指令时，首先打开程序编辑器视窗中需要调用子程序的 POU，找到需要调用子程序的地方。打开指令树最下面的子程序文件夹，将需要调用的子程序图标从指令树拖到程序编辑器中的正确位置，放开左键，子程序块便被放置在该位置。也可以将矩形光标置于程序编辑器视窗中需要放置该子程序的地方，然后双击指令树中要调用的子程序，子程序图标会自动出现在光标所在的位置。

注意事项：

① 如果在使用子程序调用指令后，修改该子程序的局部变量表，则调用指令无效。必须删除无效调用，并用反映正确参数的最新调用指令代替该调用。

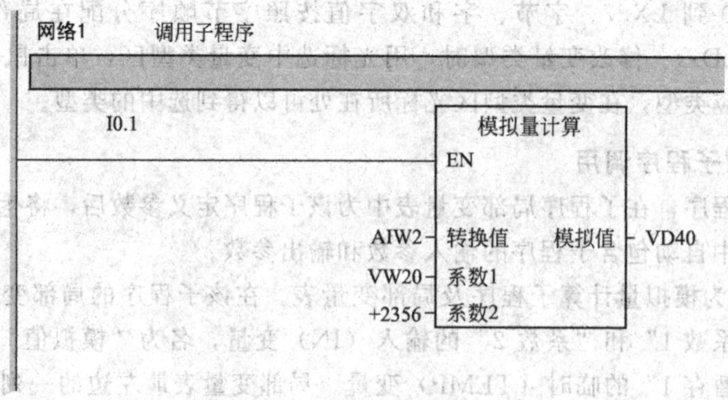

图 5-12 调用指令块

② 子程序和调用程序共用累加器。不会因使用子程序对累加器执行保存或恢复操作。

③ 编程软件使用局部变量存储器 L 内存的 4 个字节 LB60～LB63，保存调用参数数据。在编程时只能使用 LB60～LB63 中的一些位（如 LB60.0）作为能流输入参数，才能实现在参数的子程序的程序格式之间的转换。

④ 如果用语句表编程，参数必须与子程序局部变量表中定义的变量完全匹配。子程序调用指令的格式为：CALL 子程序号，参数 1，参数 2，…，参数 *n*（参数 *n*＝0～16）。

⑤ 调用带参数子程序使 ENO＝0 的错误条件是 0008（子程序嵌套超界）、SM4.3（运行时间）。

3. 带参数子程序的创建及调用举例

要求编制一个带参数的子程序，完成任意两个整数的加法。

具体步骤为：

① 建立一个子程序，并在该子程序局部变量表中输入局部变量；

② 用局部变量表中定义的局部变量编写两个整数加法的子程序，如图 5-13 所示。

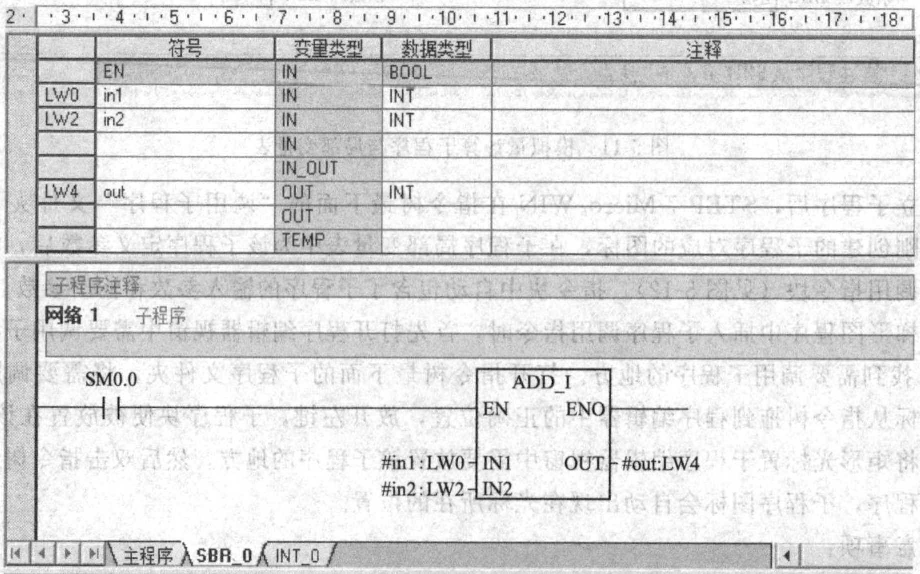

图 5-13 子程序局部变量表及整数加法子程序

③ 在主程序中调用该子程序，如图 5-14 所示。

④ 在主程序中根据子程序局部变量表中变量的数据类型（INT）指定输入、输出变量的地址（对于整数型的变量应按字编址），输入变量也可以为常量。如图 5-15 所示，便可实现 VW0＋VW2＝VW100 的运算。

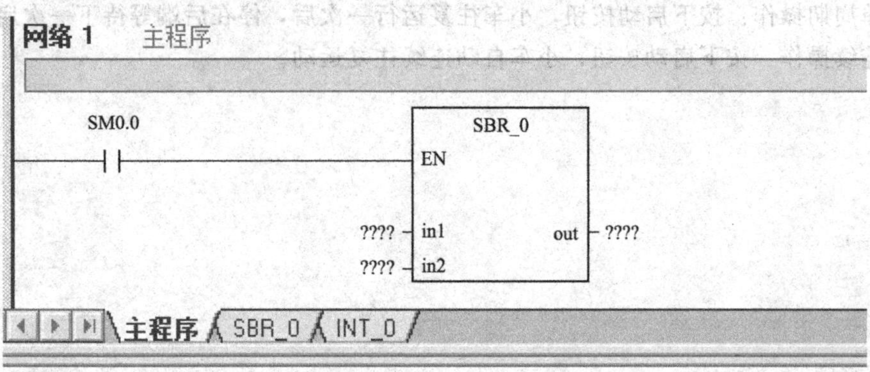

图 5-14　主程序中调用子程序

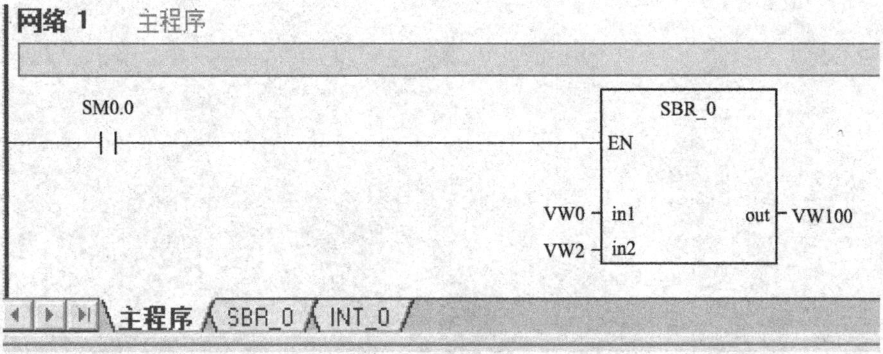

图 5-15　主程序

思考与练习

1. 求 0 到 100 的和，并将计算结果存入 VW0（使用循环指令编写程序）。
2. 如图 5-16 所示，当小车处于后端限位开关时，按下启动按钮，小车向前运行，行至

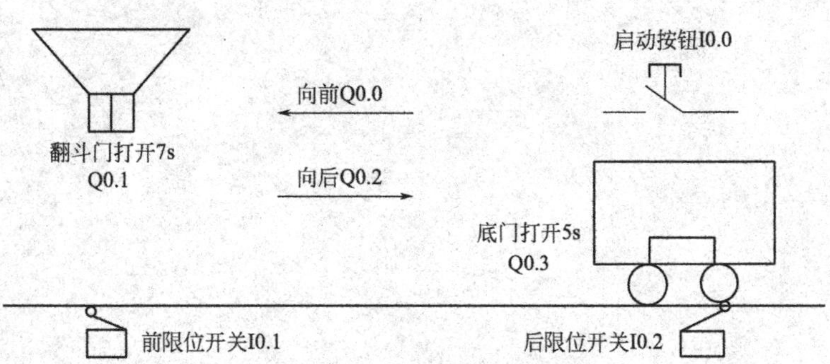

图 5-16　送料小车运行示意图

前端压下前限位开关，翻斗门打开装货，7s 后关闭翻斗门，小车向后运行，行至后端，压下后限位开关，打开小车底门卸货，5s 后底门关闭，完成一次动作。要求控制送料小车的运行，并具有以下几种运行方式：

① 手动操作：用各自的控制按钮，一一对应地接通或断开各负载的工作方式。

② 单周期操作：按下启动按钮，小车往复运行一次后，停在后端等待下一次启动。

③ 连续操作：按下启动按钮，小车自动连续往复运动。

项目六

PLC与变频调速控制

【教学目标】

1. 了解变频器基本操作面板（BOP）的功能；
2. 掌握用操作面板（BOP）改变变频器参数的步骤；
3. 掌握用基本操作面板（BOP）快速调试变频器的方法；
4. 了解变频器外部控制端子的功能，掌握外部运行模式下变频器的操作方法。

任务一　变频器功能参数设置与操作

一、任务要求

了解变频器基本操作面板（BOP）的功能，掌握用操作面板（BOP）改变变频器参数的步骤。

二、相关知识

随着电力电子技术、微电子技术、计算机控制技术及自动化控制理论的发展，变频器制造技术有了跨越式的进步，以变频器为核心的交流电动机调速已广泛应用于各领域，交流电动机调速已经取代传统的直流调速系统，而且大大提高了技术经济指标。变频器是将交流工频电转换成电压、频率均可变的交流电的电力电子变换装置，英文简称 VVVF（Variable Voltage Variable Frequency）。

变频器的控制对象是三相交流异步电动机和三相交流同步电动机。标准适配电动机极数是 2/4 极。

（一）变频器的机械安装

1. 把变频器安装到标准导轨上（图 6-1）

① 用导轨的上闩销把变频器固定到导轨的安装位置上；

② 向导轨上按压变频器，直到导轨的下闩销嵌入到位。

(a) 安装

(b) 拆卸

图 6-1　变频器的安装与拆卸

2. 从导轨上拆卸变频器

① 为了松开变频器的释放机构，将螺钉旋具插入释放机构中；

② 向下施加压力，导轨的下闩销就会松开；

③ 将变频器从导轨上取下。

（二）变频器的电气安装

1. 变频器的电气安装要点

① 变频器必须进行可靠接地。

② 必须由经过合格认证的人员进行安装和调试，应完全按照操作说明书进行操作。

③ 不要用高压绝缘测试设备测试与变频器连接的电缆的绝缘性能。

④ 即使变频器不处于运行状态，其电源输入线，直流回路端子和电动机端子上仍然可能带有危险电压。因此，断开开关以后还必须等待 5 分钟，保证变频器放电完毕，再开始安装工作。

⑤ 变频器的控制电缆、电源电缆和与电动机的连接电缆的走线必须相互隔离。不要把它们放在同一个电缆线槽中/电缆架上。

2. 电源和电动机的连接

① 在连接变频器或改变变频器接线之前，必须断开电源。

② 确信电动机与电源电压的匹配是正确的。

③ 电源电缆和电动机电缆与变频器相应的接线端子连接好以后，在接通电源时必须确信变频器的盖子已经盖好。

3. 电源和电动机端子的接线和拆卸

① 打开变频器的盖子后，连接电源和电动机的功率接线端子（图 6-2）。

② 电源和电动机的接线必须按照图 6-3 所示的方法进行。

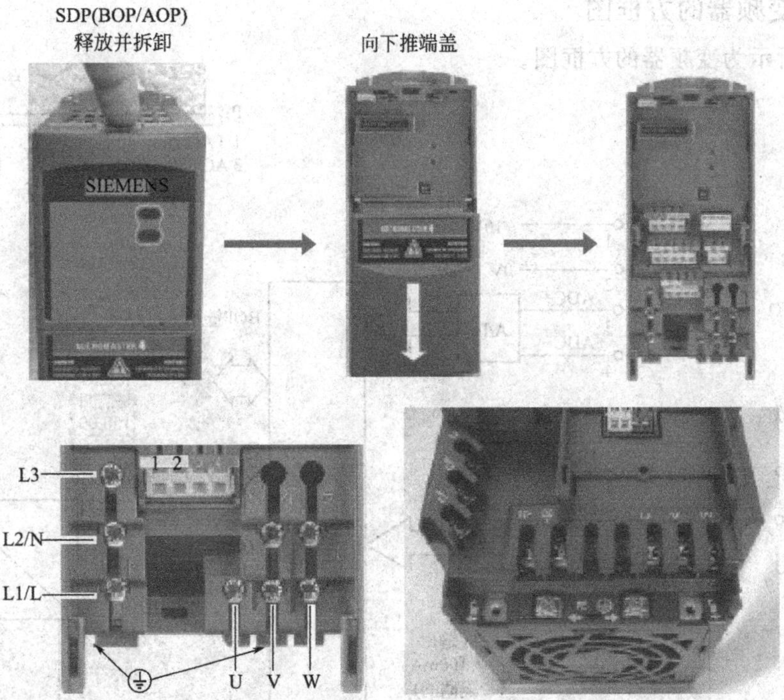

图 6-2　变频器的功率连接端子

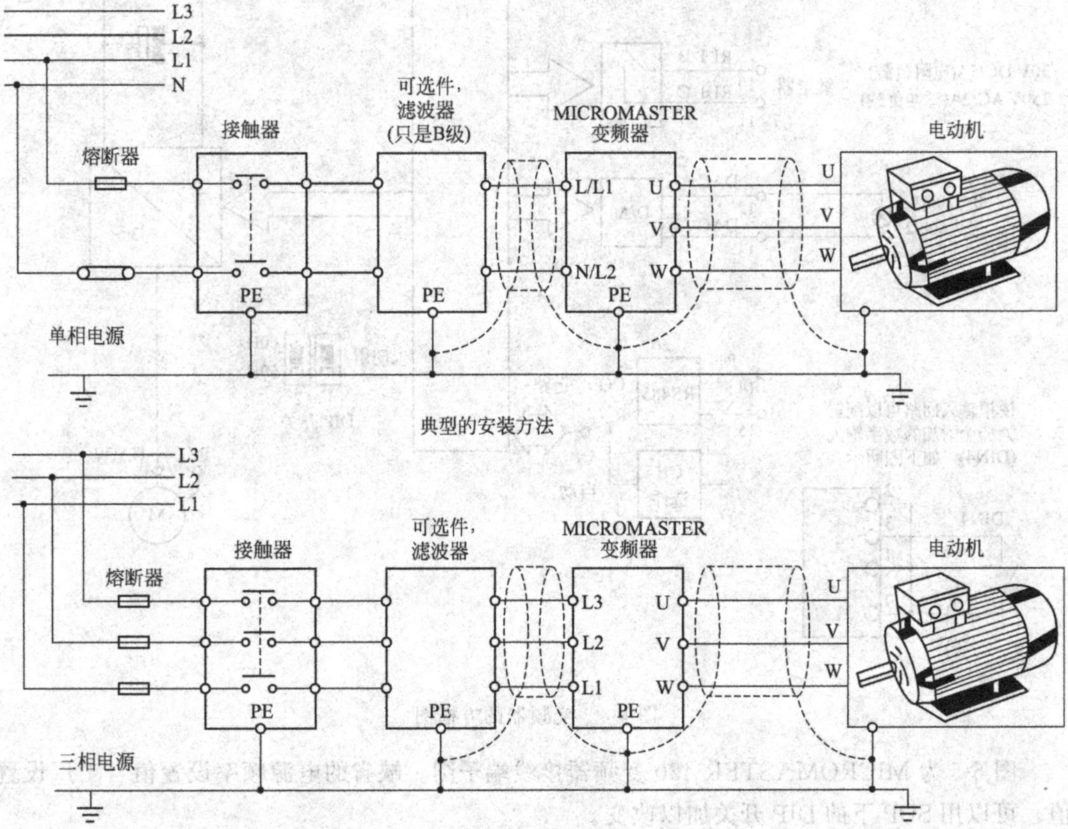

图 6-3　电动机和电源的接线方法

（三）变频器的方框图

图 6-4 所示为变频器的方框图。

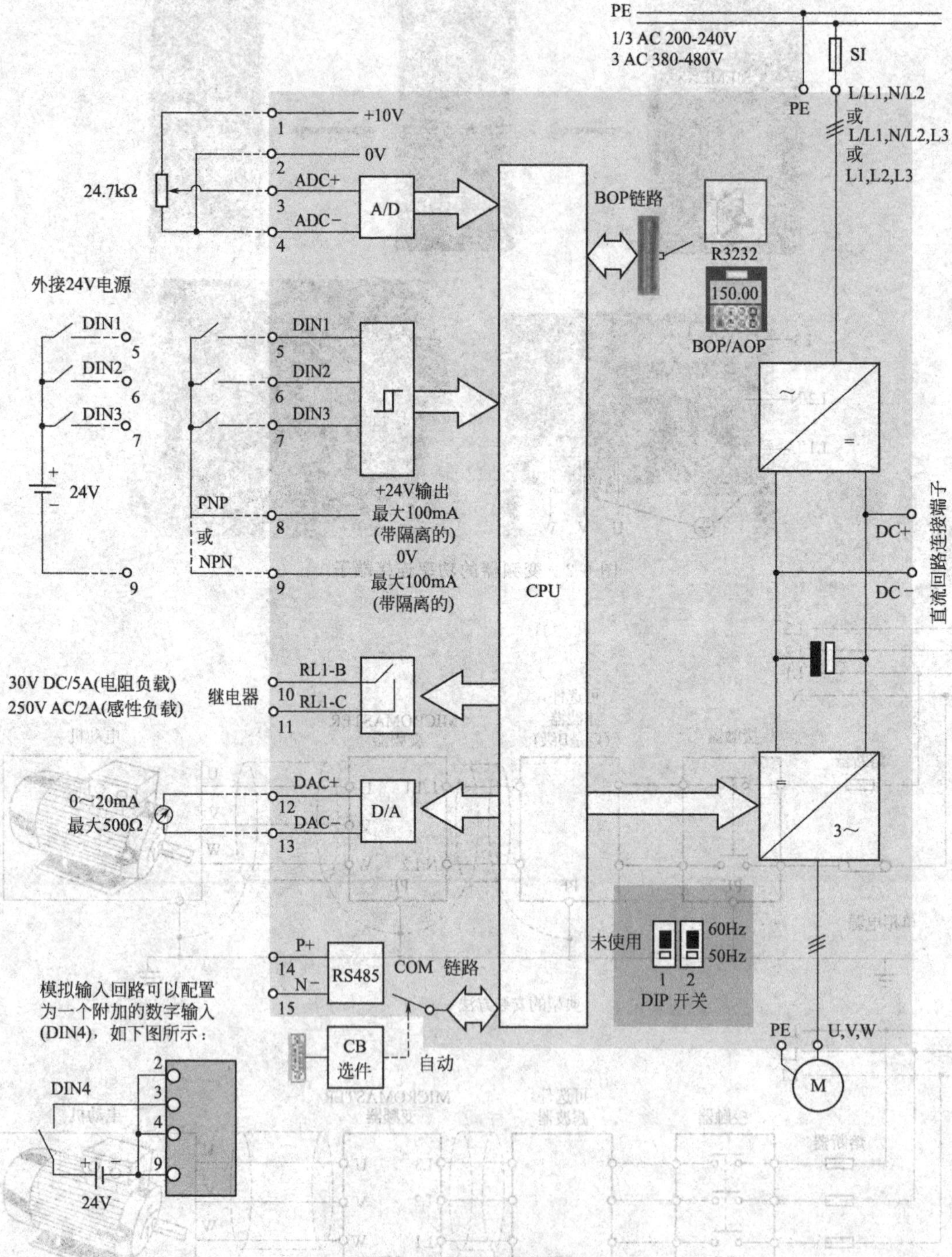

图 6-4 变频器的方框图

图 6-5 为 MICROMASTER 420 变频器接线端子图。缺省的电源频率设置值（工厂设置值）可以用 SDP 下的 DIP 开关加以改变。

表 6-1 为控制端子标识和功能说明及相关端子号的对应关系。

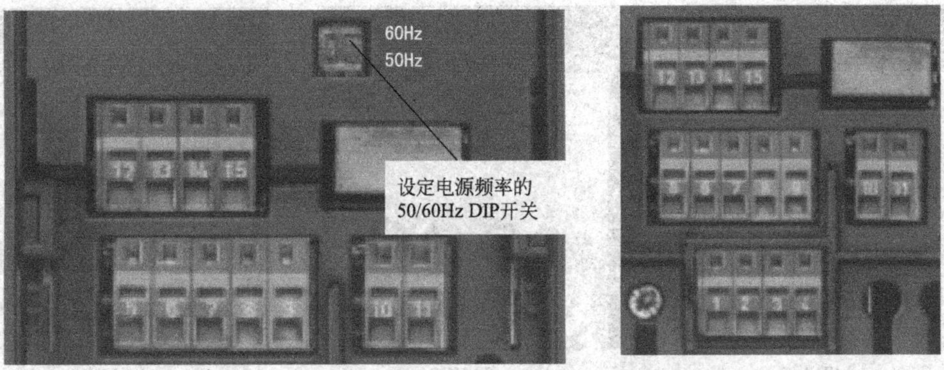

图 6-5　MICROMASTER 420 变频器接线端子图

表 6-1　控制端子标识和功能说明及相关端子号的对应关系

端子号	标识	功能
1	—	输出＋10V
2	—	输出 0V
3	ADC＋	模拟输入(＋)
4	ADC－	模拟输入(－)
5	DIN1	数字输入 1
6	DIN2	数字输入 2
7	DIN3	数字输入 3
8	—	带电位隔离的输出＋24V/最大。100mA
9	—	带电位隔离的输出 0V/最大。100mA
10	RL1-B	数字输出/NO(常开)触点
11	RL1-C	数字输出/切换触点
12	DAC＋	模拟输出(＋)
13	DAC－	模拟输出(－)
14	P＋	RS485 串行接口
15	N＋	RS485 串行接口

三、任务实施

（一）设备工具

西门子 MM420 变频器、三相异步电动机及电工工具等。

（二）变频器面板

MICROMASTER 420 变频器配有操作面板（图 6-6）。对于很多用户来说，利用 SDP 和制造厂的缺省设置值，就可以使变频器成功地投入运行。如果工厂的缺省设置值不适合用户设备情况，可以利用基本操作板（BOP）或高级操作板（AOP）修改参数，使之匹配起来。也可以用相关的软件工具调整工厂的设置值。

(a) SDP (b) BOP (c) AOP

图 6-6 MICROMASTER 420 变频器的操作面板

（三）用 BOP 进行调试

利用基本操作面板（BOP）可以改变变频器的各个参数。为了利用 BOP 设定参数，必须首先拆下 SDP，并装上 BOP。BOP 上具有 7 段显示的五位数字，可以显示参数、报警和故障信息。用 BOP 操作时的参数说明见表 6-2，BOP 上的按钮功能见表 6-3。

表 6-2 用 BOP 操作时的参数说明

参数	说明
P0100	运行方式
P0307	功率
P0310	电动机的额定功率
P0311	电动机的额定速度
P1082	电动机最大频率

表 6-3 基本操作面板（BOP）上的按钮功能

显示/按钮	功能	说明
	状态显示	显示变频器当前的设定值
	启动变频器	为了使此键的操作有效，应设定 P0700＝1
	停止变频器	短时按此键一次，变频器将按选定的斜坡下降速率减速停车；按此键两次（或一次，但时间较长）电动机将在惯性作用下自由停车
	改变电动机的转动方向	为了使此键的操作有效，应设定 P0700＝1
	电动机点动	在变频器无输出的情况下按此键，将使电动机启动，并按预设的频率运行。释放此键时，变频器停车

续表

显示/按钮	功能	说明
	功能	此键用于浏览辅助信息。变频器运行过程中,在显示任何一个参数时按下此键并保持不动2秒钟,将显示以下参数值: 1. 直流回路电压 2. 输出电流 3. 输出频率 4. 输出电压 5. 由P0005选定的数值 连续多次按下此键将轮流显示以上参数
	访问参数	按此键即可访问变频器参数。
	增加数值	按此键即可增加面板上显示的参数数值
	减少数值	按此键即可减少面板上显示的参数数值

注意:

① 在缺省设置时,用BOP控制电动机的功能是被禁止的,如果要用BOP进行控制,参数P0700应设置为1,参数P1000也应设置为1;

② 变频器加上电源时,可以把BOP装到变频器上,也可以从变频器上将BOP拆卸下来,如果BOP已经设置为I/O控制(P0700=1),在拆卸BOP时变频器驱动装置将自动停车。

(四)变频器的常规操作

首先进行以下设置:

P0010=0(为了正确地进行运行命令的初始化);

P0700=1(使能BOP操作板上的启动/停止按钮);

P1000=1(使能电动电位计的设定值)。

以上设置完成后,继续以下操作。

按下按钮,启动电动机。按下按钮,电动机转动速度逐渐增加到50Hz。当变频器的输出频率达到50Hz时,按下按钮,电动机的速度及其显示值逐渐下降,用按钮可以改变电动机的转动方向。按下按钮电动机停车。

电动机在额定速度以下运行时,按装在电动机轴上的风扇的冷却效果降低。因此,如果要在低频下长时间连续运行,大多数电动机必须降低额定功率使用。为了保护电动机在这种情况下不致过热而损坏,电动机应安装PTC度传感器,并把它的输出信号连接到变频器的相应控制端,同时使能P0601,电动机过载保护的PTC接线见图6-7。

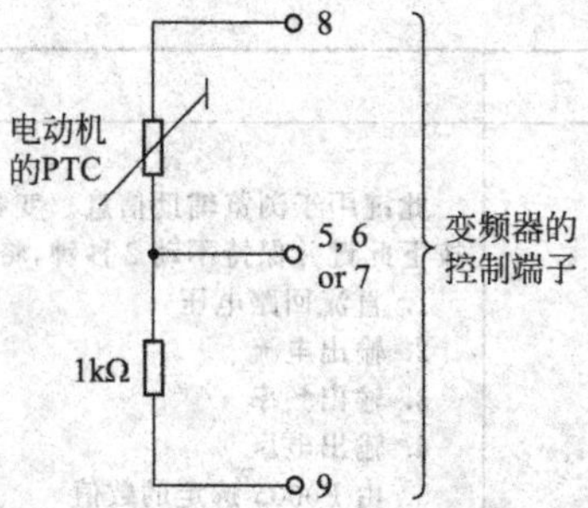

图 6-7 电动机过载保护的PTC接线

四、知识与能力扩展

我们知道，交流电动机的同步转速表达式为

$$n=60f(1-s)/p$$

式中 n——异步电动机的转速；

f——异步电动机的频率；

s——电动机转差率；

p——电动机极对数。

转速 n 与频率 f 成正比，只要改变频率 f 即可改变电动机的转速，当频率 f 在 0～50Hz 的范围内变化时，电动机转速调节范围非常宽。变频器就是通过改变电动机电源频率实现速度调节的。要对变频器进行无级调速相关参数的设定，首先要进行出厂设置，将变频器参数复位为工厂的缺省设定值，其次要设定 P0003＝2，允许访问扩展参数，电动机参数设置完成后，再设定 P0010＝0（准备）。变频器参数设定见表 6-4。

表 6-4 变频器参数设定

序号	变频器参数	出厂值	设定值	功能说明
1	P0304	230	380	电动机的额定电压(380V)
2	P0305	3.25	0.35	电动机的额定电流(0.35A)
3	P0307	0.75	0.06	电动机的额定功率(60W)
4	P0310	50.00	50.00	电动机的额定频率(50Hz)
5	P0311	0	1430	电动机的额定转速(1430r/min)
6	P1000	2	1	用操作面板(BOP)控制频率的升降
7	P1080	0	0	电动机的最小频率(0Hz)
8	P1082	50	50.00	电动机的最大频率(50Hz)
9	P1120	10	10	斜坡上升时间(10S)
10	P1121	10	10	斜坡下降时间(10S)
11	P0700	2	1	BOP(键盘)设置

变频器无级调速外部接线图见图 6-8。

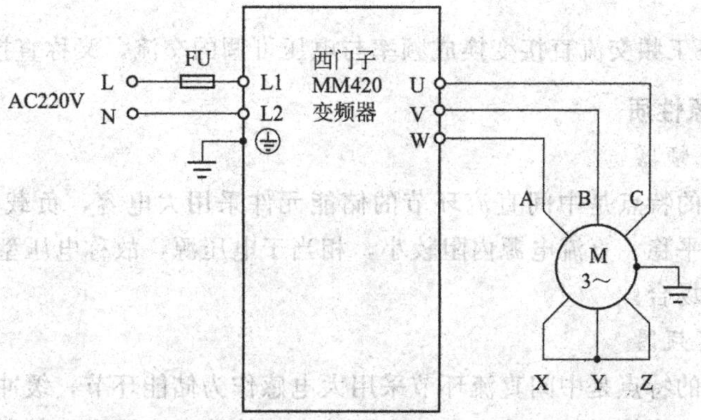

图 6-8　变频器无级调速接线图

变频器无级调速操作步骤如下。

① 检查实训设备中器材是否齐全。

② 按照变频器外部接线图完成变频器的接线，认真检查，确保正确无误。

③ 打开电源开关，按照参数功能表正确设置变频器参数。

④ 按下操作面板按钮“”，启动变频器。

⑤ 按下操作面板按钮“/”，增加、减小变频器输出频率。

⑥ 按下操作面板按钮“”，改变电动机的运转方向。

⑦ 按下操作面板按钮“”，停止变频器。

任务二　通过模拟量进行变频器控制

一、任务要求

通过改变输入电压来控制变频器的频率，了解变频器外部控制端子的功能，掌握外部运行模式下变频器的操作方法。

二、相关知识

（一）变频器的调速优势

① 平滑软启动，降低启动冲击电流，减少变压器占有量，确保电动机安全。

② 在机械允许的情况下可通过提高变频器的输出频率提高工作速度。

③ 可进行无级调速，调速精度大大提高。

④ 电动机正反向切换无须通过接触器实现。

⑤ 非常方便接入网络控制，实现生产自动化控制。

（二）变频器的分类

1. 按变换的环节

按变换的环节可分为交-直-交变频器和交-交变频器。交-直-交变频器是先把工频交流通过整流器变成直流，然后再把直流变换成各种频率的交流，又称间接式变频器，是目前广泛应用的变频器。

交-交变频器将工频交流直接变换成频率与电压可调的交流，又称直接式变频器。

2. 按直流电源性质

(1) 电压型变频器

电压型变频器的特点是中间直流环节的储能元件采用大电容，负载的无功功率得到缓冲，直流电压比较平稳。直流电源内阻较小，相当于电压源，故称电压型变频器，常用于负载电压变化较大的场合。

(2) 电流型变频器

电流型变频器的特点是中间直流环节采用大电感作为储能环节，缓冲无功功率，扼制电流的变化，使电压波形接近正弦波。由于内阻较大，故称电流源型变频器，简称电流型变频器。电流型变频器的特点是能扼制负载电流频繁而急剧的变化，常用于负载电流变化较大的场合。

3. 按主电路工作方式

按主电路工作方式分为电压型和电流型。

4. 按照工作原理

按工作原理分为 U/F 控制变频器（VVVF 控制）、SF 控制变频器（转差频率控制）、VC 控制变频器（矢量控制）。

5. 按照开关方式

按照开关方式可以分为 PAM 控制变频器、PWM 控制变频器和高载频 PWM 控制变频器。

6. 按照用途

按照用途可以分为通用变频器、高性能专用变频器、高频变频器、单相变频器和三相变频器等。

7. 按变频器调压方法

按变频器调压方可分为 PAM 变频器和 PWM 变频器。PAM 变频器通过改变电压或电流进行输出控制。PWM 变频器在变频器输出波形的一个周期内产生若干个脉冲，其等值电压波形为正弦波，波形较平滑。

8. 按电压等级分类

按电压等级分包括高压变频器、中压变频器、低压变频器。

三、任务实施

（一）设备工具

西门子 MM420 变频器、三相异步电动机及电工工具等。

（二）设定变频器相关参数

用自锁按钮 SB 控制西门子 MM420 变频器，实现电动机启动，由模拟输入端控制电动机转速的大小，DIN1 端口设为启动控制端口。

首先进行出厂设置，将变频器参数复位为工厂的缺省设定值。其次设定 P0003＝2，允许访问扩展参数。然后设定电动机参数，先设定 P0010＝1（快速调试），再设定 P0010＝0（准备），参数设定值见表 6-5。

表 6-5　变频器参数设定值

序号	变频器参数	出厂值	设定值	功能说明
1	P0304	230	380	电动机的额定电压(380V)
2	P0305	3.25	0.35	电动机的额定电流(0.35A)
3	P0307	0.75	0.06	电动机的额定功率(60W)
4	P0310	50.00	50.00	电动机的额定频率(50Hz)
5	P0311	0	1430	电动机的额定转速(1430r/min)
6	P1000	2	2	模拟输入
7	P0700	2	2	选择命令源(由端子排输入)
8	P0701	1	1	ON/OFF(接通正转/停车命令 1)

（三）变频器模拟量控制接线图

变频器模拟量控制接线图如图 6-9 所示。

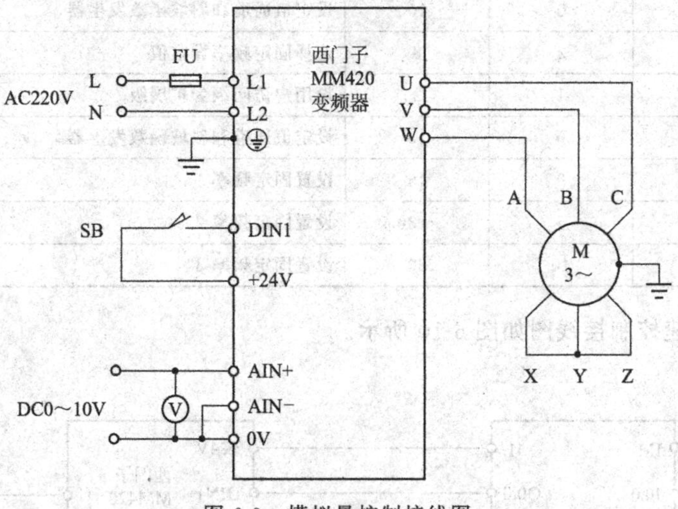

图 6-9　模拟量控制接线图

（四）变频器模拟量控制操作步骤

① 检查设备中器材是否齐全。

② 按照变频器外部接线图完成变频器的接线，认真检查，确保正确无误。

③ 打开电源开关，按照参数功能表正确设置变频器参数，打开开关 K1，启动变频器。

④ 调节输入电压，观察并记录电动机的运转情况。

⑤ 关闭开关 K1，停止变频器。

四、知识与能力扩展

由于工艺上的要求，很多生产机械在不同的阶段需要在不同的转速下运行。大多数变频器均提供了多段速控制功能。使用 S7-226PLC 和 MM420 变频器联机，可实现电动机三段速频率运转控制。按下按钮 SB1，电动机启动并运行在第一段，频率为 15Hz；延时 18s 后电动机反向运行在第二段，频率为 30Hz；再延时 20s 后电动机正向运行在第三段，频率为 50Hz。当按下停止按钮 SB2，电动机停止运行。首先进行出厂设置，将变频器参数复位为工厂的缺省设定值。其次设定 P0003＝2，允许访问扩展参数，再次设定电动机参数时先设定 P0010＝1（快速调试），然后设定 P0010＝0（准备），参数设定见表 6-6。

表 6-6 变频器参数设定

序号	变频器参数	出厂值	设定值	功能说明
1	P0003	1	1	设用户访问级为标准级
2	P0004	0	7	命令和数字 I/O
3	P0700	2	2	命令源选择由端子排输入
4	P0003	1	2	设用户访问级为扩展级
5	P0004	0	7	命令和数字 I/O
6	P0701	1	17	选择固定频率
7	P0702	1	17	选择固定频率
8	P0703	1	1	ON 接通正转,OFF 停止
9	P0003	1	1	设用户访问级为标准级
10	P0004	0	10	设定值通道和斜坡函数发生器
11	P1000	2	3	选择固定频率设定值
12	P0003	1	2	设用户访问级为扩展级
13	P0004	0	10	设定值通道和斜坡函数发生器
14	P1001	0	15	设置固定频率 1
15	P1002	5	−30	设置固定频率 2
16	P1003	10	50	设置固定频率 3

变频器多段速控制接线图如图 6-10 所示。

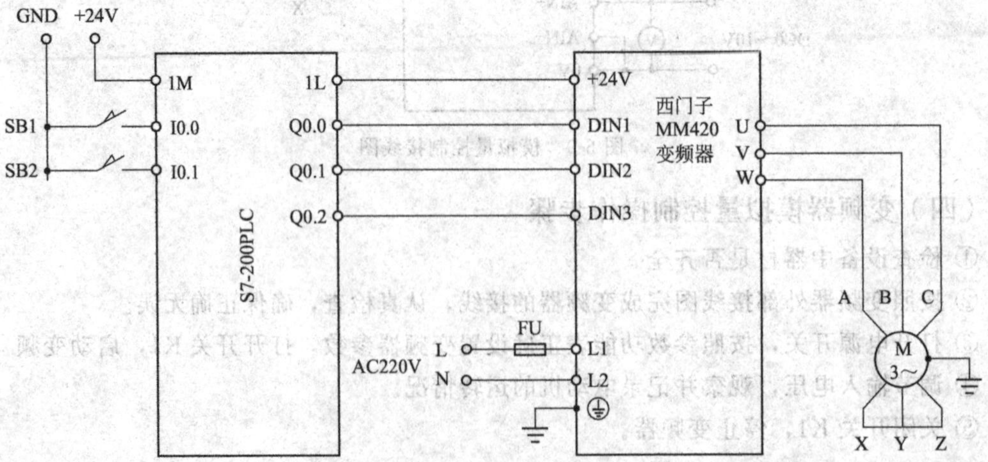

图 6-10 变频器多段速控制接线图

变频器 MM420 数字输入端口 DIN1、DIN2 通过 P0701、P0702 参数设为三段固定频率控制端，每一段的频率可分别由 P1001、P1002 和 P1003 参数设置。变频器数字输入端口 DIN3 设为电动机运行、停止控制端，可由 P0703 参数设置。

程序执行要求如下。

按下启动按钮SB1后，输入继电器I0.1得电，输出继电器Q0.1和Q0.3置位，同时定时器T37得电计时；Q0.3输出，变频器MM420的数字输入端口DIN3为“ON”，得到运转信号；Q0.1输出，数字输入端口DIN1为“ON”状态，得到频率指令，电动机以P1001参数设置的固定频率1（15Hz）正向运转；T37正转定时到18s，位常开触点闭合，使输出继电器Q0.2置位、Q0.1复位（注意：Q0.3保持置位），同时定时器T38得电计时，变频器MM420的数字输入端口DIN3仍为“ON”，得到运转信号，Q0.2输出，数字输入端口DIN2为“ON”状态，得到频率指令，电动机以P1002参数设置的固定频率2（−30Hz）反向运转，T38反转定时20s，T38位常开触点闭合，输出继电器Q0.1再次置位输出，变频器MM420的数字输入端口DIN1、DIN2和DIN3均为“ON”状态，电动机以P1003参数设置的固定频率3（50Hz）正向运转；按下停止按钮K2时，PLC输入继电器I0.2得电，其常开触点闭合使输出继电器Q0.1～Q0.3复位，此时变频器MM420的数字输入端口DIN1、DIN2和DIN3均为“OFF”状态，电动机停止运转。PLC运行参考程序如图6-11所示。

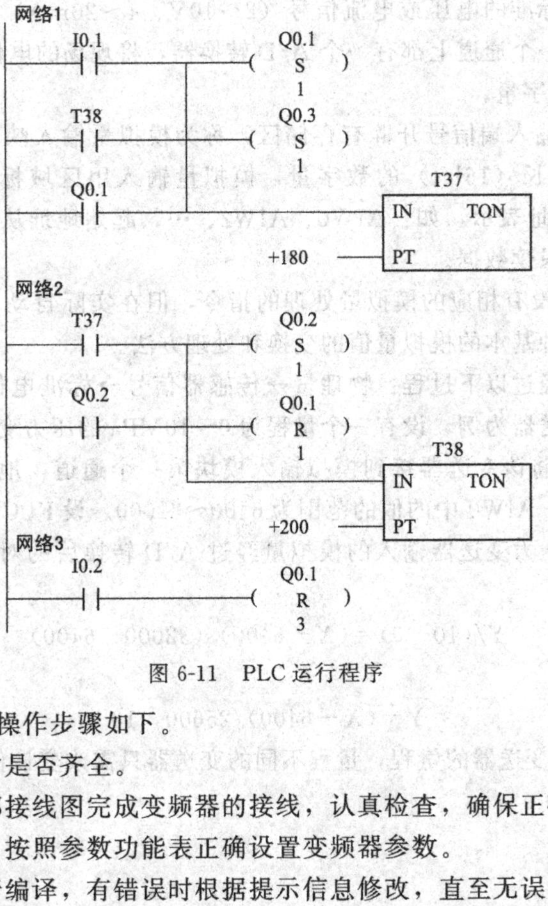

图6-11　PLC运行程序

变频器多段速控制操作步骤如下。

① 检查设备中器材是否齐全。

② 按照变频器外部接线图完成变频器的接线，认真检查，确保正确无误。

③ 打开电源开关，按照参数功能表正确设置变频器参数。

④ 打开程序，进行编译，有错误时根据提示信息修改，直至无误，用USB/PPI编程电缆连接计算机与PLC，打开PLC主机电源开关，下载程序至PLC中，下载完毕后将PLC的“RUN/STOP”开关拨至“RUN”状态。

⑤ 打开开关SB1，观察并记录电动机的运转情况。

⑥ 关闭开关SB2，观察并记录电动机的运转情况。

任务三 基于PLC模拟量方式变频开环调速控制

一、任务要求

了解变频器外部控制端子的功能，掌握外部运行模式下变频器的操作方法。通过外部端子控制电动机启动/停止，调节输入电压，使得电动机转速随电压增加而增大。

二、相关知识

生产过程中，存在大量的非电量信号，如压力、温度、速度、旋转速度等，为了实现自动控制，这些信号需要转化为电信号，并进行数字离散化处理。

S7-200 模拟量输入扩展模块包括模拟量输入模块、模拟量输入/输出混合模块，可以直接与传感器相连，有很大的灵活性，安装很方便。

模拟量混合模块 EM235 具有 4 路模拟量输入和 1 路模拟量输出。它的输入信号可以是不同量程的电压或电流。其电压、电流的量程由开关 SW1～SW6 设定。

现场变送器输出标准的电压或电流信号（2～10V、4～20mA）到模拟量输入模块，在模拟量输入模块的每一个通道上都有一个 A/D 转换器，将现场的电信号转换为 PLC 处理器（CPU）能够识别的数字量。

S7-200 为模拟量输入端信号开辟有存储区，称为模拟量输入映像区。S7-200 将测得的模拟量转换成 1 个字长（16bit）的数字量，模拟量输入用区域标识符（AI）、数据长度（W）及字节的起始地址表示，如：AIW0、AIW2、…，起始地址从零开始，地址按偶数分配。模拟量输入值为只读数据。

由于 S7-200PLC 没有相应的模拟量处理的指令，但在实际自动控制应用中模拟量的使用很广。这里介绍一种基本的模拟量值的变换和处理方法。

信号的变换需要经过以下过程：物理量→传感器信号→标准电信号→A/D 转换→数值显示。以现场压力变送器为例，设有一个量程为 0～10MPa 的压力变送器，该变送器输出的电信号为 4～20mA。将该变送器接到模拟输入模块第一个通道，地址为 AIW0。根据模拟量输入值的对应关系，AIW0 中的值的范围为 6400～32000。设 PLC 处理器（CPU）处理完的实际值为 Y，现场压力变送器输入的模拟量经过 A/D 转换后的对应值为 X（AIW0 中的值），线性转换公式为：

$$Y/(10-0)=(X-6400)/(32000-6400)$$

简化为：

$$Y=(X-6400)/25600\times 10$$

其中 10 为该压力变送器的量程，量程不同的变送器只需改变该值即可。

三、任务实施

（一）设备工具

设备工具主要包括西门子 MM420 变频器，三相异步电动机及电工工具等。

变频器目前应用最为广泛的是交-直-交变频器，它的主回路主要由整流电路、限流电路、滤波电路、制动电路、逆变电路和检测取样电路部分组成。交-直-交变频器的电路结构如图 6-12 所示。

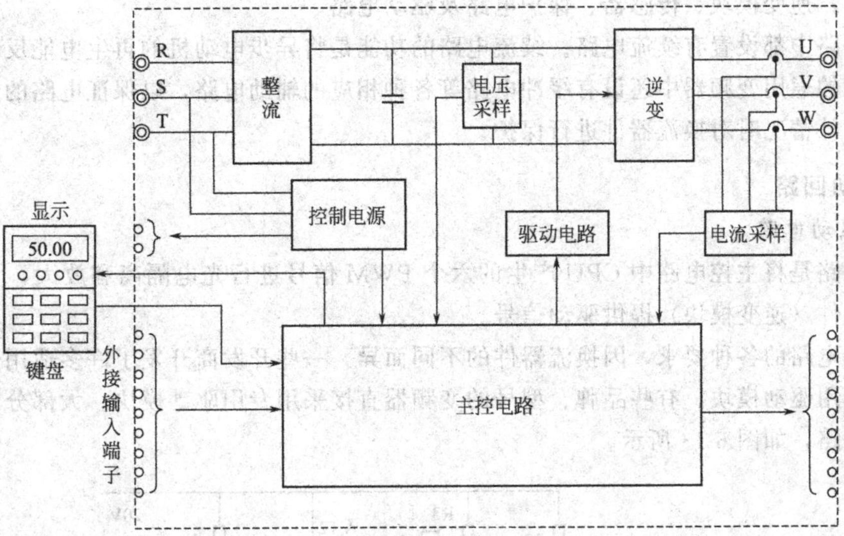

图 6-12　交-直-交变频器电路结构图

辅助回路部分包括驱动电路、保护电路、开关电源电路、主控板上通信电路和外部控制电路。

1. 主回路

（1）整流电路

整流电路由三相桥式整流桥组成。它的功能是将工频交流电流进行整流，经中间直流环节平波，为逆变电路和控制电路提供所需的直流电流。三相交流电源一般需经过吸收电容和压敏电阻网络，消除交流电网的高频谐波信号和浪涌过电压，然后引入整流桥的输入端。当电源电压为三相 380V 时，整流器件的最大反向电压一般为 1200～1600V，最大整流电流为变频器额定电流的两倍。

（2）滤波电路

逆变器的负载属感性负载的异步电动机，无论异步电动机处于电动或发电状态，在直流滤波电路和异步电动机之间总会有无功功率的交换，这种无功能量要靠中间电路的储能元件来缓冲。由于三相整流桥输出的电压和电流属直流脉冲电压和电流，为了减小直流电压和电流的波动，需要用直流滤波电路进行滤波。

通用变频器滤波电路通常采用大容量铝电解电容，一般是由若干个电容器构成电容器组，以得到所需的耐压值和容量。因为电解电容器容量有较大的离散性，因此电容器要并联匀压电阻，以消除离散性的影响。

（3）逆变电路

逆变电路的作用是在控制电路的作用下，将直流电路输出的直流电转换成频率和电压都可以任意调节的交流电。逆变电路的输出就是变频器的输出，所以逆变电路是变频器的核心电路之一，起着非常重要的作用。

最常见的逆变电路结构形式是利用六个功率开关器件（GTR、IGBT、GTO 等）组成三相桥式逆变电路，有规律地控制逆变器中功率开关器件的导通与关断，可以得到任意频率的三相交流输出。

通常中小容量的变频器主回路器件一般采用集成模块或智能模块。智能模块的内部集成了整流模块、逆变模块、传感器、保护电路及驱动电路。

逆变电路中都设置有续流电路。续流电路的功能是将异步电动机的再生电能反馈至直流电路。实际的通用变频器中还设有缓冲电路等各种相应的辅助电路，以保证电路的正常工作和在发生意外情况时对换流器件进行保护。

2. 辅助回路

(1) 驱动电路

驱动电路是将主控电路中 CPU 产生的六个 PWM 信号进行光电隔离和放大，为逆变电路的换流器件（逆变模块）提供驱动信号。

对驱动电路的各种要求，因换流器件的不同而异。一些开发商开发了许多适用于各种换流器件的专用驱动模块。有些品牌、型号的变频器直接采用专用驱动模块。大部分的变频器采用驱动电路，如图 6-13 所示。

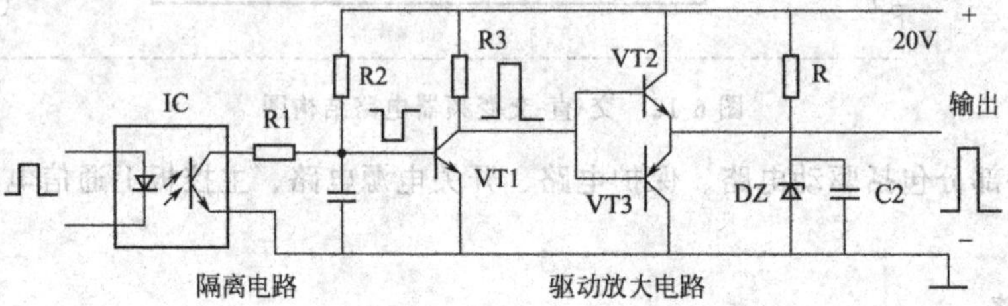

图 6-13　变频器驱动电路图

驱动电路和电源的连接如图 6-14 所示。

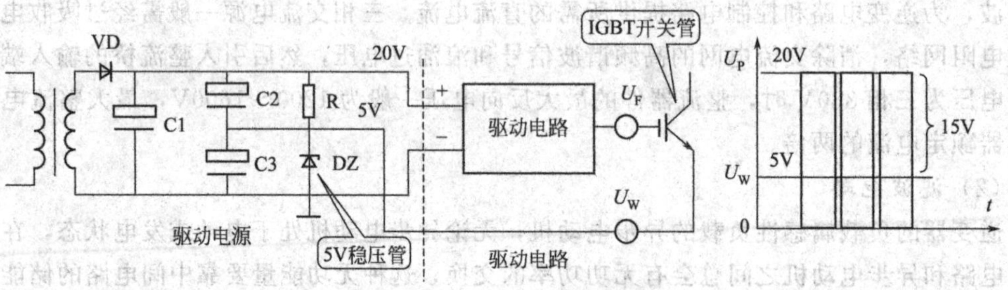

图 6-14　驱动电路和电源的连接图

(2) 保护电路

保护电路用来保护逆变桥的过流、过压、过载等，它由检测、放大、模/数转换等电路组成。该电路如果出了故障，逆变桥会遭到损坏。

为了将变频器因异常造成的损失减少到最小，甚至减少到零。每个品牌的变频器都很重视保护功能，都设法增加保护功能，提高保护功能的有效性。

(3) 开关电源电路

开关电源为变频器提供电能。它出了故障，整个变频器将停止工作。开关电源的输出端是分组输出，哪一组出了问题，哪一组所对应的电路就受到影响。

(4) 主控板上通信电路

当变频器由 PLC 或上位计算机等进行控制时，必须通过通信接口相互传递信号。变频器通信时，通常采用两线制的 RS485 接口。变频器接收信号和传递信号都要经过缓冲器，以保证良好的通信效果。变频器主控板上的通信接口都带有抗干扰电路。

(5) 外部控制电路

变频器外部控制电路主要是用来进行频率设定以及正转、反转、点动及停止等运行控制。

(二) 设定PLC模拟量开环调速控制的变频器参数

PLC模拟量开环调速控制的变频器参数设定见表6-7。

表6-7　PLC模拟量开环调速控制的变频器参数

序号	变频器参数	出厂值	设定值	功能说明
1	P0304	230	380	电动机的额定电压(380V)
2	P0305	3.25	0.35	电动机的额定电流(0.35A)
3	P0307	0.75	0.06	电动机的额定功率(60W)
4	P0310	50.00	50.00	电动机的额定频率(50Hz)
5	P0311	0	1430	电动机的额定转速(1430r/min)
6	P1000	2	2	模拟输入
7	P1080	0	0	电动机的最小频率
8	P1082	50	50	电动机的最大频率
9	P1120	10	10	斜坡上升时间
10	P1121	10	10	斜坡下降时间
11	P0700	2	2	选择命令源
12	P0701	1	1	ON/OFF

(三) 连接PLC及变频器

PLC与变频器的接线见图6-15。

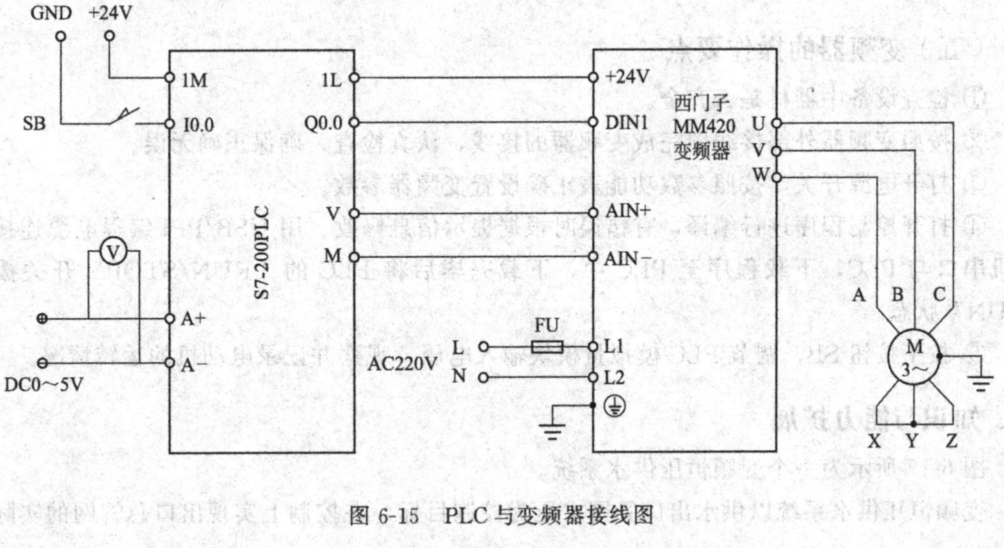

图6-15　PLC与变频器接线图

（四）编写 PLC 模拟量开环调速控制程序

PLC 模拟量输入端由实训设备提供一个高精度的＋5V 直流稳压电源，其电压大小主要通过调节电位器来实现。

程序执行要求：按下启停按钮 SB 后，输入继电器 I0.0 得电，输出继电器 Q0.0 置位，同时，将 AIW0 的数值传送给 VW0。释放启停按钮 SB，I0.0 失电，使 Q0.0 复位，电动机停止运转。PLC 运行参考程序如图 6-16 所示。

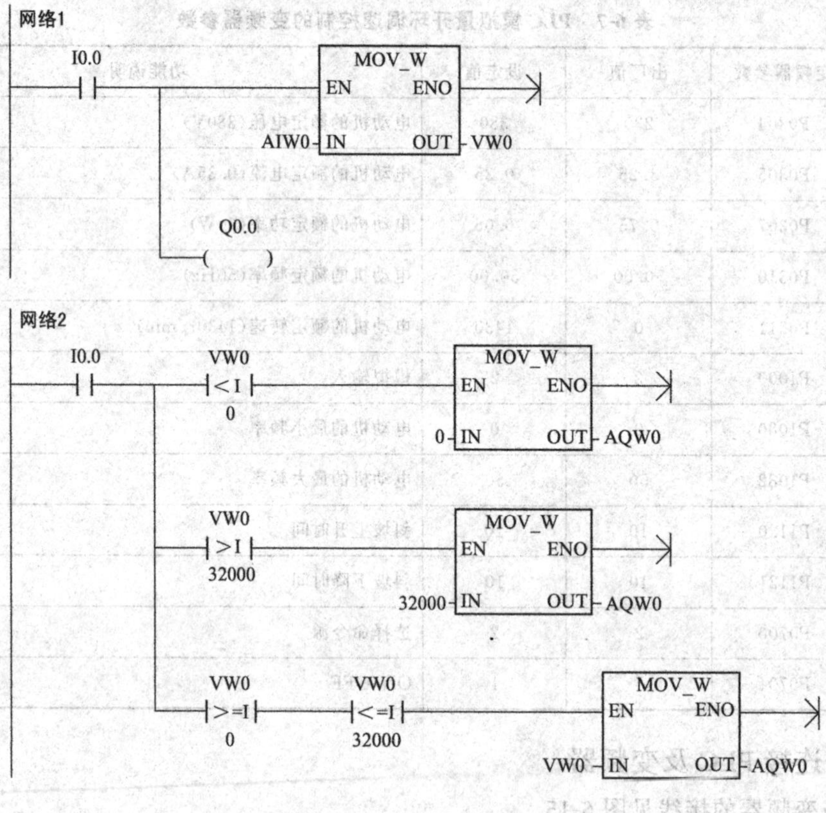

图 6-16　PLC 运行参考程序

（五）变频器的操作要点

① 检查设备中器材是否齐全。

② 按照变频器外部接线图完成变频器的接线，认真检查，确保正确无误。

③ 打开电源开关，按照参数功能表正确设置变频器参数。

④ 打开控制程序进行编译，有错误时根据提示信息修改。用 USB/PPI 编程电缆连接计算机串口与 PLC，下载程序至 PLC 中，下载完毕后将 PLC 的“RUN/STOP”开关拨至“RUN”状态。

⑤ 按下按钮 SB，调节 PLC 模拟量模块输入电压，观察并记录电动机的运转情况。

四、知识与能力扩展

图 6-17 所示为一个变频恒压供水系统。

变频恒压供水系统以供水出口管网水压为控制目标，在控制上实现出口总管网的实际供水压力跟随设定的供水压力变化，在某个特定时段内使出口总管网的实际供水压力维持在设定的供水压力上。变频恒压供水系统框图如图 6-18 所示。

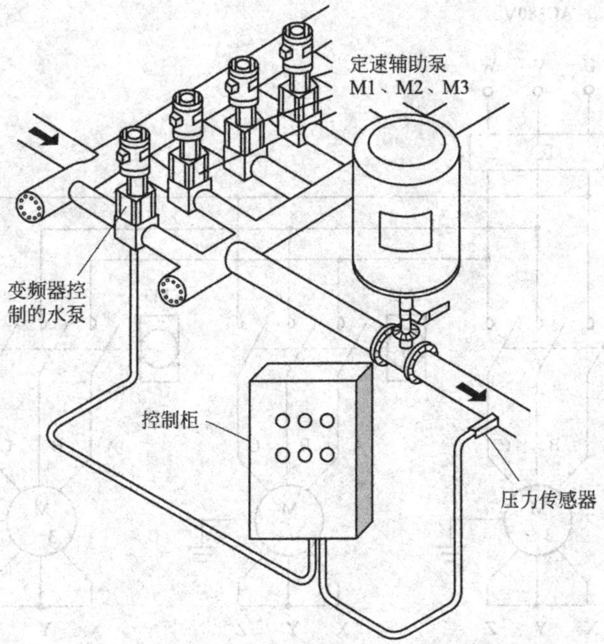

图 6-17 变频恒压供水系统

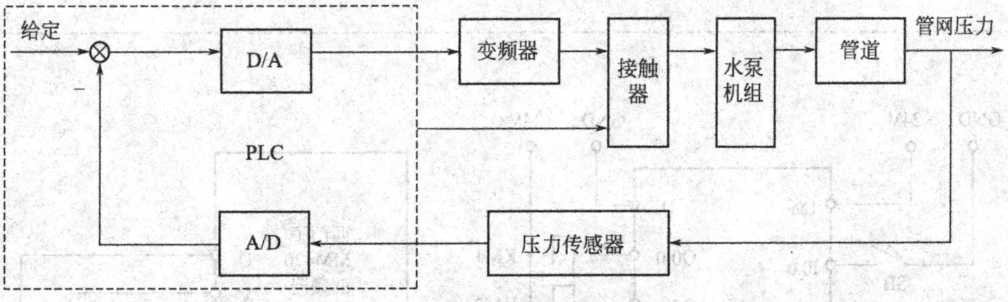

图 6-18 变频恒压供水系统框图

压力传感器信号由通过外部调节旋钮（电位器）调节的 0～5V 的 DC 标准信号进行模拟，同时用直流电压表监视输入电压的大小。在系统反馈信号大约在 1.25V 以下的时候，由电动机 M1、M2、M3 给系统供水；当压力反馈信号大于 1.25V 小于 2.5V 时，由电动机 M1、M2 给系统供水；当压力反馈信号大于 2.5V 小于 3.75V 时，由电动机 M1 给系统供水。

通过外部调节旋钮（电位器）来模拟压力传感器传回来的模拟信号，通过 PLC 的 A/D 转换模块将读入数值与设定值比较，将比较后的偏差值进行运算，再将运算后的数字信号通过 D/A 转换模块转换成模拟信号，作为变频器的输入信号，控制变频器的输出频率，从而控制电动机的转速，进而控制水泵的供水流量，最终使用户供水管道上的压力恒定，实现变频恒压供水。

变频器的参数设定见表 6-8。

变频器及 PLC 接线见图 6-19。

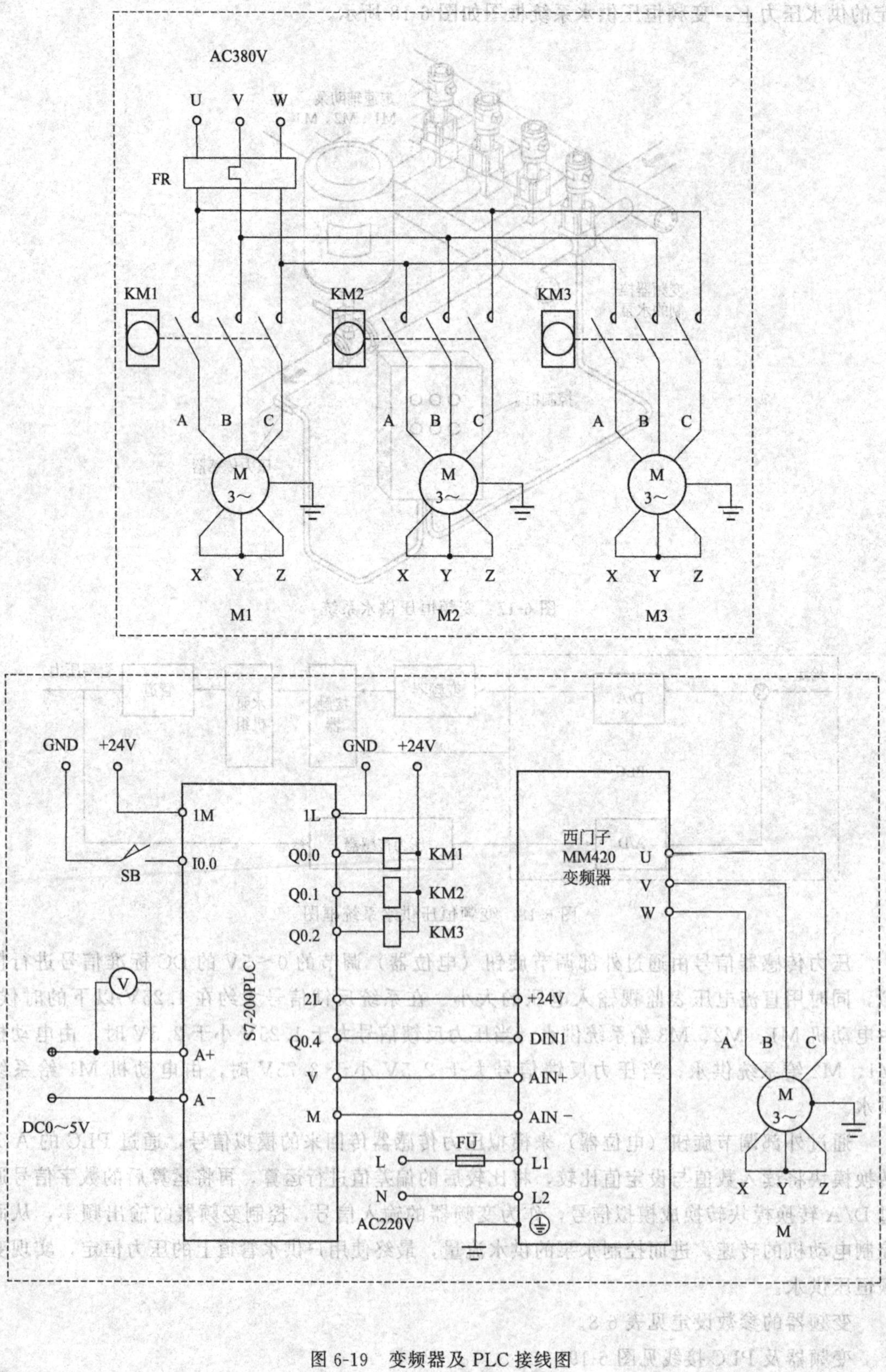

图 6-19　变频器及 PLC 接线图

表 6-8 变频器参数设计表

序号	变频器参数	出厂值	设定值	功能说明
1	P0304	230	380	电动机的额定电压(380V)
2	P0305	3.25	0.35	电动机的额定电流(0.35A)
3	P0307	0.75	0.06	电动机的额定功率(60W)
4	P0310	50.00	50.00	电动机的额定频率(50Hz)
5	P0311	0	1430	电动机的额定转速(1430r/min)
6	P1000	2	2	模拟输入
7	P1080	0	0	电动机的最小频率(0Hz)
8	P1082	50	50.00	电动机的最大频率(50Hz)
9	P1120	10	10	斜坡上升时间(10s)
10	P1121	10	10	斜坡下降时间(10s)
11	P0700	2	2	选择命令源(由端子排输入)
12	P0701	1	1	ON/OFF
13	P1058	5.00	30	正向点动频率(30Hz)
14	P1059	5.00	20	反向点动频率(30Hz)
15	P1060	10.00	10	点动斜坡上升时间(10s)
16	P1061	10.00	5	点动斜坡下降时间(10s)

变频恒压供水系统的参考程序如图 6-20 所示。

最后对变频器进行常规操作。

① 检查实训设备中器材是否齐全。

② 按照变频器外部接线图完成变频器的接线，认真检查，确保正确无误。

③ 打开电源开关，按照参数功能表正确设置变频器参数。

④ 打开编写的控制程序进行编译，有错误时根据提示信息修改。用 USB/PPI 编程电缆连接计算机与 PLC，打开 PLC 主机电源开关，下载程序至 PLC 中，下载完毕后将 PLC 的“RUN/STOP”开关拨至“RUN”状态。

⑤ 调节 PLC 输入电压，观察记录电动机运行情况。

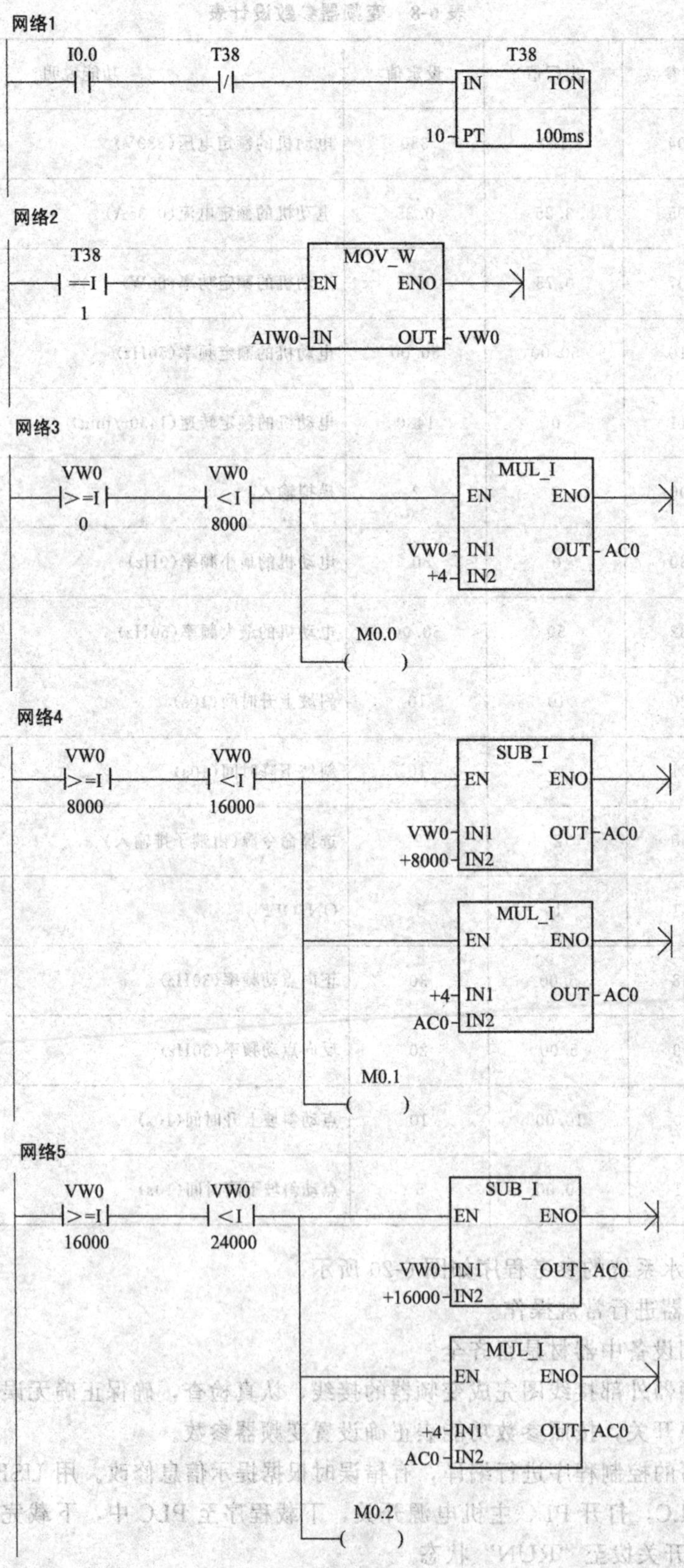
网络1
I0.0
T38
T38
IN
TON
10
PT
100ms
网络2
T38
==I
1
MOV_W
EN
ENO
AIW0
IN
OUT
VW0
网络3
VW0
>=I
0
VW0
<I
8000
MUL_I
EN
ENO
VW0
IN1
OUT
AC0
+4
IN2
M0.0
网络4
VW0
>=I
8000
VW0
<I
16000
SUB_I
EN
ENO
VW0
IN1
OUT
AC0
+8000
IN2
MUL_I
EN
ENO
+4
IN1
OUT
AC0
AC0
IN2
M0.1
网络5
VW0
>=I
16000
VW0
<I
24000
SUB_I
EN
ENO
VW0
IN1
OUT
AC0
+16000
IN2
MUL_I
EN
ENO
+4
IN1
OUT
AC0
AC0
IN2
M0.2

网络6

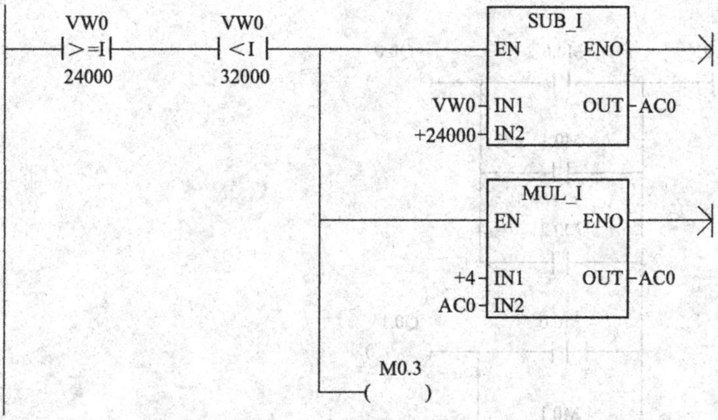
VW0
>=I
24000
VW0
<I
32000
SUB_I
EN
ENO
VW0
IN1
OUT
AC0
+24000
IN2
MUL_I
EN
ENO
+4
IN1
OUT
AC0
AC0
IN2
M0.3

网络7

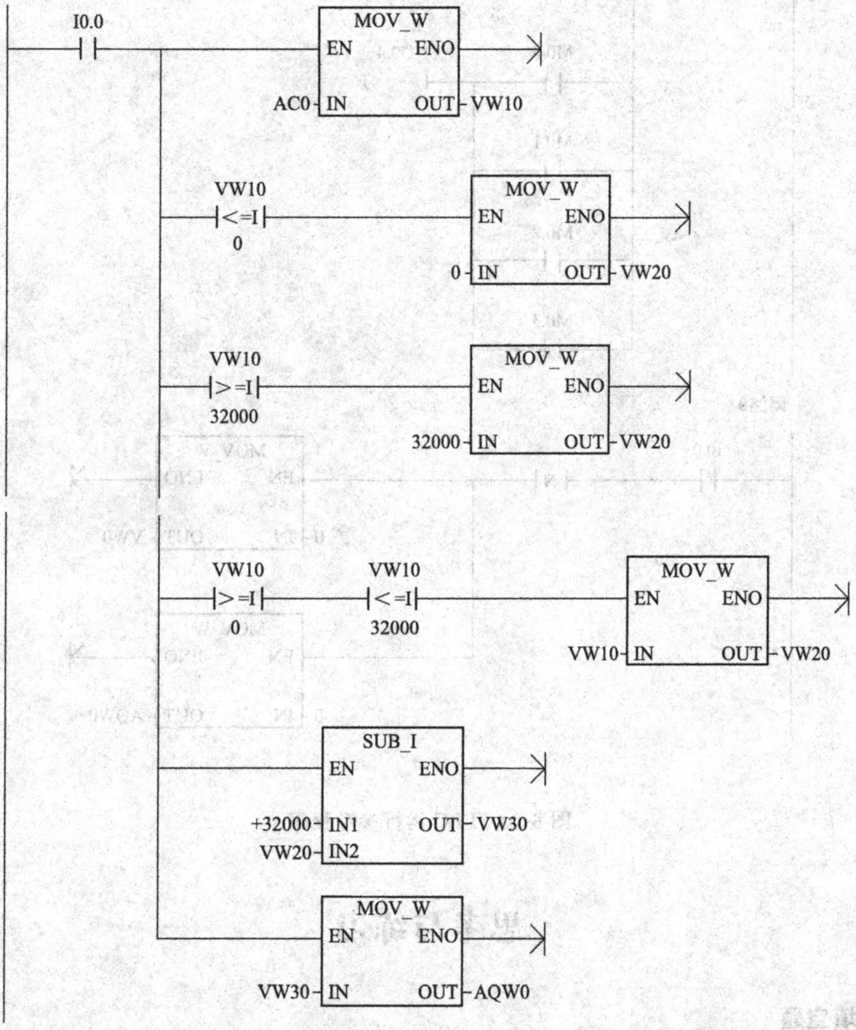
I0.0
MOV_W
EN
ENO
AC0
IN
OUT
VW10
VW10
<=I
0
MOV_W
EN
ENO
0
IN
OUT
VW20
VW10
>=I
32000
MOV_W
EN
ENO
32000
IN
OUT
VW20
VW10
>=I
0
VW10
<=I
32000
MOV_W
EN
ENO
VW10
IN
OUT
VW20
SUB_I
EN
ENO
+32000
IN1
OUT
VW30
VW20
IN2
MOV_W
EN
ENO
VW30
IN
OUT
AQW0

图 6-20

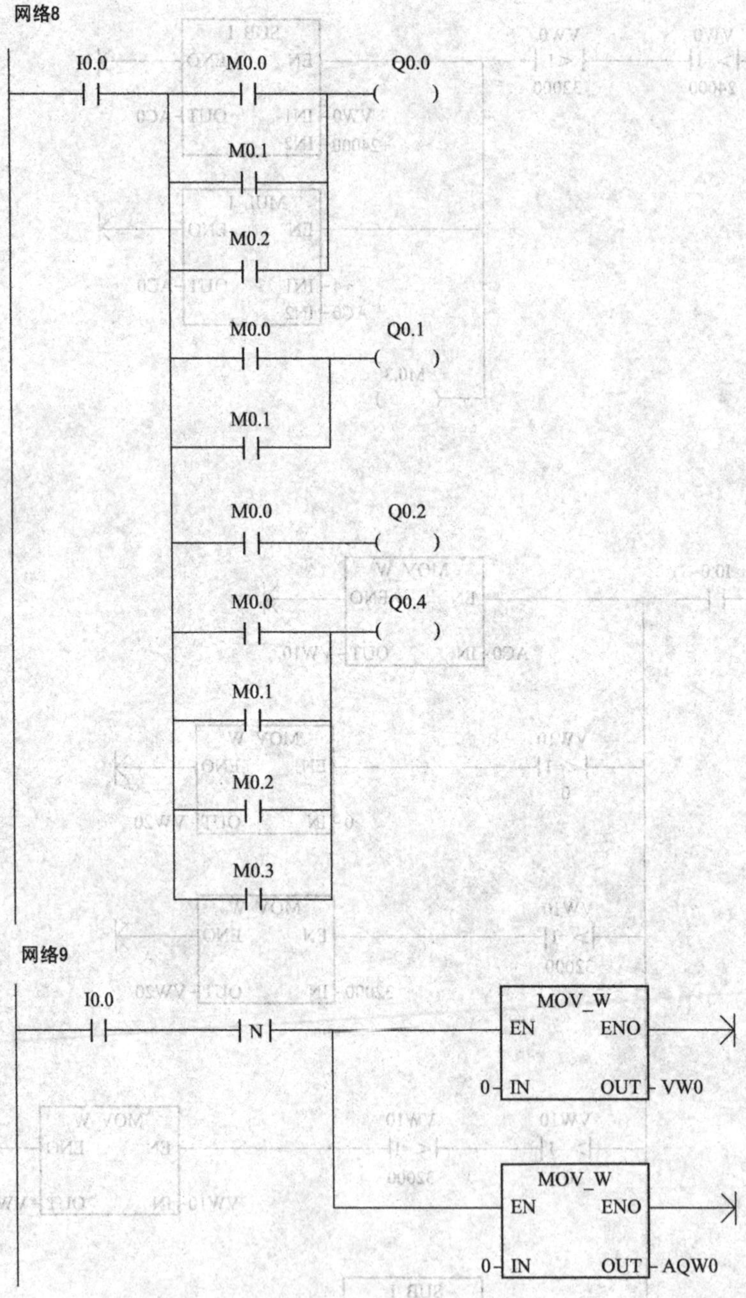

图 6-20　PLC 运行参考程序

思考与练习

一、填空题

1. 变频器按滤波方式不同可分为电压型和________型两种。

2. 变频器按用途不同可分为通用型和______型。

3. 变频器的组成可分为主电路和______电路。

4. 变频器安装时，要求________安装，并且在其正上方和正下方避免存在阻挡进风、出风的大部件。

5. 变频器是将工频交流电变为电压和________可调的交流电的电气设备。

6. 变频调速时，基本频率以下的调速属于恒转矩调速，基本频率以上的属于________调速。

7. 变频器的显示屏可分为LED显示屏和________显示屏。

8. 节能运行只能用于________控制方式，不能用于矢量控制方式。

9. 对变频器接线时，输入电源必须接到变频器输入端子__________上。

10. 对变频器接线时，电动机必须接到变频器输出端子______上。

11. 通过__________接口，可以实现在变频器与变频器之间或变频器与计算机之间进行通信。

12. 变频器的通、断电控制一般采用____________________，这样可以方便地进行自动或手动控制，一旦变频器出现问题，可立即切断电源。

13. SPWM是______________________的英文缩写。

14. 变频器的加速时间是指从______上升到基本频率所需要的时间。

15. 变频器的减速时间是指从基本频率下降到______所需要的时间。

16. 变频器的加速曲线有三种：线形上升方式、S型上升方式和________。

17. 当故障排除后，必须先________，变频器才可重新运行。

18. 为了避免机械系统发生谐振，常采用设置________________的方法。

19. 变频调速过程中，为了保持磁通恒定，必须保持______________。

20. 变频器的PID功能中，P指________，I指________，D指________。

21. 为了提高电动机的转速控制精度，变频器设有____________。

22. 变频器调速系统中，禁止使用________制动。

23. 目前在中小型变频器中，应用最多的逆变元件是________，电压调制方式为正弦波脉冲宽度调制________。

24. 变频器的输出侧不能接____________或浪涌吸收器，以免造成开关管过流损坏或变频器不能正常工作。

25. 变频器运行控制端子中，FWD代表________。

26. 变频器运行控制端子中，REV代表________。

27. 变频器运行控制端子中，JOG代表________。

28. 变频器运行控制端子中，STOP代表________。

29. 变频器主电路由整流、滤波电路、____________和制动单元组成。

30. 电动机在不同的转速下、不同的工作场合需要的转矩不同，为了适应这个控制要求，变频器具有__________功能。

31. 变频器按控制方式不同可分为__________变频器、转差频率控制变频器、矢量控制变频器和直接转矩控制变频器。

32. 变频器按电压调制方式不同可分为脉幅调制变频器、______________________。

33. 变频器供电电源异常表现的形式有缺相、电压波动和____________________。

34. 变频器容量选择的基本原则是负载电流不超过变频器的__________。
35. 当电动机所带的负载小于额定值时，出现________现象。
36. 当电动机所带的负载超过额定值时，出现________现象。
37. 机械特性是指电动机在运行时，其______与电磁转矩之间的关系。
38. 异步电动机的制动有回馈制动、直流制动、______和能耗制动。
39. 变频器的最常见的保护功能有过流保护、______、过压保护、欠电压保护和瞬间停电的处理。
40. 在 PWM 调制中，脉冲宽度越小，脉冲的间隔时间越大，输出电压的平均值就越_____。
41. 节能运行功能只能在________模式起作用，不能应用在矢量控制模式中。
42. 预置变频器 $f_H=60Hz$，$f_L=10Hz$，若给定频率为 5Hz、50Hz 和 70Hz，变频器输出频率分别为___________。
43. 跳跃频率也叫________，是指不允许变频器连续输出的频率，常用 f_J 表示。
44. PID 控制是______控制中的一种常见形式。
45. 程序控制，在有些变频器中也称简易_______控制。
46. 变频器的主电路中，断路器的功能主要有隔离作用和________作用。
47. 当频率降到一定程度时，向电动机绕组中通入直流电，以使电动机迅速停止，这种方法叫_________。
48. 基频以___调速属于恒转矩调速；基频以___调速属于弱磁恒功率调速。
49. 基频以下调速时，变频装置必须在改变输出______的同时改变输出______的幅值。
50. 基频以下调速时，为了保持磁通恒定，必须保持 $U/F=$______。
51. 变频器输出侧的额定值主要是输出______、______、______。
52. 变频器的频率指标有频率_____、频率_____、频率_____。
53. 变频器运行频率设定方法主要有______给定、______给定、______给定和通信给定。
54. 变频器的外接频率模拟给定分为______控制、______控制两种。
55. 通用变频器的电气制动方法，常用的有______制动、______制动、______制动。
56. 低压变频器常用的电力电子器件有______、______、______。
57. 直流电抗器的主要作用是改善变频器的输入电流的______干扰，防止对变频器的影响，抑制直流电流______。
58. 变频器输入控制端子分为______端子和______端子。
59. 电压型变频器中间直流环节采用大______滤波，电流型变频器中间直流环节采用高阻抗______滤波。

二、简答题

1. 简述变频器的分类方式。
2. 一般的通用变频器包含哪几种电路？
3. 简述四种调速方式。
4. 变频器调速系统的调试方法有哪些？

5. 变频器过流跳闸和过载跳闸的区别是什么？

6. 简述变频调速的基本原理。

7. 试述变频调速系统的优点。

8. 比较电压型变频器和电流型变频器的特点。

9. 简述变频器保护电路的功能及分类。

10. 变频器的保护措施有哪些？

11. 什么是PWM技术？

12. 变频器常用的控制方式有哪些？

13. 为了保证变频器的可靠运行，在哪些工作环境中必须安装输入电抗器？

14. 变频器的频率给定方式有哪几种？

15. 分析过电流跳闸的原因。

16. 分析电压跳闸的原因。

17. 分析导致电动机不转的因素有哪些。

18. 在变频调速过程中，为什么必须同时变压？

19. 试述变频器的选用原则。

20. 变频器为什么在运行状态下不允许切断电源？

三、实践题

1. 在图6-21中，用R、S、T标出变频器的工频交流电源输入端；用U、V、W标出变频器的三相交流电输出端；标出整流电路的6只整流管；标出逆变电路的6只开关器件IGBT。简述其制动原理。

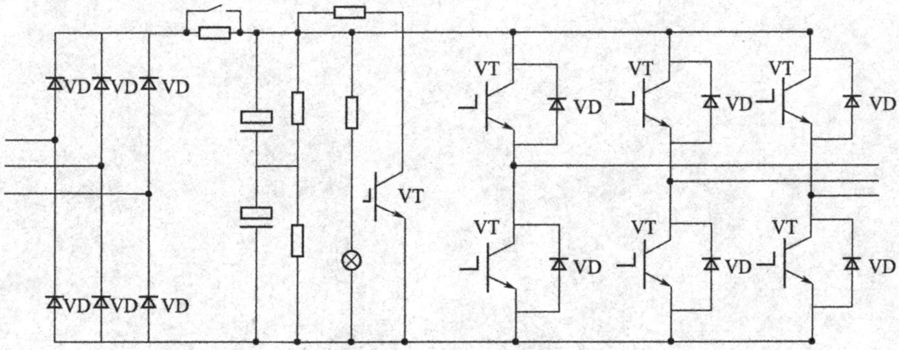

图6-21　题1图

2. 用PLC和变频器实现电动机7段频率运行。7段频率依次为：第1段频率10Hz；第2段频率20Hz；第3段频率40Hz；第4段频率50Hz；第5段频率－20Hz；第6段频率－40Hz，第7段频率20Hz。设计出电路原理图，写出PLC控制程序和相应参数设置。

3. 根据图6-22标出控制变频器通电的按钮SB1、控制变频器断电的按钮SB2、控制变频器正转运行的按钮SB3、控制变频器反转运行的按钮SB4。

① 变频器在正转或反转运行时，能通过按钮SB2控制变频器断电吗？为什么？

② 变频器在正转运行时，反转SB4按钮有效吗？为什么？

③ 当变频器故障报警信号输出时，能够使变频器主电路断电吗？为什么？

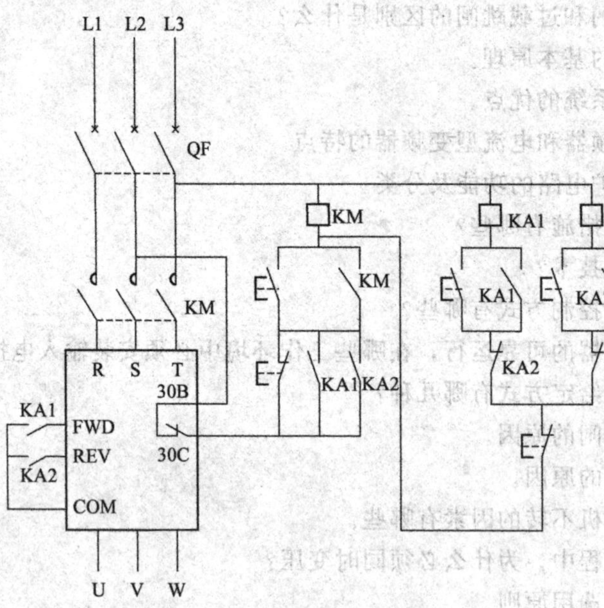

图 6-22 题 3 图

参考文献

[1] 李海波，徐瑾瑜. PLC应用技术项目化教程. 北京：机械工业出版社，2016.
[2] 刘建功. 机床电气控制与PLC实践. 北京：机械工业出版社，2013.
[3] 石秋洁. 变频器应用基础. 北京：机械工业出版社，2017.
[4] 张燕宾. 变频器应用教程. 北京：机械工业出版社，2011.
[5] 刘美俊. 变频器应用与维护技术. 北京：中国电力出版社，2013.
[6] 华满香，刘小春. 电气控制与PLC应用. 北京：人民邮电出版社，2012.
[7] 吴丽. 电气控制与PLC应用技术. 北京：机械工业出版社，2017.
[8] 董海棠. 电气控制及PLC应用技术. 第2版. 北京：人民邮电出版社，2017.
[9] 李宁. 电气控制与PLC应用技术. 北京：北京理工大学出版社，2011.
[10] 李道霖. 电气控制与PLC原理及应用. 北京：电子工业出版社，2011.
[11] 陈贵银. 西门子S7-200系列PLC应用技术. 北京：电子工业出社，2015.